高职高专系列教材

光谱分析

邢梅霞　主　编
夏德强　副主编

中国石化出版社

内 容 提 要

本书根据高等职业教育工业分析与检验专业对《光谱分析》的课程标准编写。全书分为四章，内容包括：紫外-可见分光光度法、红外分光光度法、原子吸收光谱法和原子发射光谱法。主要介绍了这些常用分析方法的基本原理、仪器结构、方法特点、应用范围和实验技术。涉及的仪器主要为生产实际中的最普及型仪器，还介绍了一些技术较先进的新型仪器，内容充实、新颖、实用。

本书可作为高等职业院校工业分析与检验专业及相关专业的教材，也可作为分析化验及相关企业培训用书及参考资料。

图书在版编目(CIP)数据

光谱分析 / 邢梅霞，夏德强编. —北京：中国石化出版社，2012.8(2018.8 重印)
ISBN 978-7-5114-1633-9

Ⅰ.①光… Ⅱ.①邢… ②夏… Ⅲ.①光谱分析 Ⅳ.①O433.4

中国版本图书馆 CIP 数据核字(2012)第 147134 号

中国石化出版社出版发行
地址：北京市朝阳区吉市口路 9 号
邮编：100020 电话：(010)59964500
发行部电话：(010)59964526
http://www.sinopec-press.com
E-mail：press@sinopec.com
北京科信刷有限公司印刷
全国各地新华书店经销
*
787×1092 毫米 16 开本 10.25 印张 253 千字
2018 年 8 月第 1 版第 3 次印刷
定价：25.00 元

前　言

本书是根据高职高专人才培养方案《光谱分析》课程的基本要求和课程标准，在总结多年的教改和教学经验及当今仪器分析发展的基础上编写而成的。

《光谱分析》主要章节由紫外-可见吸收光谱、红外吸收光谱、原子吸收光谱、原子发射光谱等组成。全书涉及的光谱分析方法内容比较新颖全面，可供使用者根据需要进行选择。

本书紧扣高等职业教育工业分析与检验专业培养高素质的产品质量检验人才的目标，体现了以能力培养为本位的职业教育特色，“立足实用，强化能力，注重实践”，尽力做到选材面广，内容新颖、实用。所介绍的各类光谱分析仪器主要包括方法原理、仪器类型和结构、仪器使用维护及实验技术等知识点和技能点。在编写过程中，自始至终渗透着以学生为主体的教学思想，例如，为拓宽学生的知识面，激发学生的求知欲，培养学生的创新能力，本书编写了具有科学性、趣味性和前瞻性的阅读材料；为帮助引导学生自学，在每章后列有本章要点，以帮助学生掌握知识要点和技能要点；为便于学生自我测试学习效果，在每节后附有题型多样且具有启发性的思考与练习题。在内容体系上主要有以下特色：

(1) 基础理论适度。在满足初学者认识规律的基础上，本着“必需、够用”原则，精简基础理论推导，讲清基本原理、基本知识、基本操作。

(2) 突出实用性。根据我国仪器开发和应用水平的不均衡性，主要介绍应用性、普及性较高的紫外-可见吸收光谱法、原子吸收光谱法，拓展了红外吸收光谱法和原子发射光谱法。

(3) 以应用能力的培养为主。本书重点介绍光化学常用分析仪器的基本结构、操作方法和实验技术。实现理论与实践一体化方案，培养学生的技术应用和实践能力。

(4) 所举案例均为工业分析与检验工作岗位真实操作内容，紧扣实际，工学结合。

(5) 在介绍经典内容的同时，注意渗透最新光谱分析仪器的观点、方法，为现代仪器分析提供了内容展示的窗口和延伸发展的接口。

全书由兰州石化职业技术学院邢梅霞担任主编，夏德强担任副主编。邢梅霞编写前言、第一章、第三章，夏德强编写第二章、第四章，全书由邢梅霞统稿。

本书在编写过程中参考了公开出版的相关书刊和部分教材，得到了本院冷宝林、甘黎明等同志的大力帮助，在此一并表示衷心感谢。由于编者的学识水平所限，错误和不妥处在所难免，敬请各位专家和读者批评指正。

编者

2012 年 7 月

目　录

第1章　紫外-可见分光光度法

☞ **知识目标：**

- 掌握本章的主要名词和术语；
- 掌握光的基本特性、分子吸收光谱和光吸收定律；
- 掌握有机化合物的紫外吸收光谱的特性；
- 熟悉紫外-可见光谱仪的基本组成和作用；
- 掌握紫外-可见分光光度法的定量分析和应用及测量条件的选择。

☞ **能力目标：**

- 能够用紫外-可见分光光度法进行物质的定量分析；
- 能操作常用的紫外-可见分光光度计，能对仪器进行日常维护保养；
- 能正确使用光源、吸收池、移液管、吸量管、容量瓶，正确配制溶液。

1.1　概　　述

紫外-可见分光光度法(UV-Vis)是分子吸收光谱法，是基于物质分子对200~780nm区域内光辐射的吸收特性建立起来的分析方法。涉及的是分子的价电子在不同分子轨道间能级的跃迁，所以紫外-可见分光光度法又称电子光谱法。紫外-可见分光光度法主要用于分子的定量分析，是鉴定许多化合物，尤其是有机化合物的重要定性工具之一。

1.1.1　紫外-可见分光光度法分类

众所周知，许多物质都具有颜色，例如，高锰酸钾溶液呈紫色，硫酸铜溶液呈蓝色。当含有这些物质的溶液浓度改变时，溶液颜色的深浅度也会随之改变，一般溶液愈浓，颜色愈深。因此通过比较待测溶液本身的颜色，或加入试剂后呈现的颜色深浅，来测定溶液中待测物质的浓度的方法称为比色分析法。这种方法仅在可见光区适用。以人的眼睛来检测颜色深浅的方法为目视比色法；以光电转换器件(如光电池)为检测器来检测颜色深浅的方法称光电比色法。随着近代测试仪器的发展，目前已普遍使用分光光度计进行。应用分光光度计，根据物质对不同波长的单色光的吸收程度不同，对物质进行定性和定量分析的方法称分光光度法。分光光度法中，按所用光的波谱区域不同又可分为可见光分光光度法(400~780nm)，紫外分光光度法(200~400nm)，红外分光光度法(3×10^3~3×10^4nm)。其中，紫外分光光度法和可见分光光度法合称紫外-可见分光光度法。

1.1.2　紫外-可见分光光度法的特点

紫外-可见分光光度法是仪器分析中应用最广泛的分析方法之一。具有以下特点：

(1) 灵敏度高。它所测的溶液的浓度下限可达10^{-5}~10^{-6}mol/L(达μg量级)，适用于微量组分的测定。

(2) 准确度较好。该法的相对误差为2%~5%，若采用精密分光光度计进行测量，相对误差可达1%~2%。对常量组分的测定，准确度不及化学法，对微量组分的测定，可以完全满足要求。如采用差示法，则可提高准确度，用于高含量组分的测定。

此方法的优点是分析速度快，操作简便，仪器价格低廉，应用广泛。大部分无机离子和许多有机物质的微量成分都可用这种方法进行测定。

1.2 基本原理

1.2.1 光的基本特性

1. 电磁辐射的波粒二象性

光是一种电磁波，具有波动性和微粒性。波动性主要用于解释折射、衍射、干涉和散射等波动现象，可用波长 λ（m、cm、μm、nm 等）、频率 ν（Hz）、光速 c（cm/s）、波数 σ（cm^{-1}）等参数来描述。其关系式为：

$$c=\lambda\nu \tag{1-1}$$

$$\sigma=\frac{1}{\lambda} \tag{1-2}$$

频率表示单位时间内电磁场振动的次数。波数为波长的倒数，其定义为每厘米长度内通过波长的数目。电磁波不需要传播介质，在真空中的传播速度为 2.979×10^{10} cm/s。

电磁辐射的微粒性表明电磁辐射是由大量以光速运动的粒子流组成，这种粒子称为光子。光子是有能量的，每个光子的能量为：

$$E=h\nu=\frac{hc}{\lambda} \tag{1-3}$$

式中 E——辐射能，单位为 eV(电子伏特，常用于表示高能量光子的能量单位，即一个电子通过电位差为 1V 的电场时所获得的能量)。辐射能还可以用每摩尔光子所具有的能量(焦耳)表示，以 J/mol 为单位($1eV=1.602\times10^{-19}J$)；

h——普朗克常数($6.626\times10^{-34}J\cdot s$)。其他参数意义同式(1-1)。

式(1-3)表明，不同波长的光能量不同，波长愈长，能量愈小。若将各种电磁波按其波长或频率大小顺序排列成图表，则称该图为电磁波谱图。表 1-1 列出了电磁波谱与光学分析方法。

表 1-1 电磁波谱与光学分析方法

波谱名称	波长范围	光子能量/eV	跃迁能级类型	分析方法
γ 射线	5×10^{-3}~0.14nm	2.5×10^{6}~8.3×10^{3}	核能级	
X 射线	10^{-2}~10nm	1.2×10^{6}~1.2×10^{2}	内层电子能级	X 射线光谱法
远紫外光	10~200nm	125~6	内层电子能级	真空紫外光度法
近紫外光	200~380nm	6~3.1	价电子能级	紫外光度法
可见光	380 ~780nm	3.1~1.7	价电子能级	比色及可见光度法
近红外光	0.75~2.5μm	1.7~0.5	分子振动能级	近红外光度法
中红外光	2.5~50μm	0.5~0.02	分子振动能级	中红外光度法
远红外光	50~1000μm	2×10^{-2}~4×10^{-4}	分子振动能级	远红外光度法
微波	0.1~100cm	4×10^{-4}~4×10^{-7}	分子振动能级	微波光谱法
无线电波	1~1000m	4×10^{-7}~4×10^{-10}	电子和核自旋	核磁共振波谱法

此外，在光学分析法中常用电磁辐射强度 I 的概念，其定义为电磁辐射在单位时间内穿过垂直于辐射方向上单位面积的能量，单位为 J/(s·cm)。

2. 单色光和互补光

具有同一波长的光，称为单色光。纯单色光很难获得，激光的单色性虽然很好，但也只接近于单色光。含有多种波长的光称为复合光，如日光、白炽灯光等均为复合光。

人的眼睛对不同波长的光的感觉不一样。凡是能被肉眼感觉到的光称为可见光，其波长范围为 400~780nm。凡波长小于 400nm 的紫外光或波长大于 780nm 的红外光均不能被人眼感觉，所以这些波长范围的光是看不到的。在可见光范围内，不同波长的光会让人感觉出不同的颜色。但由于受到人的视觉分辨能力的限制，实际上是一个波段的光给人引起一种颜色的感觉。如日光属于可见光，它是由红、橙、黄、绿、青、蓝、紫等各种颜色混合而成的白光。当通过棱镜后，白光中各种波长的光彼此分离开来，从而得到了各种不同颜色的单色光。

如果把适当颜色的两种光按一定强度比例混合，这两种颜色的光称为互补色光，见图 1-1 所示。

图 1-1　互补色光示意图

1.2.2　物质对光的选择性吸收

1. 物质颜色的产生

当一束白光照射到固体物质时，物质对于不同波长光的吸收、透过、反射、折射程度不同，从而使物质产生不同的颜色。如果对可见光区各波长的光都不吸收，即入射光全部通过溶液，则呈透明无色。当对可见光区各波长的光全部吸收时，则呈黑色。若物质选择性地吸收了可见光区某波长的光，则呈现的颜色为被吸收光的互补光的颜色。例如，硫酸铜溶液因为吸收了白光中的黄色而呈现蓝色；高锰酸钾溶液因吸收了白光中的绿色而呈现紫色。可见物质的颜色是基于物质对光有选择性吸收的结果。若物质吸收的是非可见光时，则不能用颜色来判断物质微粒是否吸收光子。

以上是用溶液对色光的选择性吸收说明物质颜色，若要更精确地说明物质具有选择性吸收不同范围光的性质，则必须用光吸收曲线来描述。

2. 光谱吸收谱曲线

光谱吸收曲线实验方法：将不同波长的光依次通过某一定浓度和厚度的有色溶液，分别测出其对各种波长光的吸收程度（用吸光度 A 表示），以波长为横坐标，以吸光度为纵坐标作图，得到的曲线称为光谱吸收曲线。它揭示了物质对不同波长光的吸收程度。图 1-2 所示为不同浓度的 $KMnO_4$ 水溶液的吸收曲线。

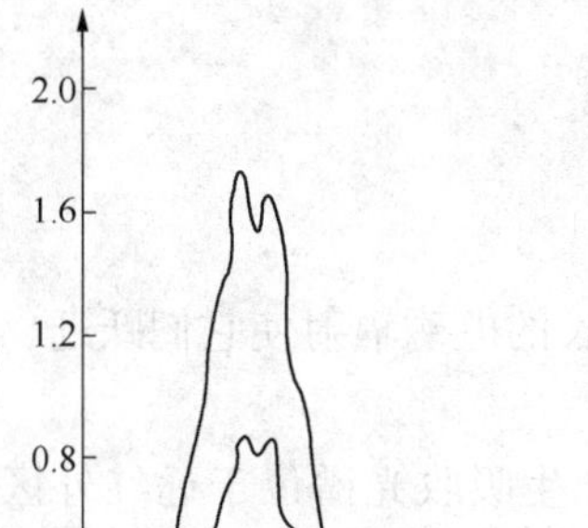

图 1-2　不同浓度的 $KMnO_4$ 水溶液的吸收曲线

溶液对不同波长光的吸收程度不同，其中在 525nm、545nm 处的吸收程度大，在吸收曲线中形成一个极值峰，称为吸收峰，位置靠上的曲线代表溶液的浓度愈大。对吸收曲线的讨论如下：

（1）同一种物质对不同波长光的吸光度不同。吸光度最大处对应的波长称为最大吸收波长 λ_{max}。

(2) 不同浓度的同一种物质，其吸收曲线形状相似 λ_{max} 不变。而对于不同物质，它们的吸收曲线形状和 λ_{max} 则不同。

(3) 吸收曲线可以提供物质的结构信息，并作为物质定性分析的依据之一。

(4) 不同浓度的同一种物质，在某一定波长下吸光度 A 有差异，在 λ_{max} 处吸光度 A 的差异最大，此特性可作为物质定量分析的依据。

(5) 在 λ_{max} 处吸光度随浓度变化的幅度最大，所以测定最灵敏。吸收曲线是定量分析中选择入射光波长的重要依据。

3. 分子吸收光谱的形成

构成物质的分子一直处于运动状态，通常认为分子内部运动方式有三种，即分子内电子相对原子核的运动(称电子运动)，分子内原子在其平衡位置上的振动(称分子振动)以及分子本身绕其重心的转动(称分子转动)。分子以不同方式运动时所具有的能量也不相同，这样分子内就对应三种不同的能级，即电子能级、振动能级和转动能级。图 1-3 为双原子分子能级分布示意图。

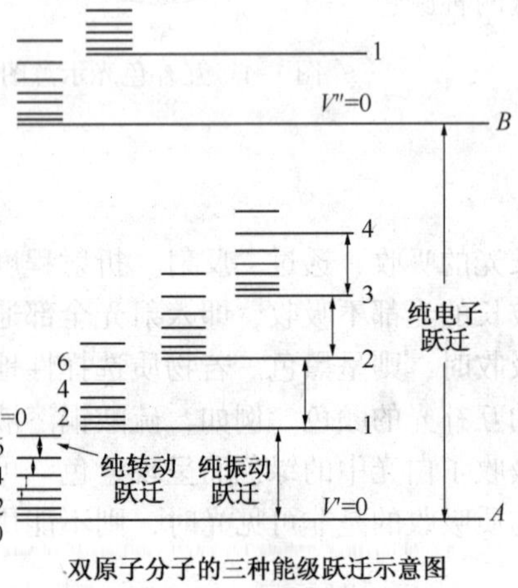

图 1-3　能级跃迁示意图

由图 1-3 可知，在同一电子能级中因分子的振动能级能量不同，分为几个振动能级。而在同一振动能级中，也因为转动能量不同，又分为几个转动能级。因此每种分子的能量都是不连续的，即量子化的。也就是说，每种分子运动所吸收(或发射)的能量，必须等于其能级差的特定值，否则它就不吸收(或发射)能量。

通常物质的分子处于稳定的基态，但受光照时，则根据分子吸收光能的大小，引起分子转动、振动或电子跃迁，同时产生三种吸收光谱。分子由一个能级 E_1 跃迁到另一个能级 E_2 时的能量变化 ΔE 为二能级之差，即：

$$\Delta E = E_2 - E_1 = h\nu = \frac{hc}{\lambda} \tag{1-4}$$

分子的内能，包括电子能量 E_e、振动能量 E_v、转动能量 E_r 三者之间的关系：

$$E = E_e + E_v + E_r \tag{1-5}$$

$$\Delta E_e > \Delta E_v > \Delta E_r \tag{1-6}$$

分子跃迁的总能量变化为：

$$\Delta E = \Delta E_e + \Delta E_v + \Delta E_r \tag{1-7}$$

由于三种能级跃迁所需能量不同，所以需要不同波长的电磁辐射使它们跃迁，即在不同的光谱区出现吸收谱带。

转动能级间的能量差 ΔE_r：0.005~0.050eV，跃迁产生吸收光谱位于远红外区。形成远红外光谱或分子转动光谱。

振动能级的能量差 ΔE_v 约为：0.05~1eV，跃迁产生的吸收光谱位于红外区，形成红外光谱或分子振动光谱。

电子能级的能量差 ΔE_e 较大约为：1~20eV，电子跃迁产生的吸收光谱在紫外-可见光区，形成紫外-可见光谱或分子的电子光谱。

【例 1-1】某分子中两个电子能级的能级差为 1eV，若要电子在两个能级间发生跃迁，需要吸收光的波长为多少 nm？若能级差为 20eV，波长为多少？

【解】

$$\lambda = hc/\Delta E$$

$$\lambda = \frac{6.626\times10^{-34}\text{J}\cdot\text{s}\times3.0\times10^{10}\text{cm/s}}{1.0\text{eV}\times1.626\times10^{-19}\text{J/eV}}\times10^{7}\text{nm/cm}=1223(\text{nm})$$

$$\lambda = \frac{6.626\times10^{-34}\text{J}\cdot\text{s}\times3.0\times10^{10}\text{cm/s}}{20\text{eV}\times1.626\times10^{-19}\text{J/eV}}\times10^{7}\text{nm/cm}=61(\text{nm})$$

由于 $\Delta E_e > \Delta E_v > \Delta E_r$，因此在振动能级跃迁时也伴有转动能级跃迁；在电子能级跃迁时，同时伴有振动能级和转动能级跃迁。所以分子光谱是由密集谱线组成的带状光谱，而不是线状光谱。

综上所述，由于分子运动所处的能级和产生能级跃迁时能量变化都是量子化的，因此分子在能级跃迁时，只能吸收特定波长的光能。而不同物质结构不同，能级差也互不相同，这就决定了它们对不同波长光的选择性吸收。

1.2.3 光吸收定律

1. 朗伯-比耳定律

内容：当一束平行的单色光垂直照射一定浓度的均匀透明溶液时，入射光被溶液吸收的程度与溶液的浓度及液层厚度的乘积成正比，见图 1-4 所示。

$$A=\lg(I_0/I_t)=\varepsilon bc \tag{1-8}$$

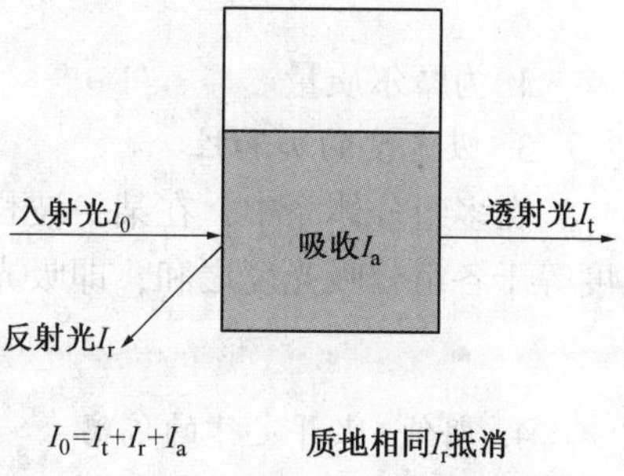

图 1-4　溶液吸收示意图

式中　A——吸光度，描述溶液对光的吸收程度；

b——液层厚度(光程长度)，通常以 cm 为单位；

c——溶液的摩尔浓度，mol/L；

ε——摩尔吸光系数，L/(mol·cm)；

I_0、I_t——入射光、透射光强度。

或

$$A=\lg(I_0/I_t)=abc \tag{1-9}$$

式中　c——溶液的浓度，g/L；

a——质量吸光系数，L/(g·cm)；

I_t/I_0——表示溶液对光的透射程度，称为透射比(或透光率)，用 T 表示。

$$T=\frac{I_t}{I_0} \tag{1-10}$$

T 的取值范围为 0.00%～100%。T=0.00%表示光全部被吸收，T=100%表示光全部透过。

吸光度 A 与透光度 T 的关系：

$$A=-\lg T \tag{1-11}$$

A 的取值范围为 0.00～∞。A=0.00 表示光全部透过，$A\to\infty$ 表示光全部被吸收。

朗伯-比耳定律的应用条件：一是必须使用单色光；二是被测样品必须是均匀介质；三是吸收过程中，吸收物质互相不发生作用。

2. 吸光系数

上述式中 ε 及 a 均为比例常数，其物理意义为：单位浓度的溶液液层厚度为 1cm 时，在一定波长下测得的吸光度。其值的大小取决于吸光物质的性质、入射光波长、溶液的温度和溶剂性质等，与溶液浓度大小和液层厚度无关。其值大小因溶液浓度单位的不同而不同。

（1）摩尔吸光系数 ε

摩尔吸光系数是吸光物质的重要参数之一，它表示物质对某一特定波长光的吸收能力。

ε 愈大，表示该物质对光的吸收能力愈强，测定的灵敏度愈高。因此测定时，为了提高测定的灵敏度，通常选择 ε 大的有色溶液测定，选择具有最大 ε 值的波长做入射光。一般认为，ε 大于 10^4L/(mol · cm)称为强吸收属高灵敏度，ε 小于 10^2L/(mol · cm)称为弱吸收，介于两者之间称为中强吸收。该值由实验测得，但不能直接取 1mol/L 这样高浓度的溶液测量 ε，只能在稀溶液中测量。

比吸收系数 $E_{\mathrm{cm}}^{1\%}$ 又称百分吸收系数，用来表示吸收强度，它的含义为在入射光波长一定时，浓度用百分浓度为 1%(g/mL)，液层厚度为 1cm 的吸光度值。$E_{\mathrm{cm}}^{1\%}$ 与 ε 的关系为：

$$\varepsilon=\frac{M}{10}\times E_{\mathrm{cm}}^{1\%} \tag{1-12}$$

（2）质量吸光系数 a

质量吸光系数适用于摩尔质量未知的化合物。a 与 ε 的关系为：

$$a=\varepsilon/M \tag{1-13}$$

M 为摩尔质量。

3. 吸光度的加和性

在多组分体系中，在某一波长下，若各种吸光物质之间没有相互作用，则样品的总吸光度等于各组分吸光度之和，即吸光度具有加和性。

$$A_{总}=A_1+A_2+\cdots+A_n=\sum A_n \tag{1-14}$$

4. 朗伯-比耳定律的偏离

标准曲线法测定未知溶液的浓度时，发现标准曲线常发生弯曲(尤其当溶液浓度较高时)，这种现象称为对朗伯-比耳定律的偏离(图 1-5)，引起这种偏离的因素为两大类：

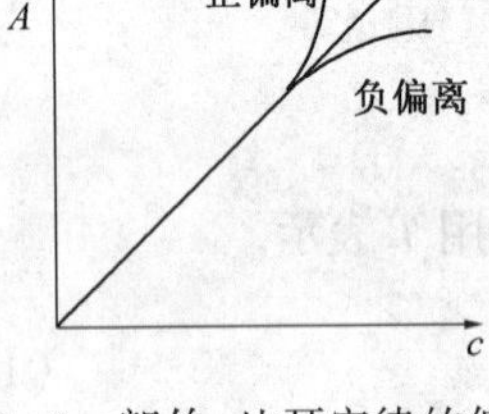

图 1-5　朗伯-比耳定律的偏离

（1）入射光非单色光引起的偏离

朗伯-比耳定律的前提条件之一是入射光为单色光。分光光度计只能获得近乎单色的狭窄光带，难以获得真正的纯单色光。复合光可导致对朗伯-比耳定律的正或负偏离，为克服非单色光引起的偏离，首先应选择比较好的单色器。实验证明，只要所选的入射光，其所含的波长范围在被测溶液的吸收曲线较平坦的部分，偏离程度较小。

（2）化学性因素

朗伯-比耳定律的假定：所有的吸光质点之间不发生相互作用。该假定只有在稀溶液($c<10^{-2}$mol/L)时才基本符合，当溶液浓度 $c>10^{-2}$mol/L 时，吸光质点间可能发生缔合、解离等相互作用，形成新的化合物而改变了吸光物质的浓度，导致偏离吸收定律。

故朗伯-比耳定律只适用于稀溶液。在实际工作中，待测溶液的浓度应控制在浓度小于 0.01mol/L。

1.3 化合物的紫外-可见吸收光谱

紫外-可见吸收光谱统称为电子光谱，其波长范围为 10~800nm，该区域又可分为：可见光区(400~800nm)，有色物质在此区域有吸收；近紫外光区(200~400nm)，芳香族化合物或具有共轭体系的物质在此区域有吸收；远紫外光区(10~200nm)，由于空气中的 O_2、N_2、CO_2和水蒸气在此区域有吸收，对测定有干扰，故操作必须在真空条件下进行，因此这个区域又称为真空紫外区。通常所说的紫外光谱指 200~400nm 的近紫外光谱。各种化合物由于组成和结构上的不同，都有各自特征的紫外-可见吸收光谱。因此可以从吸收光谱的形状、吸收峰的位置、强度及吸收峰的数目等进行定性、定量分析，为研究物质内部结构提供重要的信息。

1.3.1 有机化合物的紫外-可见吸收光谱

1. 电子跃迁类型

有机化合物的紫外-可见吸收光谱是由于分子中价电子跃迁而产生的，因此这种吸收光谱决定于价电子的分布和结合情况。有机化合物分子中常见的有三种价电子：形成单键的 σ 电子；形成不饱和键的 π 电子；氧、氮、硫、卤素等含未成键的孤对电子，称为 n 电子。当它们吸收一定能量 ΔE 后，这些价电子将跃迁到较高能级(激发态)，此时电子所占的轨道称为反键轨道，而这种跃迁是同分子内部结构密切相关，一般将电子跃迁分为如下几种类型：

(1) $\sigma\rightarrow\sigma^*$ 跃迁

指处于成键轨道上的 σ 电子吸收光能跃迁到 σ^* 反键轨道。所需能量最大，σ 电子只有吸收远紫外光的能量才能发生跃迁，饱和烷烃的分子吸收光谱出现在远紫外区，吸收波长 $\lambda<200$nm。例如，甲烷的 λ_{max} 为 125nm、乙烷 λ_{max} 为 135nm，只能被真空紫外分光光度计检测到，作为溶剂使用。

(2) $n\rightarrow\sigma^*$ 跃迁

指处于非键轨道上的 n 电子吸收光能跃迁到 σ^* 反键轨道。所需能量较大，吸收波长为 150~250nm，大部分在远紫外区，近紫外区仍不易观察到。含非键电子的饱和烃衍生物(含 N、O、S 和卤素等杂原子)均呈现 $n\rightarrow\sigma^*$ 跃迁。

(3) $\pi\rightarrow\pi^*$ 跃迁

指不饱和键中的 π 电子吸收光能跃迁到 π^* 反键轨道。所需能量较小，吸收波长处于远紫外区的末端或近紫外区，ε_{max} 一般在 10^4L/(mol · cm)以上，属于强吸收。

(4) $n\rightarrow\pi^*$ 跃迁

指处于非键轨道上的 n 电子吸收光能跃迁到 π^* 反键轨道。这种跃迁能量最低，一般在近紫外或可见光区有吸收，但吸收强度弱，ε 一般低于 100L/(mol · cm)。

四种跃迁所需能量 ΔE 大小顺序为：$n\rightarrow\pi^* < \pi\rightarrow\pi^* < n\rightarrow\sigma^* < \sigma\rightarrow\sigma^*$。图 1-6 为电子跃迁能级图。

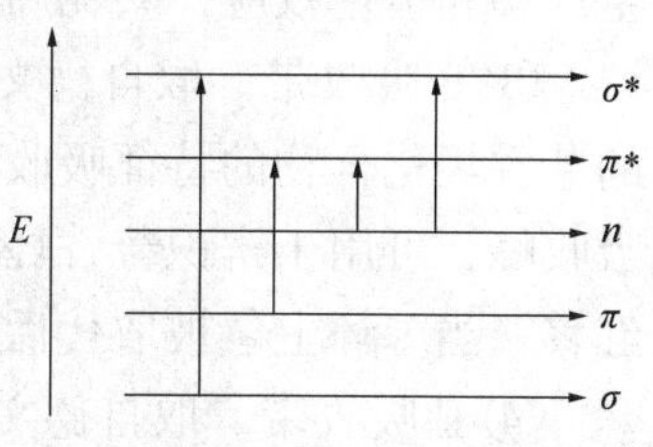

图 1-6 电子跃迁能级图

2. 紫外-可见吸收光谱常用术语

(1) 生色团和助色团

所谓生色团是指在 200~1000nm 波长范围内产生特征吸收带的不饱和基团，如 $>$C═C、

$\rangle$C═O、—N═N—、—N═O—、—C≡C—、—C≡N等。生色团结构不同，电子跃迁类型不同。所谓助色团指一些含有 n 电子的基团(如—OH、—OR、—NH_2、—NHR、—X 等)，它们本身没有生色功能(不能吸收 $\lambda>200$nm 的光)，但当它们与生色团相连时，就会发生 $n—\pi$ 共轭作用，增强生色团的生色能力(吸收波长向长波方向移动，且吸收强度增加)，这样的基团称为助色团。

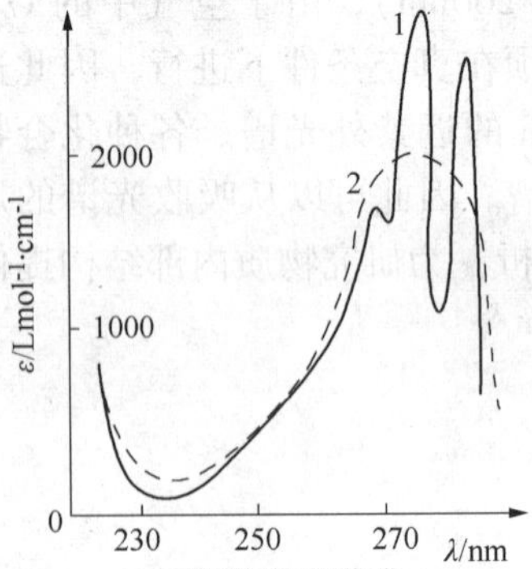

图 1-7　溶剂效应

(2) 红移与蓝移

有机化合物的吸收谱带常常因引入取代基，或改变溶剂使最大吸收波长 λ_{max} 和吸收强度 ε_{max} 发生变化：λ_{max} 向长波方向移动称为红移，向短波方向移动称为蓝移(或紫移)。吸收强度即摩尔吸光系数 ε_{max} 增大或减小的现象分别称为增色效应或减色效应。

(3) 溶剂效应

由于溶剂极性不同引起某些化合物的吸收峰波长、强度、形状及数目产生变化，这种现象称为溶剂效应。见图1-7所示。表 1-2 反映了溶剂对异丙叉丙酮紫外吸收光谱的影响。

表 1-2　溶剂对 4-甲基-3-戊烯-2-酮(异丙叉丙酮)紫外吸收光谱的影响

项　目	λ_{max}(正己烷)	λ_{max}(氯仿)	λ_{max}(甲醇)	λ_{max}(水)
$\pi\rightarrow\pi$	230	238	237	243
$n\rightarrow\pi$	329	315	309	305

$n\rightarrow\pi^*$ 跃迁：蓝移 $\lambda\downarrow$，$\varepsilon\uparrow$；$\pi\rightarrow\pi^*$ 跃迁：红移 $\lambda\uparrow$，$\varepsilon\downarrow$。

在测定物质的紫外吸收光谱时，应注明所用溶剂。

(4) 吸收带类型

吸收带是指吸收峰在紫外吸收光谱中的谱带位置。根据电子跃迁类型，可将吸收带分为四种类型。解析光谱时，可从吸收带的位置、强度、形状及数目推测化合物的分子结构。

① R 吸收带。取自德文 Radikal(基团)一词，它是由 $n\rightarrow\pi^*$ 跃迁产生的。特点是强度弱($\varepsilon_{max}<100$)，吸收波长一般在 270nm 以上。R 吸收带随溶剂极性增强而蓝移，但当附近有强吸收带时则产生红移，有时被强吸收带掩盖。

② K 吸收带。取自德文 Konjugation(共轭作用)一词，它是由 $\pi\rightarrow\pi^*$ 跃迁产生的。特点是强度高($\varepsilon_{max}>10^4$)，吸收波长比 R 吸收带短(217~280nm)，并且随共轭双键数的增加，产生红移和增色效应。共轭烯烃和取代的芳香烃化合物可以产生这类谱带。

③ B 吸收带。取自德文 Benzenoid(苯的)一词，它是由苯环振动和 $\pi\rightarrow\pi^*$ 跃迁重叠引起的芳香烃化合物的特征吸收带。特点是：在 230~270nm($\varepsilon=200$)谱带上出现苯的精细结构吸收峰，可用于辨识芳香烃化合物。当在极性溶剂中测定时，B 吸收带会出现一宽峰，产生红移，当苯环上氢被取代后，苯的精细结构会消失，并发生红移和增色效应。

④ E 吸收带。取自德文 Ethylenicband(乙烯型)一词，它属于 $\pi\rightarrow\pi^*$ 跃迁，也是芳香烃化合物的特征吸收带，分为 E_1、E_2 两个吸收带。E_1 带 $\lambda_{max}=184$nm，$\varepsilon=60000$；E_2 带 $\lambda_{max}=204$nm，$\varepsilon=7900$。当苯环上氢被助色团取代并和苯环共轭时，E 带和 B 带均发生红移，此时的 E_2 带又称为 K 带。见图 1-8 所示。

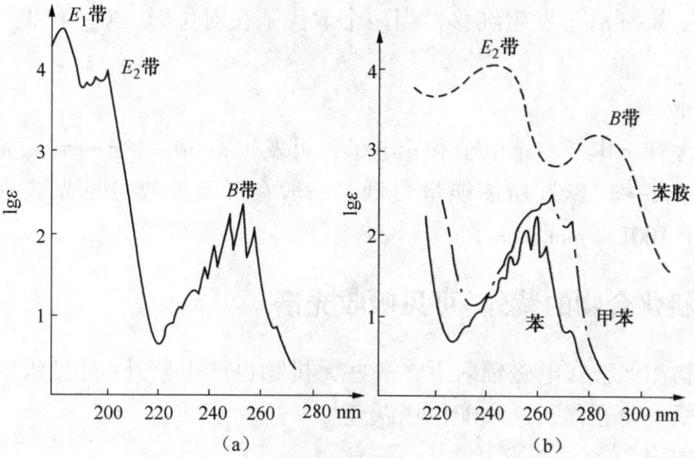

图 1-8　芳香烃化合物的紫外吸收光谱

1.3.2　常见有机化合物的紫外-可见吸收光谱

1. 饱和烃及其取代衍生物

饱和烃类化合物只含 σ 电子，只能产生 $\sigma \rightarrow \sigma^*$ 跃迁，吸收波长通常在 150nm 左右的真空紫外区。饱和烃引入具有未成键 n 电子的杂原子，可产生 $n \rightarrow \sigma^*$ 跃迁，吸收波长变大。

例如，甲烷的 λ_{max} 为 125nm，而氯仿的 λ_{max} 为 173nm。

饱和烃及其取代衍生物的紫外吸收光谱在分析上没有什么实用价值，但由于在 200nm 以上没有吸收，因此可作为测定紫外-可见吸收光谱似的良好溶剂，如庚烷、环己烷等常作为溶剂测定其他物质的光谱。

2. 不饱和烃及共轭烯烃

① 含孤立不饱和键的烃类化合物。具有孤立双键或叁键的烯烃或炔烃，它们均产生 $\pi \rightarrow \pi^*$ 跃迁，但多数在 200nm 以上没有吸收。若烯烃分子中氢被助色团取代时，吸收峰发生红移，吸收强度也有所增加。

对于含有 $>$C═O、$>$C═S 等生色团的不饱和烃类，会产生 $\pi \rightarrow \pi^*$ 和 $n \rightarrow \pi^*$ 跃迁，它们的吸收带处于近紫外区和可见光区。

② 含共轭体系的不饱和烃。具有共轭双键的化合物，相间的 π 键相互作用生成大 π 键，由于大 π 键各能级之间的距离较近，电子易被激发，所以产生了 K 吸收带，一般在 217~280nm。K 吸收带的波长及强度与共轭体系的长短、位置、取代基种类等有关，共轭双键越多，波长越长，甚至出现颜色，故可据此判断共轭体系的存在情况。

共轭分子除共轭烯烃外，还有 α、β 不饱和酮 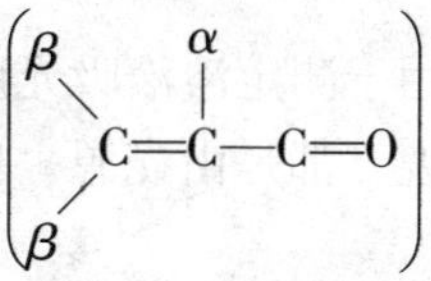，α、β 不饱和酸，芳香核与双键或羰基的共轭等。

3. 芳香烃化合物

苯的紫外吸收光谱是由 $\pi \rightarrow \pi^*$ 跃迁组成的三个谱带，即 E_1、E_2 具有精细结构的 B 吸收带。当苯环上引入取代基时，E_2 和 B 一般产生红移且强度加强。

如果苯环上有两个取代基，则二取代基的吸收光谱与取代基的种类及位置有关。任何种类的取代基都能使苯的 E_2 带发生红移，当两个取代基在对位时，ε_{max} 和 λ_{max} 都较间位和邻位取代时大。

4. 羰基化合物

羰基化合物含有 σ 电子、π 电子和 n 电子，可发生 $n \to \sigma^*$、$\pi \to \pi^*$、$n \to \pi^*$ 跃迁，产生三个吸收带，其中 $n \to \pi^*$ 跃迁所需能量最低，一般在近紫外或可见光区有吸收，但吸收强度弱，ε 一般低于 100L/(mol·cm)。

1.3.3 无机化合物的紫外-可见吸收光谱

与有机化合物相似，在电磁辐射下，一些无机物也产生紫外-可见吸收光谱，但其主要能级跃迁类型包括电荷迁移跃迁和配位场跃迁。

1. 电荷迁移跃迁

许多无机配合物（如 $FeSCN^{2+}$）的电荷迁移跃迁可表示为：

$$M^{n+}—L^{b-} \xrightarrow{h\nu} M^{(n-1)+}—L^{(b-1)-}$$

$$[Fe^{3+}CNS^{-}]^{2+} \xrightarrow{h\nu} [Fe^{2+}SCN]^{2+}$$

此处，M 为中心离子（例中为 Fe^{3+}），是电子接受体；L 是配体（例中为 SCN^{-1}），是电子给予体。受辐射能激发后，使一个电子从给予体外层轨道向接受体跃迁产生电荷迁移吸收光谱。许多水合离子、过渡金属离子与含生色团的试剂作用时，如 Fe^{2+}、Cu^{+} 与 1,10-邻二氮菲的配合物，可产生电荷迁移吸收光谱。

2. 配位场跃迁

过渡金属离子及其化合物呈现两种不同形式的电子吸收光谱，一种为前述的电荷迁移跃迁，另一种为配位场跃迁。配位场跃迁有 $d—d$、$f—f$ 两种跃迁。元素周期表中第四、第五周期的过渡金属分别具有 3d 和 4d 轨道，镧系、锕系元素 7 个能量相等的 f 轨道分别裂分成几组能量不等的 d 轨道及 f 轨道上，当它们的离子吸收光能后低能态的 d 电子或 f 电子可分别跃迁至高能态的 d 或 f 轨道上，这两类跃迁分别称为 $d—d$ 跃迁和 $f—f$ 跃迁。由于这两类跃迁必须在配体的配位场作用下才可能产生，因此也称配位场跃迁。

1.4 紫外-可见分光光度计

1.4.1 仪器的基本结构

在紫外及可见光区用于测定溶液吸光度的分析仪器称为紫外-可见分光光度计。型号较多，但就其基本构造来说，都是由光源、单色器、吸收池、检测器和数据处理及记录系统等部分组成。

1. 光源

光源的作用是在整个紫外光区或可见光谱区可以发射连续光谱，具有足够的辐射强度、较好的稳定性、较长的使用寿命，而且辐射能量随波长的变化应尽可能小。分光光度计中常用的光源有热辐射光源和气体放电光源两类，热辐射光源用于可见光区，如钨丝灯和卤钨灯；气体放电光源用于紫外光区，如氢灯和氘灯。

实际应用的光源分为：

① 可见光区：钨灯作为光源，其辐射波长范围在 320~2500nm 的连续光谱，其中最适宜的使用范围为 320~1000nm。为了保证钨丝灯发光强度稳定，需要采用稳压电源供电。

卤钨灯是钨丝灯灯泡内充碘或溴的低压蒸气，它比钨丝灯发光强度大，寿命也长。

② 紫外区：氢或氘灯，发射 185~400nm 的连续光谱。为了保证发光强度稳定，也需要采用稳压电源给氘灯供电。氘灯的光谱分布与氢灯相同，但发光强度和寿命比氢灯大 2~3 倍，目前仪器多使用氘灯。氘灯或氢灯的发射光谱中有几根原子谱线，可作为波长校正用，常用的谱线有 486.13nm(F 线)和 656.28nm(C 线)。

2. 单色器

单色器的作用是将光源发射的复合光分解成单色光，并可从中选出任一波长单色光的光学系统。通常由入射狭缝、准光装置、色散元件、聚焦装置和出射狭缝组成。其原理为来自光源并聚焦于进光狭缝的光，经过准直镜变成平行光，投射于色散元件。色散元件使各种不同波长的平行光有不同的投射方向(或偏转角度)，行程按波长顺序排列的光谱，再经过准直镜将色散后的平行光聚焦于出射狭缝上。转动色散元件的方位，可使所需波长的单色光从出射狭缝分出。

① 入射狭缝：光源的光由此进入单色器，并可调节光强度，进光狭缝起着限制杂散光进入的作用。狭缝宽度直接影响分光质量，狭缝过宽，单色光不纯，将使吸光度改变；狭缝太窄，则光通量小，将降低灵敏度。故测定时狭缝宽度要适当，一般以减小狭缝宽度至溶液的吸光度不再增加为宜。一般廉价仪器多用固定宽度的狭缝，不能调节，精密仪器狭缝可调节。光栅分光的仪器多用单色光的谱带宽度，直接表达单色光的纯度。棱镜分光的仪器因色散不均匀，只能用狭缝的实际宽度(一般为 1~3mm)表示，单色光的谱带宽度(即单色光的纯度)需经换算后才能得到。

② 准光装置：透镜或返射镜使入射光成为平行光束。

③ 色散元件：将复合光分解成单色光，棱镜或光栅。早期仪器多采用棱镜，现在多使用光栅。棱镜有玻璃和石英两种材料，它们的色散原理是依据不同波长光通过棱镜时有不同的折射率而将不同波长的光分开。由于玻璃可吸收紫外光，所以玻璃棱镜只能用于 350~3200nm 的波长范围。石英棱镜可适用的波长范围较宽，大致为 185~4000nm，可用于紫外、可见、近红外三个光域。光栅是利用光的衍射与干涉原理制成的。它可用于紫外、可见及近红外光域，而且在整个波长区具有良好的、几乎均匀一致的分辨能力。它具有色散波长范围宽、分辨本领高、成本低、便于保存和易于制备等优点。缺点是各级光谱重叠面会产生干扰。

光栅的色散原理是以光的衍射和干涉现象为基础的，是核心部件。

④ 聚焦装置：透镜或凹面反射镜，将分光后所得单色光聚焦至出射狭缝。

⑤ 出射狭缝：分光后所得单色光由此流出单色器。

3. 吸收池

样品室放置各种类型的吸收池(比色皿)和相应的池架附件。吸收池主要有石英池和玻璃池两种，石英池适用于可见光区及紫外光区，玻璃吸收池只能用于可见光区。为减少光的反射损失，吸收池的光学面必须完全垂直于光束方向。吸收池要挑选配对，吸收池材料的本身吸光特征以及吸收池的光程长度的精度等，对分析结果都有影响。

吸收池的规格：0.5cm、1.0cm、2.0cm、3.0cm、5.0cm 等，使用时，根据实际需要选择。实际工作中，为减少误差，盛放参比溶液与样品溶液的吸收池应相互匹配，在盛同一溶

液时 ΔT 应小于 0.2%。

4. 检测器

检测器的功能是检测光信号、测量单色光透过溶液后光强度变化的一种装置。对检测器的要求是在测定的光谱范围内具有高的灵敏度；对辐射能量的响应时间短，线性关系好；对不同波长的辐射响应均相同，且可靠；噪声水平低，稳定性好等。常用的检测器有硒光电池、光电管和光电倍增管等。它们通过光电效应将照射到检测器上的光信号转变成电信号。

① 硒光电池。硒光电池对光的敏度范围为 300~800nm，其中又以 500~600nm 最为灵敏。这种光电池的特点是能产生可直接推动微安表或检流计的光电流，缺点是受强光照射或长久连续使用时会出现疲劳现象，表现为光电流逐渐下降。这时应停止使用，将它放置暗处使其恢复原有的灵敏度，严重时要更换新的硒光电池。

② 光电管。光电管在紫外-可见分光光度计上应用较为广泛。它的结构是以一弯成半圆柱形的金属片为阴极，阴极的内表面涂有光敏层；在圆柱形的中心置以金属丝为阳极，接受阴极释放出的电子。两电极密封于玻璃或石英管内并抽成真空，阴极上光敏材料不同，光谱的灵敏区也不同，可分为蓝敏和红敏两种光电管，前者是在镍阴极表面上沉积锑和铯，在 210~625nm 波长范围内均可用；后者是在阴极表面上沉积了银和氧化铯，适用范围为625~1000nm。与光电池比较，它有灵敏度高、光敏范围宽、不易疲劳等优点。图 1-9 是一个典型的光电管检测系统示意图。

③ 光电倍增管。光电倍增管是检测微弱光最常用的光电元件，它的灵敏度比一般的光电管要高 200 倍，因此可使用较窄的单色器狭缝，从而对光谱的精细结构有较好的分辨能力。光电倍增管的工作原理如图 1-10 所示。

图 1-10 中，K 为光阴极，D_1、D_2、D_3、D_4、…、D_n。为二次发射极，又称打拿极。它一般被设计为凹面型，以利于电子聚焦；A 为阳极，当有光照射到阴极 K 上时，阴极 K 上的光敏材料就发射光电子，这些光电子受电场加速，到达 D_1，由于 D_1 的二次发射系数被设计成>1（即 $\delta>1$），因此，有较多的二次电子被电场加速到 D_2，以后逐渐放大。最后，在阳极 A 上形成很强的光电流信号输出。二次发射级数越多，发射系数越大，总的光电子放大系数也越大。

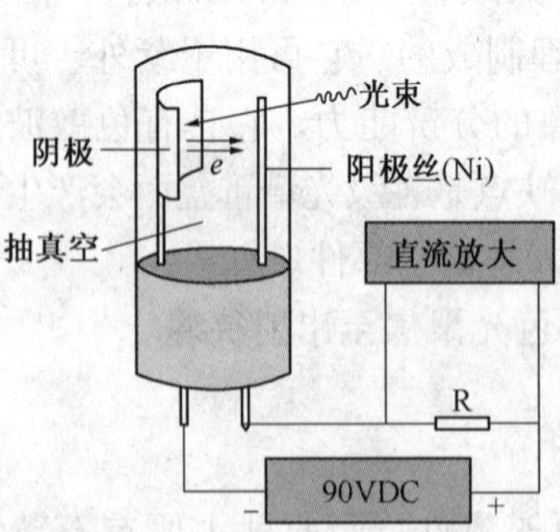

图 1-9　光电管检测系统示意图

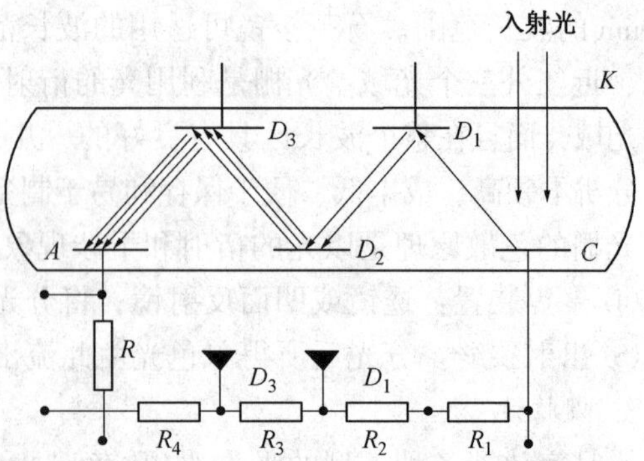

图 1-10　光电倍增光结构示意图

K—窗口；C—光阴极；D_1、D_2、D_3—次电子发射极；A—阳极；R_1、R_2、R_3、R_4—电阻

5. 信号处理与显示系统

检测器测到的电信号较弱，需经过放大才能以某种方式将测量结果显示出来。显示方式

可用检流计或数字显示，用微机进行仪器自动控制和结果处理。

1.4.2 紫外-可见分光光度计的类型及特点

紫外-可见分光光度计按使用波长范围可分为：可见光分光光度计和紫外-可见分光光度计两类。前者的使用波长范围是400~780nm；后者的使用波长范围是200~1000nm。可见光分光光度计只能用于测量有色溶液的吸光度，而紫外-可见分光光度计可测量在紫外、可见及近红外有吸收的物质的吸光度。见图1-11所示。

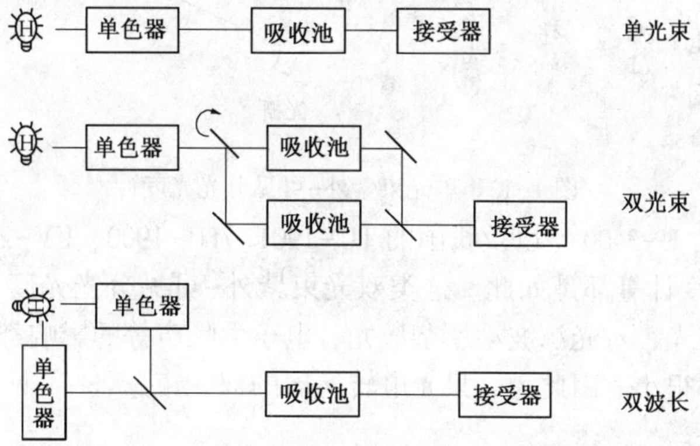

图1-11 各类分光光度计示意图

紫外-可见分光光度计按光路可分为单光束及双光束两类；按测量时提供的波长数又可分为单波长及双波长分光光度计两类。

1. 单光束分光光度计

单光束分光光度计是指从光源中发出的光，经过单色器系统及吸收池后，最后照在检测器上时始终为一束光。其光电转换器通常采用硅光电池、光敏三极管或光电管，其结构简单、价格便宜，但因其杂散光、光源波动、电子学的噪声等都不能抵消，故单光束紫外-可见分光光度计的光度准确度差。国外的DU70、PU8700等及我国生产的721、722、723、727、751、752、753、754等紫外-可见分光光度计都是单光束仪器，它们属于低档仪器。单光束紫外-可见分光光度计的技术指标比较差，特别是杂散光、光度噪声、光谱带宽等主要技术指标比较差，分析误差较大，在使用上受到限制。一般来讲，要求较高的制药行业、质量检验行业、科研行业等不宜使用单光束紫外-可见分光光度计。常用的单光束可见分光光度计有721型、722型、723型、724型等。单光束分光光度计的特点是结构简单，价廉，适于在给定波长处测量吸光度或透光度，一般不能作全波段光谱扫描，要求光源和检测器具有很高的稳定性。适合于紫外-可见区的常规定性和定量工作。单光束紫外-可见分光光度计的组成如图1-12所示。

2. 双光束分光光度计

双光束分光光度计是指从光源中发出的光经过单色器后，被一个旋转的扇形反射镜(即切光器)分为强度相等的两束光，分别通过参比溶液与样品溶液，再用一同步的切光器将两束透过光交替地投射于光电倍增管，通过一个同步的信号发生器对来自两个光束的信号加以比较，并将两信号的比值经对数变换后转换为相应的吸光度值。

目前，国际上的高档双光束紫外-可见分光光度计都是两束光、两只比色皿，一只光电转换器的仪器。如美国的Lambda900、Lambda9、Cary6000、Cary500、Cary5型和日本的

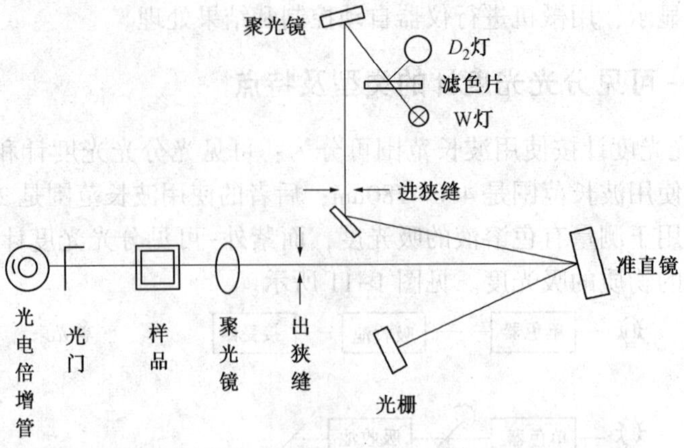

图 1-12　单光束紫外-可见分光光度计

UV-2450、UV-3101、U-3400 型以及我国的 TU-1901、TU-1900、UV-2100、UV-763 型双光束紫外-可见分光光度计等都是如此。这类双光束紫外-可见分光光度计的技术指标大多都很先进。由于有两束光，对光源波动、杂散光、电子学噪声等的影响都能部分抵消，所以其杂散光、光度噪声都很小。因此，一只光电转换器的双光束紫外-可见分光光度计的最大优点就是光度准确度好。

因一束单色光被分成两束，所以每束光的能量降低了一半。因此，一只光电转换器的双光束紫外-可见分光光度计的信噪比不如单光束紫外-可见分光光度计大。但因两束光路对噪声可相互抵消，所以其灵敏度仍然很好。

一只光电转换器的双光束紫外-可见分光光度计的组成如图 1-13 所示。其特点是自动记录，快速全波段扫描。可消除光源不稳定、检测器灵敏度变化等因素的影响，特别适合于结构分析。其缺点是其结构较复杂、价格较贵。

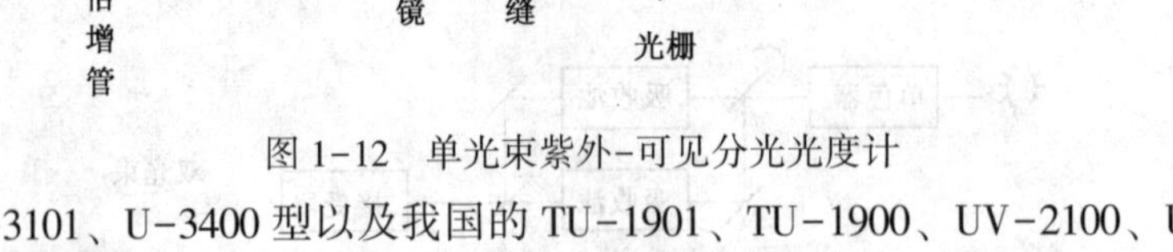

图 1-13　双光束紫外-可见分光光度计

3. 双波长分光光度计

双波长分光光度计与单波长分光光度计的主要区别在于采用双单色器，以同时得到两束波长不同的单色光。工作原理见图 1-14 所示。

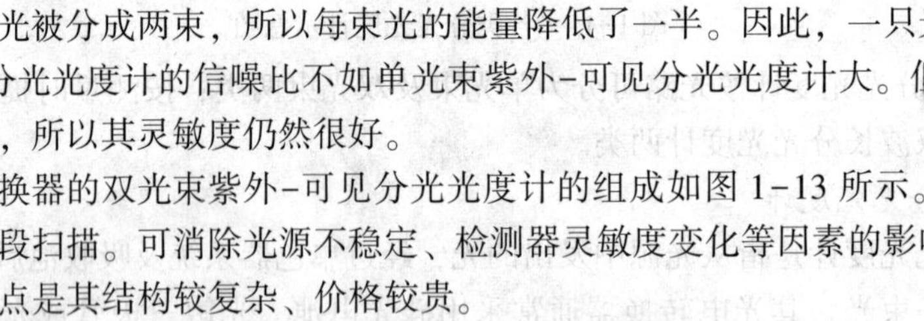

图 1-14　双波长分光光度计

由同一光源发出的光被分成两束，分别经过两个单色器，得到两束不同波长（λ_1 和 λ_2）的单色光；利用切光器使两束光以一定的频率交替照射同一吸收池，然后经过光电倍增管和电子控制系统，最后由显示器显示出两个波长处的吸光度差值 ΔA（$\Delta A = A_{\lambda_1} - A_{\lambda_2}$）。

对 λ_1：　　　　　　　　　　$A_1=\varepsilon_1 bc$

对 λ_2：　　　　　　　　　　$A_2=\varepsilon_2 bc$

$$\Delta A=A_2-A_1=(\varepsilon_2-\varepsilon_1)bc=Kc \tag{1-15}$$

由式(1-15)可知，ΔA 与吸光物质浓度 c 成正比。这就是双波长分光光度法进行定量分析的依据。

常用的双波长分光光度计有国产的 WFZ800S、岛津的 UV-300、日立的 556 型等。特点是无需参比溶液，只用一个待测溶液，因此可以减免由于吸收池不匹配，参比溶液与待测溶液折射率和散射作用的不同引起的误差，提高了测量的准确度。该仪器既可用作双波长分光光度计又可用作双光束分光光度计。特别对于多组分混合物、浑浊样品(如生物组织液)分析，以及存在背景干扰或共存组分吸收干扰的情况下，利用双波长分光光度法，往往能提高方法的灵敏度和选择性。利用双波长分光光度计，能获得导数光谱。通过光学系统转换，使双波长分光光度计能很方便地转化为单波长工作方式。如果能在 λ_1 和 λ_2 处分别记录吸光度随时间变化的曲线，还能进行化学反应动力学研究。其不足之处是价格昂贵。

1.4.3　常用紫外-可见分光光度计的使用

目前商品紫外-可见分光光度计品种和型号繁多，不同型号的仪器操作方法也不尽相同，但仪器上的主要旋钮和按键的功能基本相似。下面介绍几种常用的紫外-可见分光光度计的操作方法。

1. 紫外-可见分光光度计的主要操作提示

(1) 光源的使用

① 光源使用注意事项。光源的寿命是有限的，为了延长光源使用寿命，在不使用仪器时不要开光源灯，应尽量减少开关次数。在短时间的工作间隔内可以不关灯，刚关闭的光源灯不能立即重新开启。仪器连续使用时间不应超过 3h，若需长时间使用，最好间歇 30min。

② 光源灯的更换。如果光源灯亮度明显减弱或不稳定，应及时更换新灯。具体操作步骤如下：

a. 关掉主机电源，拔下电源插座。

b. 打开机壳和光源灯室盖。

c. 用螺丝刀旋下固定螺灯，并拔下钨灯(或氘灯)接线插头，取下钨灯(或氘灯)座。

d. 更换上购买的钨灯(或氘灯)座，插上钨灯(或氘灯)接线插头即可。

e. 插上电源插座，打开主机电源，确认钨灯(或氘灯)点亮。

f. 盖上光源灯室盖和外壳。

③ 更换光源灯的注意事项：

a. 更换灯源时，注意不要用手触摸灯源的光窗。万一不小心触摸了灯源光窗，必须在灯点亮前用无水乙醇或无水乙醚将指纹擦拭干净，并用电吹风吹干后方能接通电源。否则灯源上会留下不能清除的污渍。

b. 禁止在通电的情况下更换灯源，以防意外事故。

c. 禁止触摸已经点亮或刚关闭的灯源，以防灼伤。

d. 禁止直接观看灯源，特别是氘灯的出光孔，以防紫外线损伤眼睛。

(2) 单色器的使用

单色器是仪器的核心部分，装在密封盒内，不能拆开。选择波长应平衡地转动，不可用力过猛。为防止色散元件受潮生霉，必须定期更换单色器盒干燥剂(硅胶)。若发现干燥剂变色，应立即更换。

选用仪器的狭缝宽度应小于供试品吸收带半宽度的1/10，否则测得的吸光度值会偏低，狭缝宽度的选择应以减小狭缝宽度时供试品的吸光度不再增加为准。对于采用紫外测定的大部分品种，可以使用2nm缝宽，但对于某些品种(如青霉素钾及青霉素钠)的吸光度检查则需用1nm缝宽或更窄。

(3) 吸收池的使用

① 吸收池要配对使用，因为相同规格的吸收池仍有或多或少的差异，致使光通过比色溶液时，吸收情况将有所不同。

② 注意保护吸收池的透光面，拿取时，手指应捏在其毛玻璃的两面，以免沾污或磨损透光面。

③ 在已配对的吸收池上，于毛玻璃面上做好记号，使其中一只专置参比溶液，另一只专置试液。同时还应注意吸收池放入吸收池槽架时应固定朝下。

④ 如果试液是易挥发的有机溶剂，则应加盖后放入比色皿槽架上。

⑤ 凡含有腐蚀玻璃的物质(如F^-、$SnCl_2$、H_3PO_4等)的溶液，不得长时间盛放在吸收池中。

⑥ 倒入溶液前，应先用该溶液淋洗内壁三次，倒入量不可过多，以吸收池高度的4/5为宜。

⑦ 每次使用完毕后，应用蒸馏水仔细淋洗，并以吸水性好的软纸吸干外壁水珠，收回吸收池盒内。

⑧ 不能用强碱或强氧化剂清洗比色皿，而应用稀盐酸或有机溶剂，再用水洗涤，最后用蒸馏水淋洗三次。

⑨ 不得在火焰或电炉上进行加热或烘烤吸收池。

⑩ 若发现吸收池被沾污时，可以用洗液清洗，也可用20W的玻璃仪器清洗超声波清洗半小时，一般都能解决问题。

(4) 检测器的使用

使用硒光电池时要注意防潮和防止腐蚀气体的腐蚀，否则将会导致灵敏度严重下降，影响使用寿命，因此检测器室要保证干燥。

光电元件必须避免不必要的曝光，在测定过程中要随时关闭光闸。硒光电池在长时间光照后，会发生“疲劳现象”，需要把它放到暗处使之复原。为了延长光电管的使用寿命，不要在光电管处于工作状态时受强光照射。光电倍增管的光电阴极经强光照射后，也会发生“疲劳现象”，导致灵敏度下降。但经过几小时后，有可能恢复。如果长期在较强的光照射下，光阴极会产生不可逆的疲劳(即不能恢复光谱灵敏度)，这是影响光电倍增管测量重复性的重要因素。因此不能让强光直接照射光电倍增管的阴极。

光电管适宜的工作电源为直流电，电压在90V左右，若工作电压过高，会导致暗电流增大。光电管外壳要清洁，不可用手触摸。

2. 紫外-可见分光光度计的一般操作程序

(1) 开启电源

在检查样品室内有无样品遗留、仪器是否处于正常状态基础上，接通电源，仪器自动进入初始化状态，开始自检和自动挤线校正等。

(2) 调试仪器，设置测试方式

自检完成后，根据测试需要，结合仪器特点和状态，对仪器进行调试，并设置测试方式。

(3) 测量样品

确保仪器进入正常工作状态后，根据测试需要对样品进行测量。

(4) 记录测量结果

对测量结果进行记录、保存、打印等处理。

(5) 关机

测试完毕，取出样品室内的吸收池，关机，并填写使用记录。

3. 722B 光栅分光光度计的使用

(1) 722B 可见分光光度计的构造特点

722B 型光栅分光光度计是依据相对测量原理，对液体或透明固体进行定量或定性分析的常规实验室仪器，可广泛应用于医药卫生、临床检验、环境保护、地质矿产、石油化工、食品等行业和教学科研部门，是理化实验室常用的分析仪器之一。该仪器采用光栅自准式色散系统和单光束结构光路，采用优质刻划光栅，仪器的杂散光指标降低到了比较理想的水平。波长范围为 330~810nm，波长准确度为±2nm，波长重复性为 1nm，吸光度的显示范围为 0~1.999。该仪器由光源室、单色器、样品室、接受室、单片机及电子系统、显示单元等部分组成。

(2) 722B 可见分光光度计的使用

① 开启电源，仪器工作，计算机进入倒计时，液晶显示“Preheating 09 :59”预热 10min。按测量键可跳过预热时间，此时液晶显示“T=???；A=”(注意：a. 不预热可能影响测量结果，建议预热 10min。b. 有时计算机会随机显示，这不会影响测量结果)。

② 测量前调试仪器，每改变一次波长，均需重复以下步骤：

a. 首先转动波长手轮选定所要使用的波长。

b. 将空白和样品放到样品池中，并将空白和样品推入光路中。

c. 按“100%T”键，自动调 100%T，显示“T=100.0，A=0.000-”。

d. 若显示屏显示“T<100.0，A=- ”，则依次顺时针调整灵敏度旋钮增大放大器倍数。重试“100%T”键；若显示“T>100.0，A=- ”，则依次逆时针调整灵敏度旋钮，减小放大器倍数。重试“100%T”键；直至显示屏显示“T=100.0，A=0.000-”为止。

e. 打开样品池盖，按下调“0”T 键，显示“T=0.0，A=9.999-”。

f. 关闭样品池盖，再次按下“100%T”键。

③ 测量样品。关闭样品池盖，推入待测样品，按“测量”键，显示屏显示 T，A 值。

④ 测量注意事项：

a. 测量中，在改变样品，更换比色皿时，虽然波长未变，但为了力求精确，应重复②中的 c、d、e 步骤，再进行测量。

b. 为提高测量准确度，可多次测量，取平均值。

c. 推拉样品池中比色皿架时，要轻柔、到位，否则直接影响测量结果。

d. 测量时，样品池盖一定要盖好、到位，不要因露光而影响测量结果。

4. UV-VIS8500 紫外-可见分光光度计的使用

(1) UV-VIS8500 紫外-可见分光光度计的特点及主要功能

UV-VIS8500 紫外-可见分光光度计是一种新型的双光束紫外-可见分光光度计，仪器内具有微处理机系统、优良的光学系统和电路系统以及合理的机械结构，能进行快速和高精度分析。该仪器具有自动控制功能和分析测试及信息再处理功能。能进行波长精度自动校正，波长变换自动定位，滤色片自动变换，灯源自动切换，自动选择光源的最佳切换点，自动识别装入的带有控制能力的选购附件，基线自动校正，图谱显示打印，显示各种出错信息。能进行光学谱线扫描，多阶导数测定，多波长测定，化学动力学测定，曲线的组合与运算，峰值标定、筛选与搜索。其主要基本指标是波长范围为190~1100nm，波长调节量为0.1nm，波长准确度为±0.5nm，波长重复性为0.3nm，透射比范围为0~300%，吸光度范围为-0.477~3.000Abs，透过率精度为±0.5%T，透过率重复性为0.3%T，光谱稳定性为≤0.002Abs/h(500nm，两小时预热后)，噪声为≤0.3%T，基线平直度为±0.005Abs，扫描速度为60~3200nm/min，波长移动速度为6000nm/min，光谱带宽为2nm。

UV-VIS8500紫外-可见分光光度计的操作方法：

① 开机操作。进入85系列界外，在对话框三种功能中(波长扫描，定点波长测量，时间扫描)选择某一功能，按“OK”按钮进入对应的功能界面。

② 设置系统：

a. 设置光源切换点。85系列仪器自动寻找最佳的光源切换点。针对某些用户的特殊需要，允许用户设置光源切换点，设置范围320~360nm。

b. 先是主机状态。按“显示菜单”，选“UV8500主机状态”，按“状态刷新”按钮，对话框中显示“OK”表示该项目正常；对话框中显示“Unknown”表示该项目尚未自检到；对话框中显示“Failed”表示该项目有故障。除钨灯这一项出现“Failed”以外，出现任何一项的“Failed”主机均不能继续工作。

c. 开关仪器光源。按“UV8500”菜单，选“开关钨灯”，在“开关钨灯”这一栏的边上打勾，表示钨灯处于打开的状态。用鼠标单击“开关钨灯”打勾取消表示关闭钨灯。同理操作开关氘灯。钨灯和氘灯在关闭后，重新打开时需要预热30min以上，否则测量数据会有偏差。

d. 设置状态栏字体。85系列软件中的状态栏字体的大小可根据用户的需要进行修改。

e. 设置通讯口。按“UV8500”菜单，选“通讯口设置”。在完成设置通讯口后，必须退出85系列软件，再重新进入后，通讯口设置才完成。

f. 更改口令。为防止非本系统操作者随意更改85系列软件的设置，85系列软件增加了口令保护。设置和更改口令的方法是：按“UV8500”菜单，选“更改口令”，先在“旧口令”处键入原来的口令(第一次设置口令时可省去这一步)，在“新口令”处键入新的口令，在“确认新口令”处再一次键入新的口令，按“确认”按钮即完成。

③ 波长扫描：

a. 进入波长扫描界面。用鼠标选“文件”菜单中“创建”，在对话框中选“波长扫描”，按“OK”按钮。

b. 进入波长扫描设置界面，设置波长起始值、终止值和扫描间距。

c. 选择用透过率显示模式或用吸光度显示模式。

d. 将参比和样品光路以空气进行校零(Abs=0.000)。

e. 将装有样品溶液和参比溶液的比色皿分别放入光路，盖好样品盒盖。

f. 进行波长扫描。

g. 对扫描结果(谱图)进行保存或打印等。

④ 时间扫描：

a. 进行时间扫描界面。用鼠标选"文件"菜单中"创建"，在对话框中选"时间扫描"，按"OK"按钮。

b. 进入时间扫描设置界面，设置扫描的波长值、总共扫描时间和扫描间隔。

c. 选择用透过率显示模式或用吸光度显示模式。

d. 将装有样品溶液和参比溶液的比色皿分别放入光路，盖好样品盒盖。

e. 扣除仪器暗电流，进行吸光度调零。

f. 取出样品光路中的比色皿倒出里面的参比溶液，倒入样品溶液并放回，进行波长扫描。

g. 对扫描结果(谱图)进行保存或打印等。

⑤ 定点测量：

a. 进入定点测量界面。用鼠标选"文件"菜单中"创建"，在对话框中选"定点测量"，按"OK"按钮。

b. 选择待测的波长数量，并设定波长。

c. 选择用透过率显示模式或用吸光度显示模式(也可以选择浓度回归，操作方法略)。

d. 扣除仪器暗电流。

e. 将空白样品和参比溶液的比色皿分别放入光路，盖好样品盒盖，进行吸光度调零。

f. 将样品和残币放入光路，盖好样品盒盖，进行测量。

g. 在样品盒中放入新的样品后，再次按"启动"按钮重复测量，完成测量工作。

h. 对测量数据进行保存或打印等。

1.4.4 紫外-可见分光光度计的检验

1. 紫外-可见分光光度计的检定

为保证测试结果准确可靠，新制造、使用中和修理后的分光光度计都应定期检定。国家技术监督局批准颁布了各类紫外、可见及近红外分光光度计的检定规程(JJG 178—96 可见光，JJG 375—96 单光束紫外可见，JJG 682—90 双光束紫外可见，JJG 689—90 紫外、可见、近红外分光光度计检定规程)。检定规程规定了检定周期，如单光束紫外-可见分光光度计的检定周期为 1 年，在此周期内，仪器经修理或对测量结果有怀疑时，应及时检定。

(1) 检定程序

根据实践经验，为快速可靠地检定仪器，可按以下程序进行检定：

外观→绝缘电阻→稳定度→电源电压影响→基线平直度→噪声→波长准确度与重复性→灵敏度、最小光谱通带→吸收池配套性→杂散辐射率→透射比准确度与透射比重复性。

先将仪器预热 20min，在通电预热的同时，可进行外观检查。必须注意，波长准确度与波长重复性的检定，一定要在仪器稳定度合格的条件下进行，接着可进行灵敏度或最小光谱带宽的检定。

当用标准溶液对透射比准确度与透射比重复性以及杂散辐射率进行检定前，需对吸收池配套性进行检定，因为吸收池不配套就将给透射比正确度的检定带来误差，所以这种顺序最好不要倒置。当然也有的计量部门用自己的吸收池给用户检定仪器，这样做的结果检定误差较小，但与实际使用情况有所脱节。所以应该将用户的吸收池检定后，误差大的一只装空白溶液，其余装待测溶液，这样检定的透射比准确度与透射比重复性才准确可靠，对用户使用仪器也更具有实际意义。

（2）检定项目和检定方法

① 外观及初步检查。仪器各调节器应调节自如。

② 稳定度。在仪器接受元件不受光情况下，调整仪器零点，使显示值为0%，观察3min，记录透射比示值最大变化即为暗电流稳定度。

在仪器接受元件受光情况下，于仪器波长范围两端内缩10nm处，调整透射比100%，观察3min(波长切换时5min)，记录透射比示值最大变化即为光电流稳定度。

③ 波长准确度。波长准确度是指单色光最大强度的波长值与波长指示值之差。

在可见光区检验波长准确度最简便的方法是绘制镨钕滤光片的吸收曲线。镨钕滤光片的吸收峰为528.7nm和807.7nm。如果测出的峰的最大吸收波长与仪器标示值相差±3nm以上，则需要细微调节波长刻度校正螺丝。如果测出的最大吸收波长与仪器标示值相差大于±10nm，则需要重新调整钨丝灯灯泡位置，或检修单色器的光学系统(应由计量部门或生产厂检修，不可自己打开单色器)。

在紫外光区检验波长准确度比较实用的方法是用苯蒸气的吸收曲线来检验。苯蒸气在紫外光区有特征吸收峰，利用这些吸收峰所对应的波长来检查仪器波长准确度非常方便。具体做法是：在吸收池第一滴液体苯，盖上吸收池盖，待苯挥发充满整个吸收池后，就可以测绘苯蒸气的吸收曲线。若实测结果与苯的标准光谱曲线不一致，表示仪器有波长误差，必须加以调整。

④ 透射比准确度。透射比准确度的检定方法有中性玻璃滤光片法(可见光区)和标准溶液法。经常使用的是标准溶液法，具体操作为：配制质量分数 $\omega_{K_2Cr_2O_7}=0.006000\%$(即1000g溶液中含 $K_2Cr_2O_7$ 为0.06000g) $K_2Cr_2O_7$ 的0.001mol/L $HClO_4$ 标准溶液。以0.001mol/L $HClO_4$ 为参比，与表1-3所列标准溶液的标准值比较，根据仪器级别，其差值应在0.8%~2.5%之内。

表1-3　$\omega_{K_2Cr_2O_7}=0.006000\%$ $K_2Cr_2O_7$ 溶液的透射比(25℃)

波长/nm	235	257	313	350
透射比	18.2	13.7	51.3	22.9

⑤ 吸收池配套性检定。在定量工作中，尤其是在紫外区测定时，需要对吸收池作校准及配对工作，以消除吸收池的误差，提高测量的准确度。具体操作：石英吸收池在220nm处装蒸馏水；在350nm处装 $K_2Cr_2O_7$ 0.001mol/L $HClO_4$ 溶液；玻璃吸收池在600nm处装蒸馏水；在400nm处装 $K_2Cr_2O_7$ 0.001mol/L $HClO_4$ 溶液。以一个吸收池为参比，将透射比调至100%，测量其他各池的透射比，透射比的偏差小于0.5%的吸收池可配成一套。

实际工作中，可以采用如下校准方法：在测定波长下将吸收池磨砂面用铅笔编号，于干净的吸收池中装入测定用溶液，以其中的一个为参比，测量其他各池的吸光度，若测定的吸光度为零或两个吸收池的吸光度相等，即为配对吸收池。若不相等，可选出吸光度最小的吸收池作为参比，测定其他各池的吸光度求出修正值。测定样品时，将待测溶液装入校准过的吸收池中，将测得的吸光度减去该吸收池的修正值即为测定的真实值。

⑥ 基线平直度。仪器波长置于起始位置，带宽2nm，吸光度量程为±0.01，样品和参比均为空白，进行全波段扫描，测量图谱中起始点与最大偏移量之差(允许记录笔在跟换电源或滤光片时有瞬间跳动)。

⑦ 噪声（自动扫描仪器检测此项）：

a. 100%线噪声。将仪器波长置于500nm处，光谱带宽2nm，样品和参比均为空白，取最小量程，响应时间不大于1s，定波长扫描2min，测量谱图上最大一组正峰与负峰的差值即为仪器100%线噪声。

b. 0%线噪声。将仪器波长置于500nm处，取最小量程，挡光板放入样品光束中，同上法检测，得到0%线噪声。

1.4.5 分光光度计的保养和维护

分光光度计是化学、精密机械和电子技术三者紧密结合而成的光谱仪器。正确安装、使用和保养对保持仪器良好的性能和保证测试的准确度有重要作用。

1. 仪器的安装要求

紫外-可见分光光度计是一种精密的分析仪器，对工作环境要求比较高，影响其稳定性的环境因素主要包括电源、电磁场、湿度、尘埃、震动等。

(1) 电源

仪器对电源的要求较高，如交流供电电源的电压波动≤1%，电源频率为(50±1)Hz。在市政供电稳定性极差的情况下，若不用或使用性能很差的交流电子稳压器，在分析测试时，肉眼可以很明显的电源电压大幅度的波动，将会严重影响紫外-可见分光光度计的稳定性。

(2) 电磁场

电磁场的干扰是影响紫外-可见分光光度计稳定性的重要因素，如将仪器的电源和空调机的电源插在同一个电源插座上，分析测试时，仪器很不稳定，一经分开，仪器马上恢复正常。一般来讲，安装紫外-可见分光光度计的房间，应该远离电磁场。只要干扰电磁场有足够的强度，就会影响紫外-可见分光光度计的稳定性。

(3) 湿度

紫外-可见分光光度计的每一个部分都不允许受潮。否则，将会使有关的元器件损坏或性能变坏，影响性能的稳定性。特别在我国南方春夏之交时，在潮湿阴郁的气候条件下，很容易影响仪器的性能，如果它受潮，就会引起仪器的杂散光增大。其他的光学元件受潮，也同样会使仪器性能变差。如果光学元件受潮后发霉长毛就会使光能量损失很大，杂散光会增大，会降低仪器的信噪比和灵敏度，增大仪器的误差。相对湿度应不超过85%。

(4) 灰尘

灰尘沾污光学元件会使光学元件的反射率降低，从而影响紫外-可见分光光度计的灵敏度。杂散光增大，使分析测试的误差增大。因此，安放紫外-可见分光光度计的房间，要求干净、通风、防尘。

(5) 震动

安放紫外-可见分光光度计的房间，要注意防震。安放紫外-可见分光光度计的桌子，最好采用水泥制作，比较稳定，且不容易受周围震动源的影响。

(6) 光线

紫外-可见分光光度计应安放在太阳不能直接晒到的地方，以免“室光”太强，影响仪器的使用寿命。

某些紫外-可见分光光度计，价格十分昂贵（每台仪器要近10万美元）、技术指标很高。为保证其性能，还应为安放仪器的工作台做防震基础。

2. 仪器的日常维护、保养

紫外-可见分光光度计使用者要注意仪器的日常保养和维护，除经常做好清洁卫生工作外，还要注意以下几点。

(1) 经常开机

如果仪器不是经常使用，最好要每星期开机 1～2h。一方面可去潮湿，避免光学元件和电子元件受潮；同时可保持各机械部分不会生锈，以保证仪器能正常运转。

(2) 经常校验仪器的技术指标

一般每半年检查一次，最好每一个季度检查一次，最少一年要检查一次。一旦发现哪项技术指标有问题，用户自己不要轻易盲动，应该马上通知制造厂的维修工程师来维修。

当仪器出现问题，一定要及时维修，不能“带病”工作。否则，不仅仪器分析测试的数据不可靠，还容易进一步损坏仪器。

(3) 保持机械运动部件活动自如

紫外-可见分光光度计有许多转动部件，如光栅的扫描机构，狭缝的传动机构、光源转换机构等。使用者对这些活动部件，应经常加一些钟表油，以保证其活动自如。有些使用者不易触及的部件，可以请制造厂的维修工程师或有经验的工作人员帮助完成。

3. 常见故障的诊断与排除

紫外-可见分光光度计是由光、机、电等部分组成的。光学部分有受潮发霉、性能变坏的可能，机械部分有磨损的问题，电子元件有老化问题等。因此，零部件不可能永远不出故障。因此，不管是哪种，也不管是哪个公司生产的紫外-可见分光光度计，出现临时故障都是很正常的。因为产生故障的原因很多，如仪器制造的缺陷、环境因素的影响、操作不当等，所以，使用者应掌握一般的故障诊断和排除方法。

紫外-可见分光光度计常见的故障及其排除方法见表 1-4。

表 1-4 紫外-可见分光光度计的常见故障及其排除方法

常见故障	故障排除方法
打开主机后，发现不能自检，主机风扇不转	1. 检查电源开关是否正常 2. 检查保险丝(或更换保险丝) 3. 检查计算机主机与仪器主机连线是否正常
自检时，某项不通过，或出现错误信息	1. 关机，稍等片刻再开机重新自检 2. 重新安装软件后再自检 3. 检查计算机主机与仪器主机连线是否正常
自检时出现“钨灯能量低”的错误	1. 检查光度室是否有挡光物 2. 打开光源室盖，检查钨灯是否点亮；如果钨灯不亮，则关机，更换钨灯 3. 开机，重新自检 4. 重新安装软件后再进行自检
自检时出现“氘灯能量低”的错误	1. 检查光度室是否有挡光物 2. 打开光源室盖，检查氘灯是否点亮，如果氘灯不亮，则关机，更换新氘灯。换氘灯时，要注意型号 3. 检查氘灯保险丝(一般为 0.5A)，是否出现松动，氧化、烧断，如有故障，立即更换 4. 开机重新自检 5. 重新安装软件后再进行自检

续表

常见故障	故障排除方法
波长不准，并发现波长有平移	1. 检查计算机与主机连线是否松动，是否连接不好 2. 检查电源电压是否符合要求（电源电压过高或过低，都可能产生波长平移现象） 3. 重新自检 4. 如果还是不行，则打开仪器，用于净小毛刷蘸干净的钟表油刷洗丝杆
整机噪声很大	1. 检查氘灯、钨灯的寿命，查看氘灯、钨灯的发光点是否发黑 2. 检查220V电源电压是否正常 3. 检查氘灯、钨灯电源电压是否正常 4. 检查电路板上是否有虚焊 5. 查看周围有无强电磁场干扰 6. 检查样品是否浑浊 7. 检查比色皿是否沾污
光度准确度不准	1. 首先检查样品是否正确、称样是否准确、操作是否正确 2. 比色皿是否沾污 3. 波长是否准确 4. 重新进行暗电流校正 5. 检查保险丝是否有问题（松动、接触不良、氧化） 6. 杂散光是否太大 7. 噪声是否太大 8. 光谱带宽选择是否合适 9. 基线平直度是否变坏
基线平直度指标超差	1. 基线平直度测试的仪器条件选择是否正确 2. 重新进行暗电流校正 3. 光源是否有异常（光源电源不稳、灯泡发黑、灯角接触不良） 4. 波长是否不准（是否平移） 5. 重新安装软件
测量时吸光度值很大	1. 检查样品是否太浓 2. 检查光度室是否有挡光（波长设置在546nm左右，用白纸在样品室观看光斑） 3. 检查光源是否点亮 4. 关机，重新自检 5. 检查电源电压是否太低 6. 重新安装软件
吸光度或透射比的重复性差	1. 检查样品是否有光解（光化学反应） 2. 检查样品是否太稀 3. 检查比色皿是否沾污 4. 是否测试时光谱带宽太小 5. 周围有无强电磁场干扰
杂散光很大	1. 检查光栅是否有沾污，如有，则请制造厂来解决，使用者自己不要轻易盲动 2. 查看所有的光学元件是否有灰尘沾污、霉点；如有，则请制造厂来解决，使用者自己不要轻易盲动 3. 查看光度室的光照情况
程序保护错误	1. 检查操作是否有误 2. 关闭其他程序 3. 检查是否有计算机病毒 4. 关机重新自检 5. 请有关专业人员解决

续表

常见故障	故障排除方法
钨灯是好的，但是自检时出现“钨灯能量高”的错误	1. 检查钨灯电源电压是否超过 13V 2. 检查计算机有无病毒 3. 重新安装软件，重新自检 4. 检查计算机与仪器主机的连线
氘灯是好的，但是自检时出现“氘灯能量高”的错误	1. 检查氘灯电源电流是否超过 350mA 2. 检查计算机有无病毒 3. 重新安装软件，重新自检 4. 检查计算机与仪器主机的连线
自检时，发生“滤光片电机出错”	1. 关机，重新自检 2. 查看滤光片是否脱落 3. 请制造厂解决
自检时，发生“狭缝电机出错”	1. 关机，重新自检 2. 查看滤光片是否脱落 3. 请制造厂解决
自检时，发生“光源电机出错”	1. 关机，重新自检 2. 检查光源电机有无异常
自检时，发生“扫描电机出错”，仪器噪声很大	1. 关机，重新自检 2. 关机，检查扫描机构的转动是否正常 3. 关机，打开仪器，用手转动电机，使转动机构中的螺母转到丝杆的中间部分 4. 关机，重新自检
出怪峰	1. 样品是否有问题 2. 检查比色皿是否被沾污 3. 光栅上是否有污点 4. 光学元件是否有沾污 5. 狭缝上有无灰尘 6. 检查周围有无电磁场干扰
两台仪器测试的数据不一致，峰形也不同	1. 首先检查被使用仪器的仪器条件是否与参照仪器的仪器条件一致。要比较两台仪器的分析结果，首先仪器条件必须一致 2. 样品是否正确、称样是否准确、浓度是否一样、操作是否正确 3. 比色皿是否沾污 4. 波长是否准确 5. 重新进行暗电流校正 6. 检查保险丝是否有问题(松动、接触不良、氧化) 7. 杂散光是否太大 8. 噪声是否太大 9. 光谱带宽选择是否合适 10. 基线平直度是否变坏

紫外-可见分光光度计计算机常见故障及排除方法见表 1-5。

表 1-5　紫外-可见分光光度计计算机常见故障及排除方法

故障现象	故障排除方法
计算机屏幕不显示；开机后，计算机屏幕上无任何信息	1. 检查计算机与紫外-可见分光光度计主机的各个插头；连线和电源开关是否正常 2. 检查计算机显示器上各个旋钮是否被卡死 3. 检查计算机显示器的开关是否打开 4. 重新开机 5. 如以上办法仍不能解决问题，则请生产厂家解决

续表

故障现象	故障排除方法
计算机“死机”	1. 热启动计算机 2. 用复位键重新启动计算机 3. 检查计算机是否有病毒 4. 重新安装软件 5. 与厂家联系解决
计算机开机后，无法进入 Windows	1. 热启动后，按“Del”键重新设置计算机 2. 检查是否有病毒 3. 检查接线是否正常
软驱不能正常工作	1. 检查计算机是否有病毒 2. 用“吹气球”吹一吹软驱内的灰尘 3. 检查软盘 4. 更换软驱
鼠标不灵活	1. 打开鼠标清除油泥 2. 检查连线 3. 更换鼠标
计算机发出异常响声	1. 检查计算机散热风扇；如果有问题，则需要更换 2. 检查计算机的 CPU 散热风扇，如果有问题，则需要更换
屏幕上箭头移动，但光标不动	用“Esc”键退出，重新启动计算机
当出现故障原因无法判断时	1. 检查电源电压及其波动情况 2. 检查各连线是否正常 3. 检查保险丝，保证接触良好 4. 关机，重新启动、自检 5. 重新安装软件 6. 找有经验的人员判断、设置计算机 7. 排除计算机病毒

1.5 紫外-可见分光光度法的应用

紫外-可见分光光度法是一种广泛应用的定量分析方法，也可对物质进行定性分析和结构分析。

1.5.1 定性分析

不同的有机化合物具有不同的吸收光谱，因此根据化合物的紫外吸收光谱中特征吸收峰的波长(λ_{max})和吸收强度(ε_{max})，可以进行物质的鉴定和纯度的检查。但由于紫外-可见吸收光谱较为简单，光谱信息少，特征性不强，而且不少简单官能团在近紫外及可见光区无吸收或吸收很弱，另外，紫外吸收光谱只能表现化合物分子中生色团及助色团的特征，而不是整个分子的特征。即如果物质组成的变化不影响生色团及助色团，就不会显著地影响其吸收光谱。如甲苯与乙苯具有相同的紫外吸收光谱。其次，外界因素如溶剂的改变也会影响吸收光谱，在极性溶剂中某些化合物吸收光谱的精细结构会消失，成为一个宽带。所以只根据紫外吸收光谱不能完全确定物质的分子结构，使这种方法的应用有较大的局限性，必须与红外吸收光谱、核磁共振波谱、质谱以及其他化学、物理方法共同配合才能得到可靠结论。

1. 未知化合物的鉴定

紫外吸收光谱定性分析一般采用比较光谱法。方法是将提纯的样品与标准物质用相同溶剂配成溶液，并在相同条件下绘制光谱吸收曲线，比较其吸收光谱是否一致。如果紫外吸收光谱完全相同(包括曲线形状、λ_{max}、ε_{max}、吸收峰数目等)，则可初步认为是同一种化合物。为进一步确认可更换一种溶剂重新测定后再作比较。若没有标准物质，可借助紫外-可见吸收光谱标准图谱及有关电子光谱数据资料进行比较。常用的标准图谱：《The sadtler standard spectra，Ultraviolet》萨特勒标准图谱及手册收集了 46000 种化合物的紫外光谱图。使用与标准图谱比较的方法时，要求仪器准确度、精密度高；操作时测定条件要完全与文献规定的条件相同，否则可靠性差。

2. 有机化合物结构推断

紫外-可见分光光度法可以进行化合物结构中官能团、共轭关系和共轭体系中取代基的位置、种类和数目的判别。

(1) 可获得的结构信息

① 200~400nm 无吸收峰。饱和化合物，单烯。

② 270~350nm 有吸收峰($\varepsilon=10\sim100$)醛酮 $n\rightarrow\pi^*$ 跃迁产生的 R 带。

③ 250~300nm 有中等强度的吸收峰($\varepsilon=200\sim2000$)，芳环的特征吸收(具有精细结构的 B 带)。

④ 200~250nm 有强吸收峰($\varepsilon\geqslant10^4$)，表明含有一个共轭体系 K 带。共轭二烯：K 带(~230nm)；α，β-不饱和醛酮：K 带约为 230nm，R 带 310~330nm、260nm、300nm、330nm 有强吸收峰，3 个、4 个、5 个双键的共轭体系。

(2) 有机化合物构象与构型的确定

① 反顺式肉桂酸与顺式肉桂酸 UV-VIS 的差异：

反式肉桂酸

$\lambda_{max}=295nm$　$\varepsilon_{max}=13500$

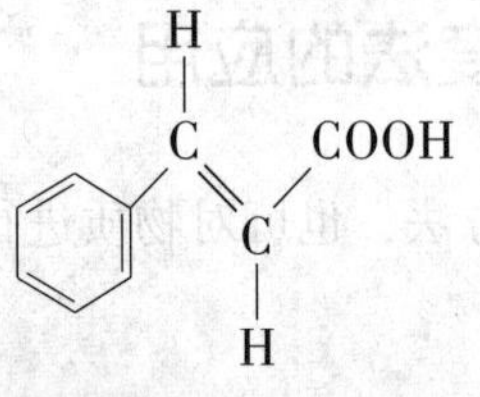

顺式肉桂酸

$\lambda_{max}=280nm$　$\varepsilon_{max}=7000$

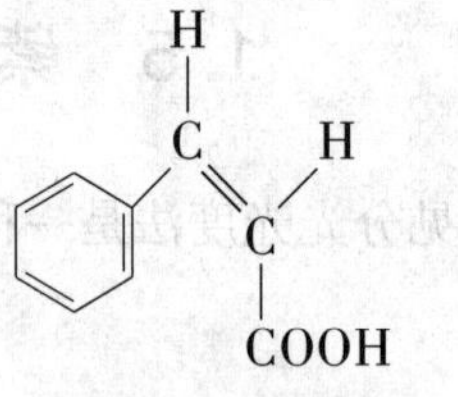

② 乙酰乙酸乙酯的酮式与烯醇式互变异构：

极性溶剂中形成氢键——酮式

$\lambda_{max}=272nm$　$\varepsilon_{max}=16$　$n\rightarrow\pi^*$

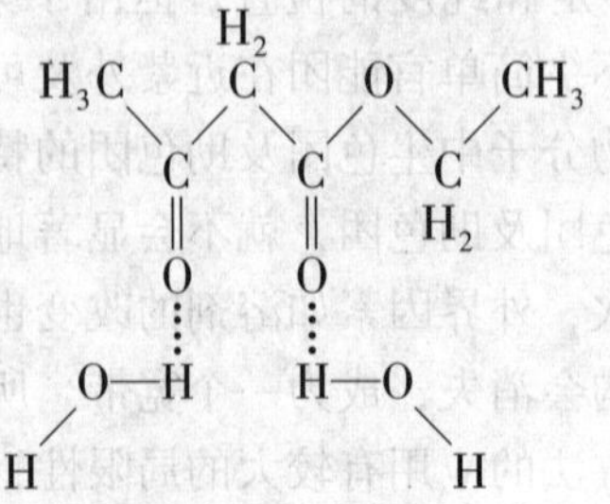

非极性溶剂中形成分子内氢键——烯醇式

$\lambda_{max}=243nm$　ε_{max}大　$\pi\rightarrow\pi^*$

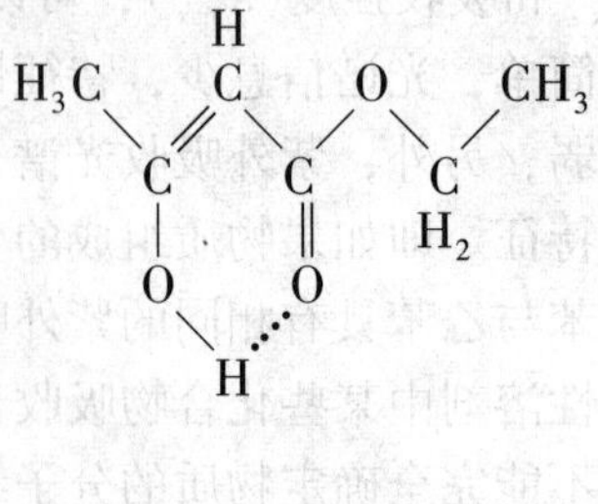

3. 化合物的纯度检查

紫外吸收光谱能检查化合物中是否含具有紫外吸收的杂质，如果某化合物在紫外区没有明显吸收峰，而其中的杂质有较强的吸收峰，就可以检测出该化合物所含的杂质。例如，苯在 256nm 处产生 *B* 吸收带，而甲醇或乙醇在此波长处无吸收，要检查甲醇或乙醇中是否含苯，可利用此特征检查甲醇或乙醇中的杂质苯。又如要检查 CCl_4 中有无 CS_2 杂质，只要观察在 318nm 处有无吸收峰即可。

另外，还可以用吸光系数来检查物质的纯度。一般认为，当试样测出的摩尔吸光系数比标准样品的摩尔吸光系数小时，其纯度不如标样，相差越大，试样纯度越低。例如，菲的氯仿溶液，在 296nm 处有强吸收（$\lg\varepsilon=4.10$），用某方法精制的菲测得 ε 值比标准菲低 10%，说明实际含量只有 90%，其余很可能是蒽醌等杂质。

1.5.2 定量分析

紫外-可见分光光度法常用于定量分析，根据测量波长的范围可分为可见光分光光度法和紫外分光光度法。前者用于有色物质的测定，后者用于有紫外吸收的物质的测定，两者的测定原理和步骤相同，通过测定溶液对一定波长入射光的吸光度，依据朗伯-比尔定律，就可以求出溶液中物质的浓度或含量。

1. 单组分样品的分析

若样品为单组分的，且遵守吸收定律，只要测出被测物质的最大吸收波长 λ_{max}，就可在此波长下，选用适当的参比溶液，测量溶液的吸光度，再用标准曲线法或比较法求得分析结果。

① 标准曲线法。此法是实际工作中常用的分析方法。配制一系列不同浓度的标准溶液，以不含被测组分的溶液为参比溶液，在选定的波长下测定标准溶液的吸光度，以吸光度 *A* 为纵坐标，浓度 *c* 为横坐标，绘制吸光度-浓度曲线，称为标准曲线（也称工作曲线）。在相同条件下测定样品溶液的吸光度，从标准曲线上查出与之对应的未知组分的浓度。如图 1-15 所示。

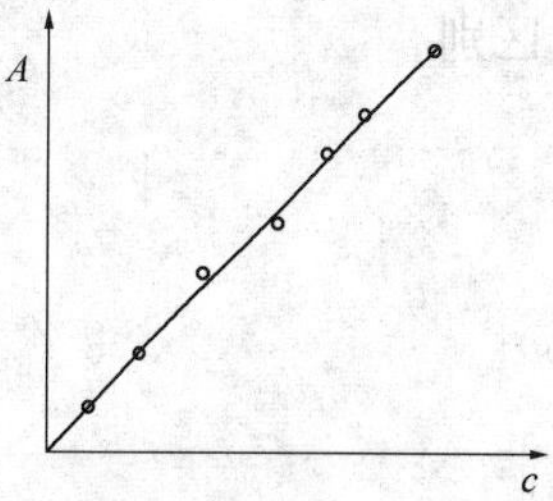

图 1-15 标准曲线

另外，还可以采用最小二乘法来确定直线回归方程，将要准确得多。

直线回归方程：

$$y=a+bx$$

式中，*x* 为标准溶液的浓度，*y* 为相应的吸光度，*a*、*b* 为回归系数。标准曲线线性好坏可用回归方程的相关性系数来表示，相关性系数 *r* 接近 1，说明曲线线性好，一般要求 $r>0.999$。

【例 1-2】用邻二氮菲测定 Fe^{2+} 得下列实验数据，试确定样品浓度。

溶　液	标液 1	标液 2	标液 3	标液 4	标液 5	标液 6	样品
$c/(10^{-5}mol/L)$	1. 00	2. 00	3. 00	4. 00	6. 00	8. 00	c_x
吸光度	0. 113	0. 212	0. 0. 336	0. 434	0. 669	0. 868	0. 712

【解】

方法一：以吸光度 *A* 为纵坐标，浓度 *c* 为横坐标，绘制吸光度-浓度曲线。

方法二：采用最小二乘法来确定直线回归方程。经计算得到直线回归方程：

$$A=2.08\times10^{-3}+1.09\times10^{4}c \quad r=0.99956$$

标准曲线符合要求，利用内插法求出样品浓度或将待测溶液吸光度代入回归方程，得到试样浓度为：

$$c_x=\frac{A_x-2.08\times10^{-3}}{1.09\times10^4}=\frac{0.712-2.08\times10^{-3}}{1.09\times10^4}=6.51\times10^{-5}\text{mol/L}$$

标准曲线法适于成批样品的测定，它可以消除一定的随机误差。

② 比较法。配制一个已知浓度的标准溶液(c_s)，在一定条件下，测得其吸光度 A_s，然后在相同条件下测得试液 c_x 的吸光度 A_x，设试液、标准溶液完全遵守光吸收定律，则：

$$c_x=\frac{A_x}{A_s}c_s \tag{1-16}$$

使用方法要求：c_x 与 c_s 浓度应接近，且都遵守光吸收定律。比较法适于个别样品的测定。

2. 多组分样品的分析

多组分是指在被测溶液中含有两个或两个以上的吸光组分。进行多组分混合物定量分析的依据是吸光度具有加和性，假设样品中同时存在两个吸光组分 x 和 y，需要先测定两种组分的吸收曲线，对比其最大吸收波长，并计算出对应的吸光系数。它们的吸收光谱一般有以下两种情况：

① 吸收光谱曲线不重叠。见图 1-16(a)，若各组分的吸收曲线互不重叠，表明两组分互不干扰，则可在各自最大吸收波长 λ_1 和 λ_2 处分别进行测定。这本质上与单组分测定没有区别。

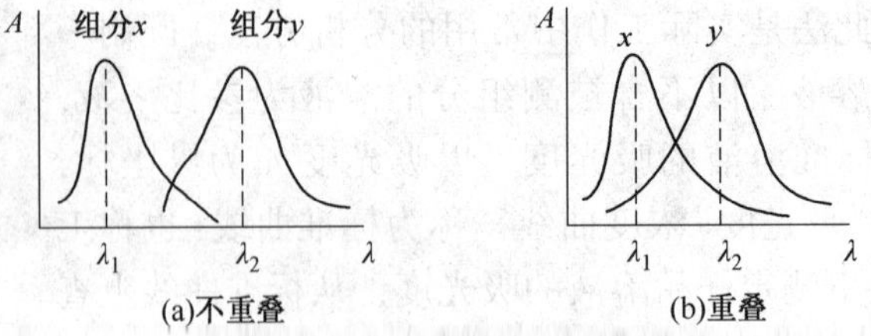

图 1-16　吸收光谱曲线

② 吸收曲线互有重叠。见图 1-16(b)，若各组分的吸收曲线互有重叠，表明两组分测定时有相互干扰，在这种情况下，需要首先测定纯物质 x 和 y 分别在 λ_1 和 λ_2 处的吸光系数 $\varepsilon_x^{\lambda_1}$、$\varepsilon_y^{\lambda_1}$、$\varepsilon_x^{\lambda_2}$ 和 $\varepsilon_y^{\lambda_2}$，再分别测定溶液在 λ_1 和 λ_2 处的吸光度 $A_{\lambda1}$ 和 $A_{\lambda2}$，然后根据吸光度的加合性求解联立方程组得出各组分的含量 c_x 和 c_y。

$$\begin{cases}A_{\lambda_1}=\varepsilon_x^{\lambda_1}bc_x+\varepsilon_y^{\lambda_1}bc_y\\A_{\lambda2}=\varepsilon_x^{\lambda_2}bc_x+\varepsilon_y^{\lambda_2}bc_y\end{cases} \tag{1-17}$$

用这种方法虽可以用于溶液中两个或两个以上的吸光组分的同时测定，但组分数 $n>3$ 结果误差增大。近年来由于电子计算机的广泛应用，多组分的各种计算方法得到快速发展，提供了一种快速分析的服务。

【例 1-3】1.00×10^{-3} mol/L 的 $K_2Cr_2O_7$ 溶液及 1.00×10^{-4} mol/L 的 $KMnO_4$ 溶液，在 450nm 波长处的吸光度分别为 0.200 及 0.000，而在 530nm 波长处的吸光度分别为 0.050 及 0.420。今测得两者混合溶液在 450nm 和 530nm 波长处的吸光度分别为 0.380 和 0.710，试计算混合溶液中 $K_2Cr_2O_7$ 和 $KMnO_4$ 浓度。比色皿厚度为 1cm。

【解】设 $K_2Cr_2O_7$ 和 $KMnO_4$ 浓度分别为 c_x 和 c_y，根据光吸收定律，二者在 450nm 和 530nm 波长处的吸光系数分别为：

$$\varepsilon_x^{450}=\frac{0.200}{1.00\times10^{-3}\text{mol/L}\times1.00\text{cm}}=2.00\times10^{2}[\text{L/(mol}\cdot\text{cm)}]$$

$$\varepsilon_x^{530}=\frac{0.050}{1.00\times10^{-3}\text{mol/L}\times1.00\text{cm}}=50.00[\text{L/(mol}\cdot\text{cm)}]$$

$$\varepsilon_y^{450}=0$$

$$\varepsilon_y^{530}=\frac{0.420}{1.00\times10^{-3}\text{mol/L}\times1.00\text{cm}}=4.20\times10^{3}[\text{L/(mol}\cdot\text{cm)}]$$

代入公式(1-16)得：

$$c_x=\frac{0.380}{2.00\times10^{2}\text{mol/L}\times1.00\text{cm}}=1.90\times10^{-33}(\text{mol/L})$$

$$c_y=\frac{50.00\times0.380-2.00\times10^{-2}\times0.710}{(0-4.20\times10^{3}\times2.00\times10^{2})\times1.00\text{cm}}=1.46\times10^{-4}(\text{mol/L})$$

3. 高含量组分的测定–示差法

普通分光光度法一般只适于测定微量组分($10^{-2}\sim10^{-64}$ mol/L)，当待测组分含量较高时将产生较大的误差，需采用示差法。该方法适用于分析 $\tau\%<10$ 的组分。

方法是提高入射光强度，并采用浓度稍低于待测溶液浓度的标准溶液作参比溶液。

设：待测溶液浓度为 c_x，标准溶液浓度为 c_s($c_s<c_x$)。则：

$$A_x=\varepsilon bc_x$$

$$A_s=\varepsilon bc_s$$

$$\Delta A=A_x-A_s=\varepsilon b(c_x-c_s)=\varepsilon b\Delta c$$

测得的吸光度相当于普通法中待测溶液与标准溶液的吸光度之差 ΔA。

$$\Delta A=A_x-A_s=\varepsilon b(c_x-c_s)=\varepsilon b\Delta c$$

示差法测得的吸光度与 Δc 呈直线关系。由标准曲线上查得相应的 Δc 值，则待测溶液浓度 c_x：

$$c_x=c_s+\Delta c$$

示差法标尺扩展原理见图 1-17 所示。

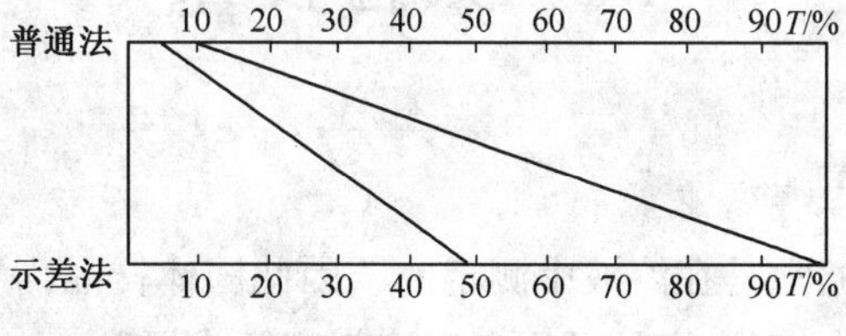

图 1-17 高吸光度示差法标尺扩展原理

普通法：c_s的 $T=10\%$；c_x的 $T=5\%$

示差法：c_s做参比，调 $T=100\%$

则：c_x的 $T=50\%$；标尺扩展 10 倍。此读数落入适宜的范围，从而提高了测量的准确度，使普通光度法无法测量的高浓度溶液得到满意的结果。高吸光度差示法误差可低至 0.2%，其准确度可与滴定法或重量法相媲美。

使用该方法要求仪器光源强度要足够大，检测器要足够灵敏。因为只有这样的仪器才能将标准参比溶液调到 $T\%$为 100，否则调不到。

4. 双波长分光光度法

不需空白溶液作参比，但需要两个单色器获得两束单色光(λ_1和 λ_2)，见图 1-18 所示，交替通过同一参比池。以参比波长 λ_1 处的吸光度 A_{λ_1} 作为参比，λ_2 为测定波长，测定两波长下的吸光度差值 ΔA，求得待测组分含量。在分析浑浊或背景吸收较大的复杂试样时，显示出很大的优越性。灵敏度、选择性、测量精密度等方面都比单波长法有所提高。

$$\Delta A = A_{\lambda_2} - A_{\lambda_1} = (\varepsilon_{\lambda_2} - \varepsilon_{\lambda_1})bc$$

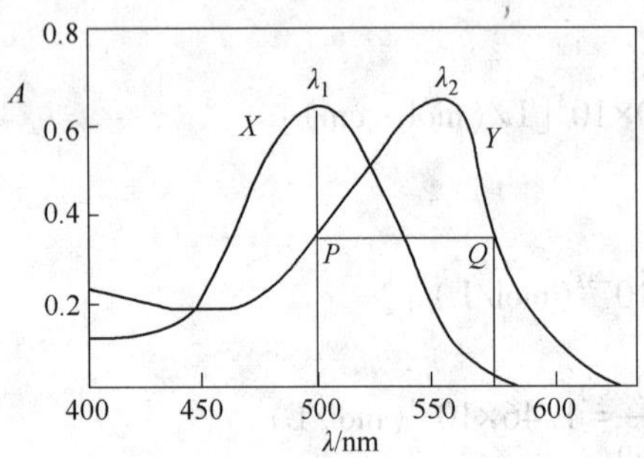

图 1-18　测量波长 λ_2 和参比波长 λ_1 的选择

两波长处测得的吸光度差值 ΔA 与待测组分浓度成正比。ε_{λ_1} 和 ε_{λ_2} 分别表示待测组分在 λ_1 和 λ_2 处的摩尔吸光系数，测量波长 λ_2 和参比波长 λ_1 的选择与组合，以两组分 x 和 y 的双波长法测定为例：

设：x 为待测组分，y 为干扰组分，二者的吸光度差分别为：ΔA_x 和 ΔA_y，则该体系的总吸光度差 ΔA_{x+y} 为：

$$\Delta A_{x+y} = \Delta A_x + \Delta A_y$$

如何选择波长 λ_1、λ_2 有一定的要求。

选择波长组合 λ_1、λ_2 的基本要求：

① 选定的波长 λ_1 和 λ_2 处干扰组分应具有相同吸光度，即：

$$\Delta A_y = \Delta A_y^{\lambda_2} - \Delta A_y^{\lambda_1} = 0$$

故：

$$\Delta A_{x+y} = \Delta A_x = (\varepsilon_x^{\lambda_2} - \varepsilon_x^{\lambda_1})bc_x$$

此时，测得的吸光度差 ΔA 只与待测组分 x 的浓度呈线性关系，而与干扰组分 y 无关。若 x 为干扰组分，则也可用同样的方法测定 y 组分。

② 在选定的两个波长 λ_1 和 λ_2 处待测组分的吸光度应具有足够大的差值。可采用作图法选择符合上述两个条件的波长组合。

双波长分光光度法适用于混合物和浑浊试样的测定。由于采用同一个吸收池，消除了参比液和吸收池差异的影响，提高了方法的准确度。

1.6　实验技术

1.6.1　样品的制备

紫外-可见吸收光谱通常是在溶液中测定的，因此固体样品需要转化为溶液。无机样品通常可用酸溶解或碱熔融，有机样品可用有机溶剂溶解或提取。有时还需用湿法或干法将样品消化，然后再转化为适合于光谱测定的溶液。

在测量光谱时，需要在合适的溶剂中进行，溶剂必须符合必要的条件。对光谱分析用溶剂的要求是对组分有良好的溶解能力，在测定波长范围内无明显的吸收，被测组分在溶剂中有良好的峰形，挥发性小，不易燃，无毒性和价廉易得等。

1.6.2　显色反应及条件的选择

1. 显色反应

可见光分光光度法是利用测量有色物质对某一单色光吸收程度来进行测定的，而许多物质本身无色或颜色很浅，无法直接进行测定，就需要事先通过适当的化学处理，使该物质转变为能对可见光产生较强吸收的有色化合物，然后再进行测定。将待测组分转变为有色化合物的反应称为显色反应；与待测组分形成有色化合物的试剂称为显色剂。因此选择合适的显色反应，并严格控制反应条件是很重要的实验技术。

选择显色反应时，应考虑的因素：

显色反应灵敏度高，即显色产物对紫外-可见光有较强的吸收能力，$\varepsilon>10^4$；选择性高，即一种显色剂最好只与一种被测组分反应，或显色剂与共存组分生成的化合物的吸收峰与被测组分的吸收峰相距较远，干扰少；生成物稳定且组成恒定；显色剂在测定波长处无明显吸收，显色剂与显色产物的颜色差异要大，两种有色物最大吸收波长之差要求 $\Delta\lambda_{max}>60nm$。

2. 显色剂

常用的显色剂分为无机显色剂和有机显色剂两大类。

① 无机显色剂。能与金属离子发生反应，但由于灵敏度和选择性都不高，具有实际价值的品种很有限。表 1-6 列出了几种常用的无机显色剂。

表 1-6　几种常用的无机显色剂

显色剂	测定元素	反应介质	颜　色	λ_{max}/nm
硫氰酸盐	Fe	HNO_3	红	480
	Mo	H_2SO_4	橙	460
	W	H_2SO_4	黄	405
钼酸铵	Si	H_2SO_4	蓝	670~820
	P	H_2SO_4	蓝	670~820
过氧化氢	Ti	H_2SO_4	黄	420
	V	H_2SO_4	红橙	400~450

② 有机显色剂。能与金属离子形成的配合物其稳定性、灵敏度和选择性都比较高，而且有机显色剂的种类较多，实际应用广。表 1-7 列出了几种常用的有机显色剂。

表 1-7　几种常用的有机显色剂

显色剂	测定元素	反应介质	ε_{max}/[L/(mol·cm)]	λ_{max}/nm
磺基水杨酸	Fe^{2+}	pH 值为 2~3	1.6×10^3	520
邻二氮菲	Fe^{2+}	pH 值为 3~9	1.1×10^4	510
丁二酮肟	Ni	氧化剂存在、碱性	1.3×10^4	470
双硫腙	Cu、Pb、Zn、Cd、Hg	不同酸度	4.5×10^4~3×10^4	490~550
偶氮胂(III)	Th、Zr、La、Ce、Ca、Pb	强酸至弱酸	1.13×10^5	665~675
PAR(吡啶偶氮间苯二酚)	Co Pd、Nb、Ta、Th、Mn	不同酸度	1.0×10^4~1.3×10^5	Nb550
二甲酚橙	Zr、Hf、Nb、Bi、Pb	不同酸度	1.6×10^4~5.5×10^4	530~580
铬天青 S	Al	pH 值为 5~5.8	5.9~10^4	530
罗丹明 B	Ca、Tl	HCl 萃取 HBr 异丙醚萃取	6×10^4 1×10^5	

随着科学技术的发展，还在不断地合成出各种新的高灵敏度和高选择性的显色剂。常用的有三元(多元)配合物显色体系。

三元(多元)配合物：由一个中心金属离子与两种(或两种以上)不同配位体形成的配合物，称为三元(多元)配合物。

多元配合物显色反应具有很高的灵敏度，一方面是因为多元配合物比其相应的二元配合物分子截面积更大；另一方面是因为第二或第三配位体的引入，可能产生配位体之间、配位体与中心金属离子间的协同作用，使共轭 π 电子的流动性和电子跃迁几率增大。

三元配合物主要类型有：三元离子缔合物、三元混配配合物、三元胶束(增溶)配合物、三元杂多酸配合物。

3. 显色反应条件的选择

(1) 显色剂用量

设 M 为被测物质，R 为显色剂，MR 为反应生成的有色配合物，则显色反应可表示为：

$$\mathrm{M+R} = \!=\! = \mathrm{MR}$$

从平衡的角度看，加入过量的显色剂有利于 MR 的生成，但过量太多也有副作用，例如增加了试剂空白或改变了 MR 的组成等，因此 R 一般应适当过量。R 用量可通过实验选择，方法是固定被测组分浓度和其他条件，然后加入不同量的 R，分别测定吸光度 A，绘制吸光度 A-显色剂浓度 c_R 曲线。如图 1-19 所示的三种情况。

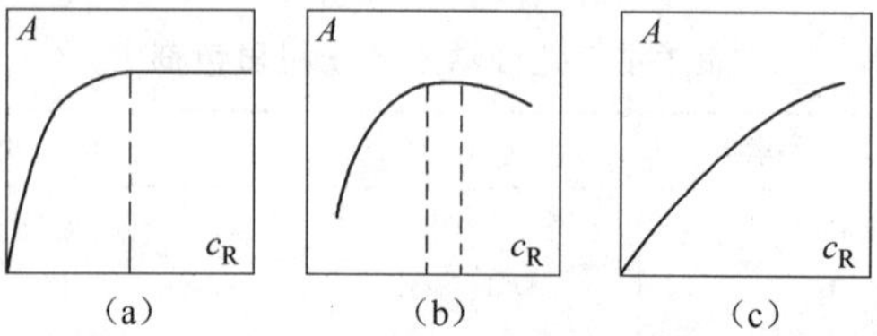

图 1-19　吸光度与显色剂浓度 c_R 的关系

图 1-19 中(a)曲线表明 c_R 在曲线水平范围内 A 出现稳定值，故可在此范围内选择合适的 R 用量。这类显色反应生成的 MR 稳定，对 c_R 控制不太严格；(b)曲线表明 c_R 虚线所示的范围内 A 比较稳定，因此在显色时要严格控制 c_R；(c)曲线表明，随着 c_R 增大，A 不断增大，这种情况下必须十分严格控制 c_R 或另换合适的显色剂。

(2) 溶液的酸度

酸度是显色反应的重要条件。因为多数 R 是有机弱酸或弱碱，溶液的 pII 值直接影响 R 的解离程度，从而影响显色反应的完全程度。对于形成多级配合物的显色反应来说，pH 值变化可生成具有不同配位比的配合物，产生颜色的变化。如 Fe^{3+} 与水杨酸在 pH<4、pH≈4~7、pH≈8~10 三种条件下，分别生成配位比为 1∶1、1∶2、1∶3 三种配合物，颜色分别为紫红色、橙红色和黄色。可见只有控制溶液的 pH 值在一定范围内，才能获得组成恒定的有色配合物，得到正确的结果。另外，溶液酸度过低可能引起被测金属离子水解，因而破坏了有色配合物，使溶液颜色发生变化，甚至无法测定。

综上所述，酸度对显色反应的影响是很大的而且是多方面的，适宜的酸度是通过实验来确定的。方法是固定待测组分及显色剂浓度，分别测定不同 pH 值条件下显色溶液的吸光度，作 A-pH 曲线，选择曲线中吸光度较大且恒定的平坦区所对应的 pH 值范围。

(3) 显色温度

不同的显色反应对温度的要求不同。大多数显色反应是在常温下进行的，但有些反应受温度影响较大。因此对不同的反应，应通过实验找出各自适宜的显色温度范围。由于温度对光的吸收剂颜色的深浅都有影响，因此在绘制标准曲线和进行样品测定时，应使温度保持一致。

(4) 显色时间

显色反应应从两方面考虑时间的影响。一是显色反应完成所需的时间，二是显色后有色配合物色泽保持稳定的时间。确定适宜时间的方法：配置一份显色溶液，从加入显色剂开始，每隔一定时间测吸光度一次，绘制 $A-t$(时间)曲线。曲线平坦部分对应的时间就是测定吸光度适宜的时间。

(5) 溶剂的选择

有机溶剂常常可以降低有色物质的解离度，增加有色物质的溶解，从而提高了测定的灵敏度。此外，有机溶剂还可能提高显色反应的速度，影响有色配合物的溶解度和组成等。利用有色化合物在有机溶剂中稳定性好、溶解度大的特点，可以选择合适的有机溶剂，采用萃取光度法来提高方法的灵敏度和选择性。

(6) 显色反应中的干扰及消除方法

① 干扰。当溶液中的其他组分影响被测组分吸光度值时就构成了干扰。干扰离子的影响有以下几种类型：

a. 与试剂生成有色配合物。如用钼蓝法测硅时，磷也生成磷钼蓝，使结果偏高。

b. 干扰离子本身有颜色。

c. 与试剂反应，生成的配合物虽然无色，但消耗大量显色剂，使被测离子的显色反应不完全。

d. 与被测离子结合成离解度小的另一种化合物，使被测离子与显色剂不反应。例如，由于 F^- 的存在，与 Fe^{3+} 生成 FeF_6^{3-}，若用 SCN^- 显色则不会生成 $Fe(SCN)_3$。

② 干扰消除方法。干扰消除方法分为两大类，一类是不分离的情况下消除干扰，另一类是分离杂质消除干扰，应尽可能采用第一种方法。具体方法：

a. 控制溶液的酸度。这是消除干扰的简便而重要的方法。控制酸度使得待测离子显色，而干扰离子不生成有色化合物。例如，以磺基水杨酸测定 Fe^{3+} 时，若 Cu^{2+} 共存，它也能与磺基水杨酸形成黄色配合物而干扰测定。若溶液酸度控制在 $pH=2.5$ 时，此时铁能与磺基水杨酸反应而铜就不能，这样就可消除 Cu^{2+} 的干扰。

b. 加入掩蔽剂。加入掩蔽剂也是消除干扰的有效和常用方法。选择掩蔽剂的原则是掩蔽剂不与待测组分反应；掩蔽剂本身及掩蔽剂与干扰组分的反应产物不干扰待测组分的测定。例如，测定 Ti^{4+}，可加入 H_3PO_4 掩蔽剂使 Fe^{3+}(黄色)成为 $Fe(PO_4)_2^{3-}$(无色)，消除 Fe^{3+} 的干扰。

c. 利用氧化还原反应，改变干扰离子的价态，使干扰离子不与显色剂反应。如用铬天菁 S 光度法测定 Al^{3+} 时，加入抗坏血酸作掩蔽剂将 Fe^{3+} 还原为 Fe^{2+}，消除 Fe^{3+} 的干扰。

d. 选择适当的入射光波长。如用 4-氨基安替吡啉显色测定废水中的酚时，氧化剂铁氰化钾和显色剂均呈黄色，干扰测定，但选择用 520nm 单色光为入射光，则可消除干扰。因为黄色溶液在 420nm 左右有强吸收，但 500nm 后无吸收。

e. 选择适当的参比溶液。可消除显色剂本身颜色和某些共存的有色离子的干扰。

f. 分离干扰离子。当没有适当的方法消除干扰时，应采用适当的分离方法(沉淀、萃取、离子交换蒸发、蒸馏等)，将被测组分与干扰离子分离后再测定。

g. 可采用双波长法、导数光谱法等新技术消除干扰。

1.6.3 测量条件的选择

1. 入射波长的选择

当用分光光度计进行测定时，应先做出吸收曲线，选用吸收曲线，一般选择 λ_{max} 为入射光波长，这样灵敏度最高。如果 λ_{max} 处有共存组分干扰时，则应考虑选择灵敏度稍低但能避免干扰的入射光波长(应选曲线较平坦处对应的波长)。

2. 参比溶液的选择

在分光光度分析中测定吸光度时，由于入射光的反射，以及溶剂、试剂等对光的吸收会造成透射光强度的减弱，为使测得的的吸光度真正反映待测溶液吸光强度，需要选择合适组分的溶液做参比溶液，先以它来调节透射比 100%($A=0$)，然后再测定待测溶液的吸光度。这样就可消除显色溶液中其他有色物质的干扰，抵消吸收池和试剂对入射光的吸收，比较真实地反映了待测物质对光的吸收，因而也就比较真实地反映了待测物质的浓度。

① 溶剂参比。若仅待测组分与显色剂反应产物在测定波长处有吸收，其他所加试剂均无吸收，用纯溶剂(水或其他有机溶剂)作参比溶液。这样可消除溶剂、吸收池等因素的影响。

② 试剂参比。若显色剂或其他所加试剂在测定波长处略有吸收，而试液本身无吸收，用“试剂空白”(不加试样溶液)作参比溶液，这样可消除试样中的组分产生的影响。

③ 试液参比。若待测试液在测定波长处有吸收，而显色剂等无吸收，则可用“试样空白”(不加显色剂)作参比溶液。这样可消除试样中有色离子的影响。

④ 其他参比。若显色剂、试液中其他组分在测量波长处有吸收，则可在试液中加入适当掩蔽剂将待测组分掩蔽后再加显色剂，作为参比溶液。另一种方法是用不含被测组分的试样，与被测试样同时进行相同的处理，得到平行操作参比溶液。如血液中药物浓度监测，取不含药物的血样制备平行操作参比溶液。

总之，选择参比溶液时，应尽可能全部抵消各种共存有色物质的干扰，使测得的吸光度真正反映待测溶液的浓度。

3. 吸光度测量范围的选择

由于测量过程中光源的不稳定，读数的不准确或实验条件的偶然变动等因素的影响，任何分光光度计都有一定的测量误差，但对一个给定的分光光度计来说，透射比读数误差 ΔT 都是一个常数，其值约在±0.25%~2%，但透射比读数误差不能代表测定结果误差，测定结果误差常用浓度的相对误差 $\Delta c/c$ 表示。由于透射比与浓度之间为负对数关系，故同样透射比读数误差 ΔT 在不同透射比处所造成的 $\Delta c/c$ 是不同的。是否存在最佳读数范围，何值时误差最小，不同的透光度读数，产生的误差大小不同：

$$-\lg T=\varepsilon bc$$

微分：$-\mathrm{d}\lg T=-0.434\mathrm{d}\ln T=-0.434T^{-1}\mathrm{d}T=\varepsilon b\mathrm{d}c$

两式相除得：

$$\mathrm{d}c/c=(0.434/T\lg T)\mathrm{d}T$$

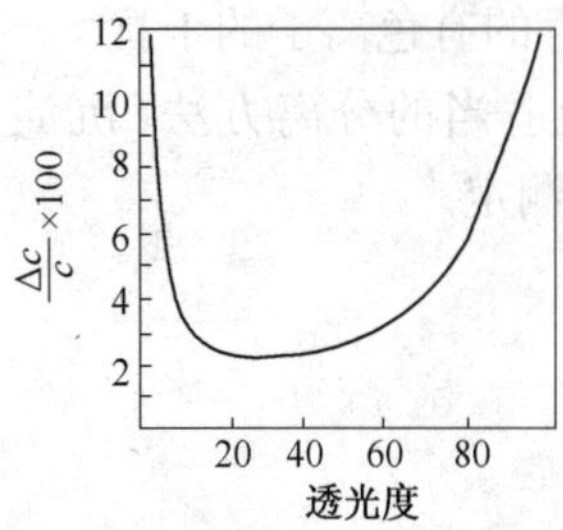

图 1-20　相对误差与透光度关系

以有限值表示可得：

$$\frac{\Delta c}{c}=\frac{0.434\Delta T}{T\lg T} \tag{1-18}$$

设：$\Delta T=1\%$，则可绘出溶液浓度相对误差 $\Delta c/c$ 与其透光度 T 的关系曲线，如图 1-20 所示。

当 $\Delta T=1\%$，T 在 15%~65%之间时，浓度相对误差较小，为最佳读数范围。用仪器测定时应尽量使溶液透光度值在 $T\%=15\%\sim65\%$(吸光度 $A=0.80\sim0.20$)。可求出浓度相对误差最小时的透光度 T_{min} 为：

$$T_{min}=36.8\%，A_{min}=0.434$$

测量时吸光度过高或过低，误差都较大，一般适宜的吸光度范围是 $A=0.80\sim0.20$。实际工作中，可通过调节被测溶液的浓度(如改变取样量、稀释溶液等)，使用不同厚度的吸收池来调整待测溶液的吸光度，使其在适宜范围内。

4. 狭缝宽度的选择

在定量分析中，狭缝宽度直接影响测定的灵敏度和标准曲线的线性范围。狭缝宽度太大，入射光的单色性下降，标准曲线偏离吸收定律，线性范围变窄，准确度降低；狭缝宽度太小，光强减弱，测量的灵敏度降低。选择狭缝宽度的方法：测量吸光度随狭缝宽度的变化，狭缝宽度在一个范围内变化时，吸光度是不变的，当狭缝宽度大到某一程度时，吸光度才开始减小。因此在不减小吸光度时的最大狭缝宽度，就是应该选取的合适的狭缝宽度。

阅读材料

紫外-可见分光光度计仪器的最新进展

一、仪器的自动化程度大大提高

世界上第一台紫外-可见分光光度计仪器，是由美国的 Beckman 公司于 1945 年推出的，随着科学技术的发展，紫外-可见分光光度计仪器得到了飞速发展。自动化程度大大提高，特别是计算机及其计算机软件更是日新月异。许多高档紫外-可见分光光度计，一开机仪器就进行全方位的自检。如果自检时发现何处有故障，就会在显示屏上一目了然地告诉使用者，使用者也能通过计算机查询排除故障。有些仪器带有数据处理软件包，可自动进行数据处理并大大增加了使用者所需要的信息量。有些仪器备有自诊断软件，使用者可以通过计算机方便地解决使用中出现的各种故障。

二、重视适用附件的开发

紫外可见分光光度计附件的发展已成为紫外-可见分光光度计发展的主要内容之一，如某些系列的紫外-可见分光光度计，都带有 15 种以上的附件，如积分球、蠕动泵进样、长样品池架、试管架、镜面反射附件、微量样品池架、帕尔贴恒温附件、短光程样品池架、长样品池架、恒温池架、超微量样品池架、固体样品池架、固体样品池架、侵入式光纤探测装置、反射式光纤探测装置、品种繁多的微量池等，这些附件大大方便了用户。

三、仪器向小型化(或微型化)、数字化、便携式的方向发展

由于环境、野外、海洋深水现场分析测试等的需要，开发小型化、便携式仪器是一个趋势。目前，国际上已有许多制造商正在研究开发适合于各种不同使用对象的小型紫外-可见分光光度计。

四、仪器向多功能方向发展

紫外-可见分光光度计的功能增多或一机多用，是目前国际上紫外可见分光光度计发展的又一个动向。某公司的紫外-可见分光光度计具有多种功能，既可作为常规紫外-可见分光光度计使用，又可作为水质、生物酶分析的专用仪器使用。还有一些公司研制的超小型多功能紫外-可见分光光度计，既可作为常规的紫外-可见分光光度计使用，又可作为核算蛋白分析仪和 HPLC 或流动注射分析仪的紫外分光检测器使用；紫外分光/荧光光度计只需 8μL 样品，可得到紫外和荧光两种谱图。

思考与练习

一、选择题

1. 人眼能感觉到的光称为可见光，其波长范围是(　　)。

A. 400~780nm　　B. 200~400nm　　C. 200~1000nm　　D. 400~1000nm

2. 符合吸收定律的溶液稀释时，其最大吸收峰波长位置(　　)。

A. 向长波方向移动　　B. 向短波方向移动

C. 不移动　　D. 不移动，吸收峰值降低

3. 物质吸收光辐射后产生紫外-可见吸收光谱，这是由于(　　)。

A. 分子的振动　　B. 分子的转动

C. 原子核外层电子的跃迁　　D. 分子的振动和转动跃迁

4. 吸光物质的摩尔吸光系数与下面因素中有关的是(　　)。

A. 吸收池材料　　B. 吸收池厚度　　C. 吸光物质浓度　　D. 入射光波长

5. 物质的颜色是由于选择吸收了白光中的某些波长的光所致。$CuSO_4$溶液呈蓝色是因为它吸收了白光中的(　　)。

A. 蓝色光波　　B. 黄色光波　　C. 绿色光波　　D. 青色光波

6. 当吸光度 $A=0$ 时，透光率 $T(\%)$为(　　)。

A. 0　　B. 100　　C. 10　　D. ∞

7. 在分光光度分析中，运用朗伯-比耳定律进行定量分析的入射光为(　　)。

A. 白光　　B. 单色光　　C. 可见光　　D. 紫外线

8. 下列哪种因素对朗伯-比耳定律不产生偏差(　　)。

A. 溶质的解离作用　　B. 杂散光进入检测器

C. 溶液的折射指数增加　　D. 改变吸收光程长度

9. 光量子的能量正比于辐射的(　　)。

A. 频率　　B. 波长　　C. 周期　　D. 传播速度

10. 下列四个电磁波谱区中，请指出能量最小者(　　)。

A. X 射线　　B. 无线电波　　C. 红外区　　D. 紫外-可见光区

11. 已知：$h=6.63\times10^{-34}$J·s，则波长为 0.01nm 的光子能量为(　　)。

A. 12.4eV　　B. 124eV　　C. 1.24×10^5eV　　D. 0.124eV

12. 频率可用下列哪种方式表示(c：光速，λ：波长，σ：波数)(　　)。

A. σ/c　　B. $\sigma\times c$　　C. $1/\lambda$　　D. c/σ

13. 用邻菲啰啉法比色测定微量铁时，加入抗坏血酸的目的是(　　)。

A. 调节酸度　　B. 作氧化剂　　C. 作还原剂　　D. 作显色剂

14. 在紫外光照射下 CH_3Cl 分子中，电子能级跃迁的类型有(　　)。

A. $\sigma\to\sigma^*$　　B. $n\to\sigma^*$　　C. $\pi\to\pi^*$　　D. $n\to\pi^*$

15. 在紫外吸收光谱曲线中，能用来定性的参数是(　　)。

A. 最大吸收峰的吸光度　　B. 最大吸收峰的波长

C. 最大吸收峰的峰面积　　D. 最大吸收峰处的摩尔吸收系数

16. 选择下列化合物可产生的跃迁类型填在括号中。

(1)碘甲烷(　　)，(2)乙烯(　　)，(3)苯(　　)，(4)丙酮(　　)，(5)偶氮苯(　　)。

A. $\sigma \to \sigma^*$　　B. $n \to \sigma^*$　　C. $\pi \to \pi^*$　　D. $n \to \pi^*$

17. 对于 $n \to \sigma^*$ 和 $\pi \to \pi^*$ 跃迁类型，可用吸收峰的(　　)加以区别。

A. 最大波长　　B. 形状　　C. 摩尔吸收系数　　D. 面积

18. 最高精密度示差分光光度法和一般分光光度法不同点在于参比溶液的不同，前者的参比溶液为(　　)。

A. 溶剂　　B. 试剂空白

C. 在空白溶液中加入比被测试液浓度稍高的标准溶液

D. 在空白溶液中加入比被测试液浓度稍低的标准溶液

19. 下列化合物由(1)到(3)，λ_{max} 由大到小的顺序应是(　　)。

A. (1)>(2)>(3)　　B. (3)>(2)>(1)　　C. (2)>(3)>(1)　　D. (3)>(1)>(2)

化合物(1) $CH_3(CH_2)CH_3$，(2) $(CH_3)_2C{=}CH{-}CH_2{-}CH{=}C(CH_3)_2$，(3) $CH_2{=}CH{-}CH{=}CHCH_3$。

20. 硒光电池可用于检测(　　)。

A. 紫外光　　B. 红外光　　C. 可见光　　D. 微波

二、填空题

1. 朗伯定律是说明在一定条件下，光的吸收与________成正比；比耳定律是说明在一定条件下，光的吸收与________成正比，二者合为一体为朗伯-比耳定律，其数学表达式为________。

2. 摩尔吸光系数的单位是________，它表示物质的浓度________，液层厚度为________时，在一定波长下溶液的吸光度。常用________表示。

3. 吸光度与透光率的关系是________________________________。

4. 在紫外-可见分光光度计上，透光率的刻度是________的，而吸光度的刻度是________的，吸光度与透光率的关系是________关系。

5. 按材质不同吸收池可分为________、________、________、________四种吸收池。一般分光光度法分析，使用波长在 350nm 以上时可用________吸收池，波长在 350nm 以下时应用________吸收池。

6. 比吸收系数 $E_{cm}^{1\%}$ 表示的含义为：在________光波长一定时，溶液浓度为________，液层厚度为________时的吸光度。

7. 一般紫外-可见分光光度计上的可见光区常用________灯或________灯为光源。波长范围为________nm。紫外光区常用________灯或________灯为光源其波长范围为________nm。

8. 分光光度计上的单色器是将光源发射的________光分解为________光的装置。单色器的核心部分称为________。常用的色散元件有________和________。

9. 紫外-可见分光光度计上的检测器是一种________设备，它将________转变为________显示出来。常用的检测器有________、________和________。

10. 紫外-可见分光光度计根据光度学分类，可分为________和________分光光度计。

根据测量中提供的波长数可分为________和________分光光度计。

11. 吸收带是吸收峰在紫外光谱中________的位置。根据电子及分子轨道的种类，把吸收带分为K、B、R、E四种类型。其中R吸收带是由________跃迁、K吸收带是由________跃迁、B吸收带是由________跃迁、E吸收带是由________跃迁产生的。

12. 如果两个生色团相邻，形成________原来各自的吸收带消失，产生出新的吸收带，新吸收带的位置将________移动(即________)，强度也显著________。

13. 助色团是一些含有________的________及________原子的基团，它本身不会使物质具有颜色，但它们的存在能________生色团的生色能力，使其吸收波长向________方向移动，并增加________。

14. 紫外吸收光谱定性分析是利用吸收峰的________、________、________、________等特征来进行物质的鉴定的。

15. 饱和碳氢化合物中只有________电子，只能产生________跃迁，该跃迁所需的能量________，对应的吸收波长在________nm以下的________区。

16. $\pi\to\pi^*$跃迁表示分子中含有________和________化合物及________和________跃迁时可发生此类跃迁。

17. $n\to\sigma^*$跃迁为含有________、________、________、________等杂原子的________可发生此类跃迁。此类化合物中既有________电子又有________电子，可以实现$n\to\sigma^*$跃迁，也可实现________跃迁。

18. 在多组分体系中，在某一波长下，如果各种对光有吸收的物质之间________，则体系在该波长下的总吸光度等于________________，即吸光度具有________性，可用公式________表示，称之为________。

19. 紫外分光光度法分析测定条件的选择，主要是选择________和________。

20. 一般来说反式异构体的________和________比顺式异构体的大，这是由于________而引起的。

三、名词术语

1. 生色团和助色团
2. 红移和蓝移
3. 增色效应和减色效应
4. 溶剂效应
5. 显色剂
6. 三元配合物
7. 差示法
8. 双波长分光光度法
9. 单色光和复合光
10. 互补光
11. 光谱吸收曲线
12. 吸光度和透射比
13. 摩尔吸光系数
14. 目视比色法
15. 参比溶液

四、判断题

1. 摩尔吸收系数与溶液的浓度、液层厚度没有关系。（　）

2. 可见光和紫外光吸收光谱的产生，是由于分子中原子的振动和分子的转动引起的。（　）

3. 目视比色法可以从比色光的侧面观察比较溶液的颜色。（　）

4. 为使显色反应完全应加入适当过量的显色剂。（　）

5. 有机溶剂能降低有色化合物的离解度，从而使显色反应的灵敏度降低。（　）

6. 紫外吸收光谱法进行定量分析，一般不需要显色剂因而不受显色时间、显色剂浓度的影响。（　）

7. 可以用相关性系数 r 表示工作曲线线性关系的好坏，在分光光度法中 r 越接近于 0，线性关系越好。（　）

8. 饱和碳氢化合物在紫外光区不产生光谱吸收，所以常以饱和碳氢化合物作为紫外吸收光谱分析的溶剂。（　）

9. 几乎所有的有机分子的紫外–可见吸收光谱都是由于 $\pi \to \pi^*$ 或 $n \to \pi^*$ 跃迁所产生的。（　）

10. 光的吸收定律不仅适用于溶液，同样也适用于气体和固体。（　）

11. 在分光光度法中，测定所用的参比溶液总是采用不含被测物质和显色剂的空白溶液。（　）

12. 可见分光光度计检验波长准确度是采用苯蒸气的吸收光谱曲线检查。（　）

13. 常见的紫外光源是氢灯或氘灯。（　）

14. 拿比色皿时只能拿毛玻璃面，不能拿透光面，擦拭时必须用擦镜纸擦透光面，不能用滤纸擦。（　）

15. 共轭双键使 π 电子云延长，λ_{max} 发生红移，共轭体系越长，波长红移越显著，这种作用称为增色效应。（　）

五、简答题

1. 简述吸收光谱产生的原因。

2. 采用什么方法可以区分 $\pi \to \pi^*$ 和 $n \to \pi^*$ 的跃迁？

3. 有机化合物中电子跃迁主要有哪几种类型？这些类型的跃迁各处于什么波长范围？

4. 分光光度计对光源有什么要求？常用光源有哪些？它们使用的波长范围各是多少？

5. 洗手池的规格以什么为标志？吸收池按材质分为哪几种？如何选择使用不同材质的吸收池？

6. 如何对吸收池进行配对检验？

7. 试比较可见光分光光度法和紫外可见分光光度法的异同点。

8. 除浓度的的原因外，引起偏离朗伯–比耳定律的原因还有那些？

9. 什么是物质的光吸收曲线？测定光吸收曲线有什么实际意义？

10. 分光光度法中，选择显色反应时应考虑哪些因素？

11. 比色分析法测定物质的含量时，当显色反应确定之后，应从哪几方面选择试验条件？

12. 分光光度测定时，如何选用参比溶液？

13. 紫外分光光度分析时，如何选择波长和溶剂？

14. 某化合物在己烷中的吸收峰波长是305nm，而在乙醇中的吸收峰波长为307nm，试问引起该吸收的是$\pi \rightarrow \pi^*$还是$n \rightarrow \pi^*$跃迁？

15. 判断在紫外-可见光区，下列化合物产生几个吸收带？

乙烯　　苯乙烯　　丁二烯　　苯甲醛

六、计算题

1. 测定纯碱样品中微量铁，称取2.00g试样，用邻菲啰啉分光光度法测定，已知铁标准溶液的质量浓度为0.010mg/mL，比色时加入4mL标准溶液，测得吸光度为0.125，测定样品时吸光度为0.114，求纯碱中铁的质量分数。

2. 有一遵守比耳定律的溶液，吸收池厚度不变，测得透射比为60%，如果浓度增加一倍，求：(1)该溶液的吸光度；(2)该溶液的透射比。

3. 某亚铁螯合物的摩尔吸光系数为12000L/(mol·cm)，若采用1.00cm的吸收池，欲把透射比读数限制在0.200~0.650之间，分析的浓度范围是多少？

4. 以丁二酮肟光度法测定微量镍，若配合物NiD_{x_2}的浓度为1.70×10^{-5}mol/L，用2.0cm吸收池在470nm波长下测得透射比为30.0%，计算配合物在此波长的摩尔吸光系数。

5. 用二乙基二硫代氨基甲酸银分光光度法测定天然水中砷含量时，发现光度计无法用参比溶液调至透光率为100%。为此只好用此参比溶液调透光率为95%，在此情况下，测得一未知天然水样中砷显色配合物的透光率为35.2%，那么该天然水样中砷配合物的实际透光率为多少？

6. 有一未知混合液，其中含有KCr_2O_7和$KMnO_4$，在硫酸溶液中用分光光度法同时测定这两种组分，分别在440nm和545nm处进行测定，用1cm比色皿，在440nm处测得吸光度为0.385，在545nm处测得吸光度为0.653。另外，测定仅含有8.33×10^{-4}mol/L KCr_2O_7溶液的硫酸溶液，用1cm比色皿，在440nm处测得吸光度为0.308，在545nm处测得吸光度为0.009。又测定仅含有3.77×10^{-4}mol/L $KMnO_4$溶液，用1cm比色皿，在440nm处测得吸光度为0.035，在545nm处测得吸光度，0.886。分别计算KCr_2O_7在440nm处及$KMnO_4$在545nm处的摩尔吸光系数，并计算混合液中KCr_2O_7和$KMnO_4$的浓度。

7. 某钢样含镍约0.12%，用丁二酮肟光度法进行测定，摩尔吸光系数$\varepsilon=1.3\times10^4$L/(mol·cm)。试样溶解后转入100mL容量瓶中，显色，再加水稀释至刻度。在$\lambda=470$nm处用1cm吸收池测量，希望测量误差最小，应该称取试样多少克？(已知$M_{Ni}=58.69$g/mol)

8. 称取纯度为95.5%的某吸光物质0.0500g溶解后定容至500mL，从中吸取2.00mL显色后定容至50mL，于最大吸收波长处用2cm吸收池测得透光率为0.355，已知摩尔吸光系数$\varepsilon=1.50\times10^4$L/(mol·cm)，试计算该吸光物质的摩尔质量。

9. 用摩尔吸光系数$\varepsilon=2.00\times10^5$L/(mol·cm)的铜有色配合物光度法测定铜。试液中Cu^{2+}浓度为5.0×10^{-7}~5.0×10^{-6}mol/L，使用1cm吸收池进行测量，吸光度和透光率的范围是多少？若光度计的透光率读数误差ΔT为0.005，可能引起的浓度测量相对误差为多少？

参考文献

1 武汉大学. 分析化学(第五版)下册. 北京：高等教育出版社，2007.

2 黄一石主编. 仪器分析(第二版). 北京：化学工业出版社，2008.

3 朱明华编. 仪器分析(第三版). 北京：高等教育出版社，2000.
4 魏培海，曹国庆主编. 仪器分析. 北京：高等教育出版社，2007.
5 刘珍主编. 化验员读本仪器分析. 北京：化学工业出版社，2004.
6 刘瑞雪主编. 化验员习题集. 北京：化学工业出版社，2006.
7 朱良漪主编. 分析仪器手册. 北京：化学工业出版社，1999.
8 柯以侃，董慧茹主编. 化学分析手册(第三版)第三分册——光谱分析技术. 北京：化学工业出版社，1998.
9 孙凤霞编. 仪器分析. 北京：化学工业出版社，2004.
10 周光明编. 分析化学习题精解. 北京：科学出版社，2001.

第2章　红外吸收光谱法

☞ 知识目标：

- 理解红外吸收光谱产生的条件；
- 掌握伸缩振动频率或波数与键力常数及折合质量的关系；
- 掌握基团频率及其影响因素；
- 熟悉红外吸收光谱仪的基本部件及其作用；
- 熟悉红外吸收光谱法在定性分析中的应用，掌握红外光谱谱图解析的一般步骤。

☞ 能力目标：

- 能够用红外吸收光谱法解决分析问题，具备红外光谱法分析的基本能力；
- 能够正确制备红外分析的液体和固体试样；
- 能够操作常用的红外光谱仪。

2.1　概　　述

红外吸收光谱是利用物质的分子受到频率连续变化的红外光照射时，吸收了其中某些特定频率的辐射，导致分子振动能级和转动能级从基态跃迁到激发态而形成的光谱，又称振转光谱。利用红外吸收光谱进行定性、定量分析及测定分子结构的方法称为红外吸收光谱法。红外吸收光谱法作为一种近代仪器分析方法，目前已被广泛应用于分子结构的基础研究和化学组成的研究中，诸如利用红外光谱鉴别物质中含有的化合物基团、推断未知物的结构、化学反应过程的控制及反应机理的研究等。

2.1.1　红外光谱的发展

1800年，英国天文学家 F. W. Herschel 通过实验发现了红外光的存在。然而直到1892年，Julius 才利用岩盐棱镜和测热幅射计电阻温度计测定了20多种有机化合物的红外光谱。到1930年前后，随着量子理论的提出和发展，红外光谱的研究得到了全面深入的开展。1947年第一台实用的双光束自动记录的红外分光光度计问世，这是一台以棱镜作为色散元件的第一代红外分光光度计。到了20世纪60年代，用光栅代替棱镜作分光器的第二代红外光谱仪投入了使用。1970年以后，干涉型傅里叶变换红外光谱仪(FT-IR)投入了使用，这就是第三代红外分光光度计。近来，已采用可调激光器作为光源来代替单色器，研制成功了激光红外分光光度计，即第四代红外分光光度计，它具有更高的分辨率和更广的应用范围。在联用技术方面，GC-FTIR、LC-FTIR、SFC-FTIR、TGA-FTIR 等的出现，标志着红外光谱的理论研究和实际应用已进入一个崭新的阶段。

2.1.2 红外光区的划分及应用

红外光谱波长范围为0.75~1000μm，根据实验技术和应用的不同，通常将红外光谱划分为三个区域，见表2-1。

表2-1 红外光区的划分

区 域	波长 λ/μm	波数 σ/cm^{-1}	能级跃迁类型
近红外光区	0.75~2.5	13300~4000	O—H、N—H及C—H键的倍频吸收区
中红外光区	2.5~25	4000~400	化学键振动的基频
远红外光区	25~1000	400~10	骨架振动、转动

其中，远红外光谱是由分子转动能级跃迁产生的转动光谱；中红外和近红外光谱是由分子振动能级跃迁产生的振动光谱。只有简单的气体或气态分子才能产生纯转动光谱，而对于大量复杂的气、液、固态物质分子主要产生振动光谱。目前，广泛用于化合物定性、定量和结构分析以及其他化学过程研究的红外吸收光谱是波长处于中红外光区的振动光谱。本书主要讨论中红外吸收光谱。

2.1.3 红外光谱的特点

① 红外光谱是依据样品吸收谱带的位置、强度、形状、个数，推测分子中某种官能团的存在与否，推测官能团的邻近基团，确定化合物结构。

② 红外光谱不破坏样品，并且对任何样品的存在状态都适用，如气体、液体、可研细的固体或薄膜似的固体都可以分析，测定方便，制样简单。

③ 红外光谱特征性高。由于红外光谱信息多，可以对不同结构的化合物给出特征性的谱图，从“指纹区”就可以确定化合物的异同。所以人们也常把红外光谱叫“分子指纹光谱”。

④ 分析时间短。一般红外光谱可在10~30min内完成一个样品的测定。如果采用傅里叶变换红外光谱仪在一秒钟以内就可完成扫描，这为快速分析的动力学研究提供了十分有用的工具。

⑤ 所需样品用量少，且可以回收。红外光谱分析一次用样量约1~5mg，有时甚至可以只用几十微克。

⑥ 红外吸收光谱法也有其局限性。即不产生红外活性的物质(对称分子)无法测定，旋光异构体、不同相对分子质量的同一种高聚物用红外吸收光谱法无法鉴别。此外，并不是红外吸收光谱图上所有吸收峰都能做出理论上的解释，因此可能干扰分析测定，而且红外吸收光谱法定量分析的准确度和灵敏度低于紫外可见分光光度法。

2.1.4 红外吸收光谱的表示

记录样品红外光的百分透射比与波数或波长的曲线即 T-λ 或 T-σ 曲线称为红外吸收光谱，典型的红外吸收光谱如图2-1所示。图中纵坐标为透射比 T，横坐标为波长 λ 或波数 σ。

在红外吸收光谱中，波长的单位为μm，波数的单位为cm^{-1}，二者的关系为：

$$\sigma = \frac{10^4}{\lambda} \tag{2-1}$$

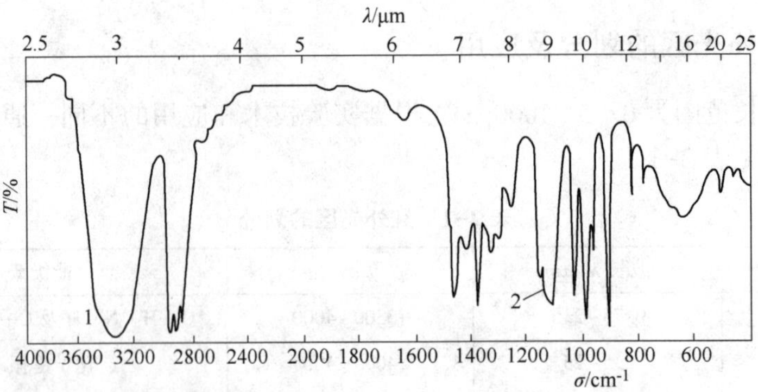

图 2-1　仲丁醇的红外光谱图

2.2　红外吸收光谱法的基本原理

2.2.1　分子振动与红外吸收峰

在分子中，原子的运动方式有三种，即平动、转动和振动。实验证明，当分子间的振动能产生偶极矩周期性的变化时，对应的分子才有红外活性。因此，下面主要讨论分子的振动。

简单的双原子化合物如 A-B 的振动方式是 A 和 B 两个原子沿着键的方向作简谐运动，因此可以把质量为 m_1的 A 原子和质量为 m_2的 B 原子看作是两个刚性小球，连接两个原子的化学键设想为无质量的弹簧，弹簧长度 r 即为化学键的长度，弹簧力常数就是化学键的键力常数，如图 2-2 所示。

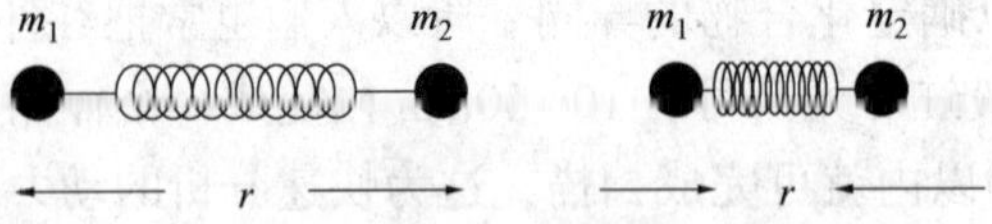

图 2-2　双原子分子振动模型

根据虎克(Hook)定律，图 2-2 中体系基本振动频率计算公式为：

$$\nu = \frac{1}{2\pi}\sqrt{\frac{k}{\mu}} \quad \text{或} \quad \sigma = \frac{1}{2\pi c}\sqrt{\frac{k}{\mu}} \tag{2-2}$$

式中　ν、σ——振动频率和波数；

k——键力常数，dyn/cm；

c——光速，3.0×10^{10}cm/s；

μ——双原子分子的折合质量，g。

$$\mu = \frac{m_1 \cdot m_2}{m_1 + m_2} \tag{2-3}$$

根据原子的质量和相对原子量之间的关系，k 取 N/cm 作为单位，则式(2-2)可简化为：

$$\sigma(\text{cm}^{-1}) \approx 1304\sqrt{\frac{k}{M}} \tag{2-4}$$

式中　M——折合相对原子质量，如两原子的相对原子质量为 M_1和 M_2，则：

$$M = \frac{M_1 \cdot M_2}{M_1 + M_2} \tag{2-5}$$

【例 1-1】 CH≡CH 分子中 C≡C 的键力常数为 15.6N/cm，试计算该分子中 C≡C 的伸缩振动频率。

【解】折合原子量：$M = \frac{M_1 \cdot M_2}{M_1 + M_2} = \frac{6 \times 6}{6 + 6} = 3$

该分子中 C≡C 的伸缩振动频率为：

$$\sigma(\mathrm{cm}^{-1}) \approx 1304\sqrt{\frac{k}{M}} = 1304\sqrt{\frac{15.6}{6}} = 2101$$

从式(2-4)可见，影响伸缩振动频率(波数)的直接因素是构成化学键的原子的折合原子量和化学键的键力常数。键力常数越大，折合原子量越小，化学键的振动频率越高，吸收峰将出现在高波数区；相反，则出现在低波数区。例如，C—C、C ═C、 C≡C 键的折合原子量相等，但其键力常数大小顺序为：叁键>双键>单键，所以在红外光谱中，吸收峰的位置不同： C≡C （约 2220cm^{-1}）>C ═C(约 1670cm^{-1})>C—C(约 1430cm^{-1})；又如，C—C、C—N、C—O 键力常数相近，折合原子量不同，其大小顺序为 C—C<C—N<C—O，故这三种键的基频吸收峰分别出现在 1430cm^{-1}、1330cm^{-1}和 1280cm^{-1}左右。表 2-2 列出了一些化学键的伸缩振动频率。

表 2-2　部分化学键伸缩振动频率比较

化学键	C—C	C ═C	C≡C	C—H	O—H	N—H	C ═O
k/(N/cm)	4.5	9.6	15.6	5.1	7.7	6.4	12.1
M	6	6	6	0.92	0.94	0.93	6.85
计算 σ/cm^{-1}	1128	1648	2101	3068	3729	3418	1731
实测 σ/cm^{-1}	~1430	~1670	~2220	~2950	~3450	~3430	~1720

2.2.2　多原子分子的振动

1. 振动形式

双原子分子只有一种振动方式，即沿键轴方向的伸缩振动，而多原子分子则有多种振动方式，不仅有伸缩振动，还有基团键角发生周期性变化的弯曲振动。

(1) 伸缩振动

原子沿化学键的轴线方向作周期性的伸缩，键长改变而键角不变的振动称为伸缩振动，用符号 ν 表示。伸缩振动又分为对称伸缩振动(ν_s)和不对称伸缩振动(ν_{as})两种。

在环状化合物中，还有一种完全对称的伸缩振动叫骨架振动。

(2) 弯曲振动

又称变形振动，是指基团的键角发生周期性变化而键长不变的振动。弯曲振动分为面内弯曲振动和面外弯曲振动两种，面内弯曲振动又分为剪式振动(用符号 δ 表示)和面内摇摆振动(用符号 ρ 表示)；面外弯曲振动又分为面外摇摆(用符号 ω 表示)和扭曲振动(用符号 τ 表示)。

同等原子之间键的伸缩振动所需能量远比弯曲振动的能量高，因此伸缩振动的吸收峰波数比相应键的弯曲振动峰波数高。图 2-3 为亚甲基的各种振动形式。

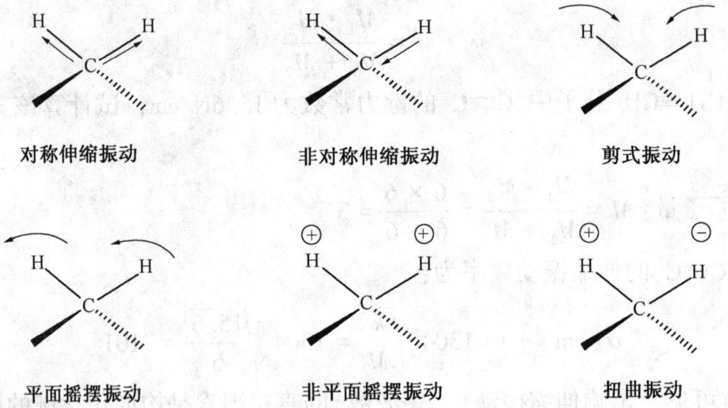

图 2-3　亚甲基的各种振动形式

（+表示由纸面向外；-表示由纸面向内）

2. 基本振动的理论数

从理论上讲，分子的每一种振动形式，都会产生一个吸收峰（基频峰），即一个多原子分子所产生的基频峰的数目应该等于分子所具有的振动形式的数目（即振动自由度f）。显然，在空间确定一个原子的位置，需要3个坐标（x、y和z）。当分子由N个原子组成时，则需要$3N$个坐标或自由度才能确定其N个原子的位置。对于N个原子构成的分子，其振动自由度的总数，应该等于平动、转动和振动自由度的总和，即：

$$3N=f_{平}+f_{转}+f_{振}$$

分子的质心可以沿x、y和z三个坐标方向平移，所以分子的$f_{平}$等于3，如图2-4所示。

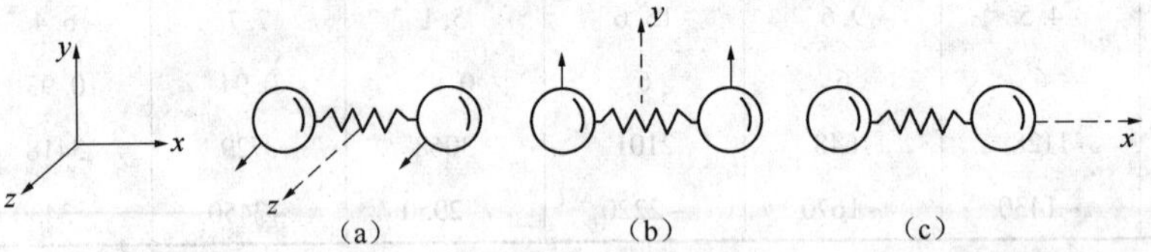

图 2-4　分子平移示意图

转动自由度是由原子绕着一个通过其质心的轴转动引起的，但是只有原子在空间的位置发生改变的转动，才能形成一个自由度。线性分子（如CO_2）的转动如图2-5所示，其转动自由度等于2。非线性分子（如H_2O）的转动如图2-6所示，其转动自由度等于3。

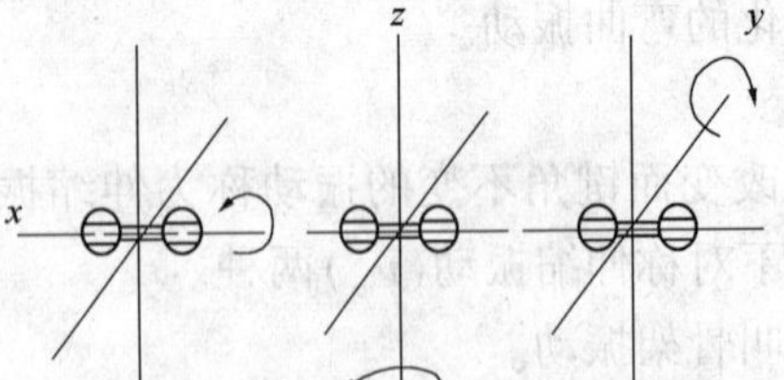

图 2-5　线性分子的转动示意图

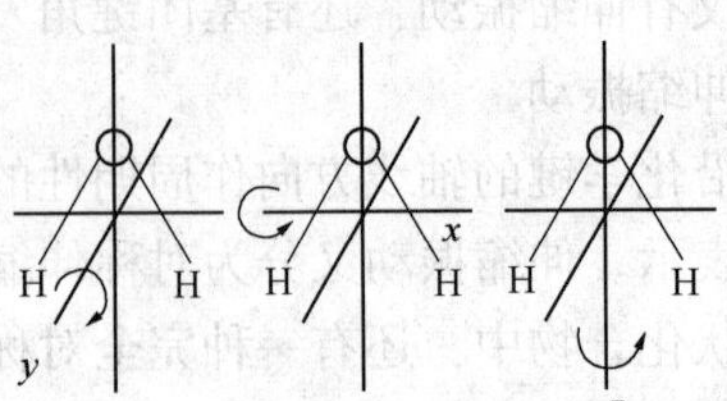

图 2-6　非线性分子（H_2O）的转动示意图

因此，对于线性分子而言，其振动自由度$f_{振}=3N-5$；对于非线性分子，其振动自由度$f_{振}=3N-6$。例如，H_2O是非线性分子，$f_{振}=3\times3-6=3$，其在红外光谱图中对应3个吸收峰；但是，CO_2分子是线性分子，其振动自由度等于$3\times3-5=4$，即在红外光谱图中应该有4个吸收峰，但CO_2分子的红外光谱图中仅出现667cm^{-1}和2349cm^{-1}两个基频吸收峰，其振动形式与红外吸收的关系如图2-7所示。

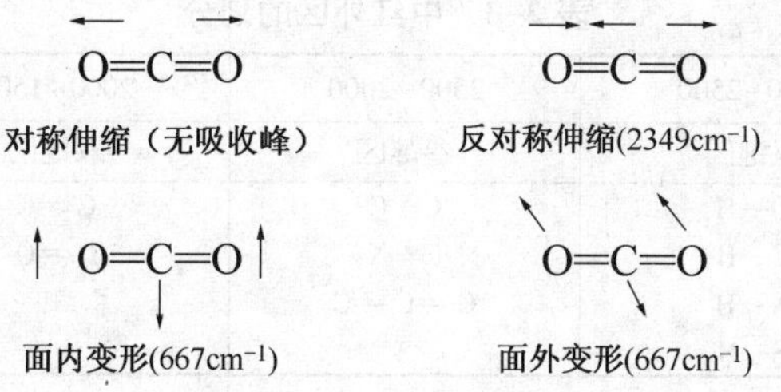

图 2-7　CO_2分子的振动形式与红外吸收的关系

实际上，绝大多数化合物在红外光谱图上出现的峰数远小于理论上计算的振动数，这是由于以下原因引起的：

① 没有偶极矩变化的振动，不产生红外吸收；

② 相同频率的振动吸收重叠，即简并；

③ 仪器不能区别频率十分接近的振动，或吸收带很弱，仪器无法检测；

④ 仪器测量波长范围窄，有些基频不在测定波长范围内。

2.2.3　红外光谱产生的条件

红外光照射分子引起振转能级的跃迁，从而产生红外吸收光谱，必须具备以下两个条件：

① 红外辐射应具有恰好能满足能级跃迁所需的能量，即物质的分子中某个基团的振动频率应正好等于该红外光的频率。或者说当用红外光照射分子时，如果红外光子的能量正好等于分子振动能级跃迁时所需的能量，则可以被分子所吸收，这是红外光谱产生的必要条件。

② 分子内的原子在其平衡位置上处于不断的振动状态，对于非极性完全对称的双原子分子(如 O_2、N_2、H_2、Cl_2等)，其正负电荷中心的距离 $d=0$，偶极矩 $\mu=q\cdot d=q\cdot 0=0$，分子中原子的振动并不引起 μ 的变化，则不能产生红外吸收光谱。因此，红外光谱产生的充分必要条件是物质分子在振动过程中应有偶极矩的变化($\Delta\mu\neq0$)，见图 2-8 所示。

凡能产生红外吸收的分子振动，称为红外活动振动，该分子称为红外活性分子；否则就是红外非活性振动。

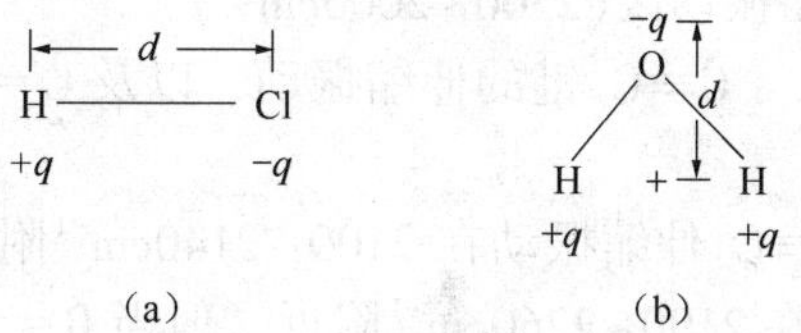

图 2-8　HCl(a)和 H_2O(b)的偶极矩

2.3　红外吸收光谱与分子结构的关系

根据化学键的性质，可将中红外区(4000~400cm^{-1})划分为四个区，见表 2-3。

表 2-3 中红外区的划分

波数/cm^{-1}	4000~2500	2500~2000	2000~1500	1500~1000
区域名称	氢键区	叁键区	双键区	单键区
产生吸收的基团	O—H C—H N—H S—H	C≡C C≡N C=C=C	C=C C=O	C—C C—N C—P C—X

按吸收的特征，又划分为官能团区和指纹区。

2.3.1 基团频率区与指纹区

1. 基团频率区

物质的红外光谱是其分子结构的反映，谱图中的吸收峰与分子中各基团的振动形式相对应。实验证明，组成分子的各种基团，如 O—H、N—H、C—H、C=C、C≡C、C≡O 等，都有自己特定的红外吸收区域，通常把这种能代表基团存在、并有较高强度的吸收谱带称为基团频率，其所在的位置一般又称为特征吸收峰。基团频率和特征吸收峰是利用红外光谱进行分子结构鉴定的重要依据。

基团频率区主要位于 4000~1500cm^{-1}间，频率较高，受分子其他部分振动的影响较小，主要是伸缩振动产生的吸收带，包括以下四个波段：

(1) X—H 伸缩振动区(4000~2500cm^{-1})

此区域主要是 C—H、O—H、N—H 及 S—H 键的伸缩振动频率区。

① O—H：3650~3200cm^{-1}，谱带较强，较宽，是确定醇、酚、有机酸的重要依据。在非极性溶剂中，浓度较小(稀溶液)时，峰形尖锐，强吸收；当浓度较大时，发生缔合作用，峰形较宽。

② C—H：饱和碳原子上的 C—H，特征吸收峰位于 3000cm^{-1}以下。如 CH_3上 C—H 键的反对称伸缩振动位于 2960cm^{-1}处，对称伸缩振动位于 2870cm^{-1}处；CH_2上 C—H 键的反对称伸缩振动位于 2930cm^{-1}处，对称伸缩振动位于 2850cm^{-1}处。

不饱和碳原子上的=C—H 或≡C—H 键，特征吸收峰位于 3000cm^{-1}以上。如苯环上的 C—H 键伸缩振动位于 3030cm^{-1}处，且峰形尖锐；=C—H 上的 C—H 键伸缩振动位于3010~2260cm^{-1}处；≡C—H 上的 C—H 键伸缩振动位于 3300cm^{-1}处。

③ N—H：脂肪胺和酰胺的 N—H 键伸缩振动在 3100~3500cm^{-1}范围内产生吸收峰，属于中等强度的尖峰。

(2) 叁键及累积双键伸缩振动区(2500~2000cm^{-1})

此区域主要包括 C≡N 、C≡C 键的伸缩振动，以及 C=C=C、C=C=O 等累积双键的反对称伸缩振动频率。

① R—C≡CH 中的 C≡C 伸缩振动在 2100~2140cm^{-1}附近出现吸收峰；R—C≡C—R′中的 C≡C 伸缩振动出现在 2190~2260cm^{-1}附近，但当 R=R′时，无红外活性。

② C≡N 键的伸缩振动在非共轭情况下，在 2240~2260cm^{-1}附近出现吸收峰；当与不饱和键或芳香核共轭时，该峰会蓝移至 2220~2230cm^{-1}附近。

(3) 双键伸缩振动区(2000~1500cm^{-1})

此区域称为双键伸缩振动区，在这一区域如出现吸收，表明有含双键的化合物存在。主要包括 C=O、C=C、C=N 及 N=O 等的伸缩振动以及—NH_2的弯曲振动、芳烃的骨架振动等。

① C ═C 双键：烯烃 RC ═CR′上 C ═C 的吸收峰出现在 1620~1680cm^{-1}，强度较弱，当 R ═R′(分子对称)时，无红外活性。

苯环的 C ═C：单核芳烃的 C ═C 伸缩振动出现在 1600cm^{-1}和 1500cm^{-1}附近，有两个吸收峰，是芳环的骨架振动，其是确认芳核存在的重要依据。

苯衍生物的 C ═C：苯衍生物一般在 1650~2000cm^{-1}出现 C—H 和 C ═C 键的面内变形振动的泛频吸收(强度弱)，其可为判断取代基位置提供参考。

② C ═O 双键：碳氧双键的特征吸收峰位于 2000~1650cm^{-1}范围内，强度大、峰尖锐，是最特征的红外吸收谱带之一，据此可以判断酮、醛、酸及酸酐等有机物。

羰基化合物的 C ═O 的伸缩振动频率大小顺序：酰卤>酯>酸>醛>酮。

(4) C—H 弯曲振动区(1500~1300cm^{-1})

—CH_3在 1380cm^{-1}和 1450cm^{-1}处有两个吸收峰；>CH_2在 1470cm^{-1}处有吸收峰；—CH 在 1340cm^{-1}处有吸收峰。

2. 指纹区

在红外吸收光谱图中，将频率位于 1300~400cm^{-1}的低频吸收区域称为指纹区。指纹区的主要价值在于表示整个分子的结构特征，故适用于与标准谱图或已知物谱图的对照，以得出未知物与已知物是否相同的标准结论，任何两个化合物的指纹区特征都是不同的。指纹区分为两个波段：

(1) 1300~900cm^{-1}区域

此区域主要是 C—C、C—N、C—P、C—S、P—O、Si—O、C—X(卤素)等单键的伸缩振动和 C ═S、S ═O 和 P ═O 等双键的伸缩振动以及一些变形振动吸收频率区。

(2) 900~400cm^{-1}区域

此区域的吸收峰很有价值，可以指示$(—CH_2—)_n$的存在、双键取代情况及类型。当 $n \geq 4$ 时，—CH_2—的面内摇摆振动吸收出现在 724~722cm^{-1}，随着 n 的减小，逐渐向高波数移动。该区域的某些吸收峰还可以用来确定化合物的顺反构型，如烯烃的═C—H 面外弯曲振动出现的位置很大程度上取决于双键的取代情况。例如，烯烃为 RCH ═CH_2结构时，在 990cm^{-1}和 910cm^{-1}出现两个强峰；为 RC ═CRH 结构时，其顺、反异构分别在 690cm^{-1}和 970cm^{-1}处出现吸收。此外，利用本区域中苯环的 C—H 面外弯曲振动吸收峰和 2000~1667cm^{-1}区域苯的倍频或组合频吸收峰，可以确定苯环的取代类型。图 2-9 给出了不同的苯取代类型在 2000~1667cm^{-1}和 900~600cm^{-1}区域的光谱。

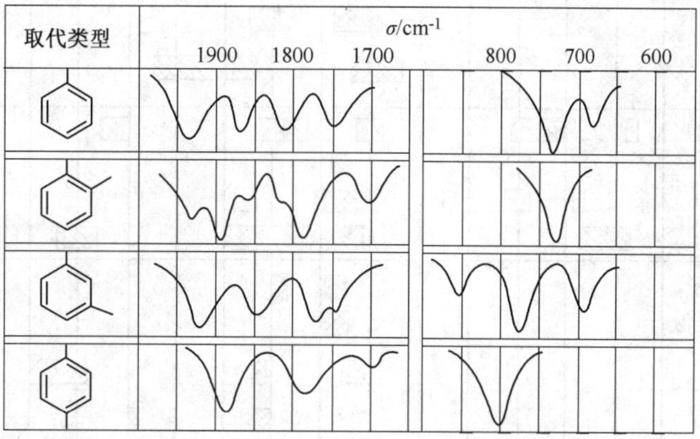

图 2-9 苯环取代类型在 2000~1667cm^{-1}和 900~600cm^{-1}的图形

2.3.2 主要官能团的特征吸收频率

官能团的吸收频率对判断有机化合物的类型和分析其分子结构有重要的参考价值。表2-4列出了主要官能团的特征吸收峰的范围，表2-5列举了有机化合物的重要基团频率。

表 2-4 各类化合物官能团特征峰频率范围

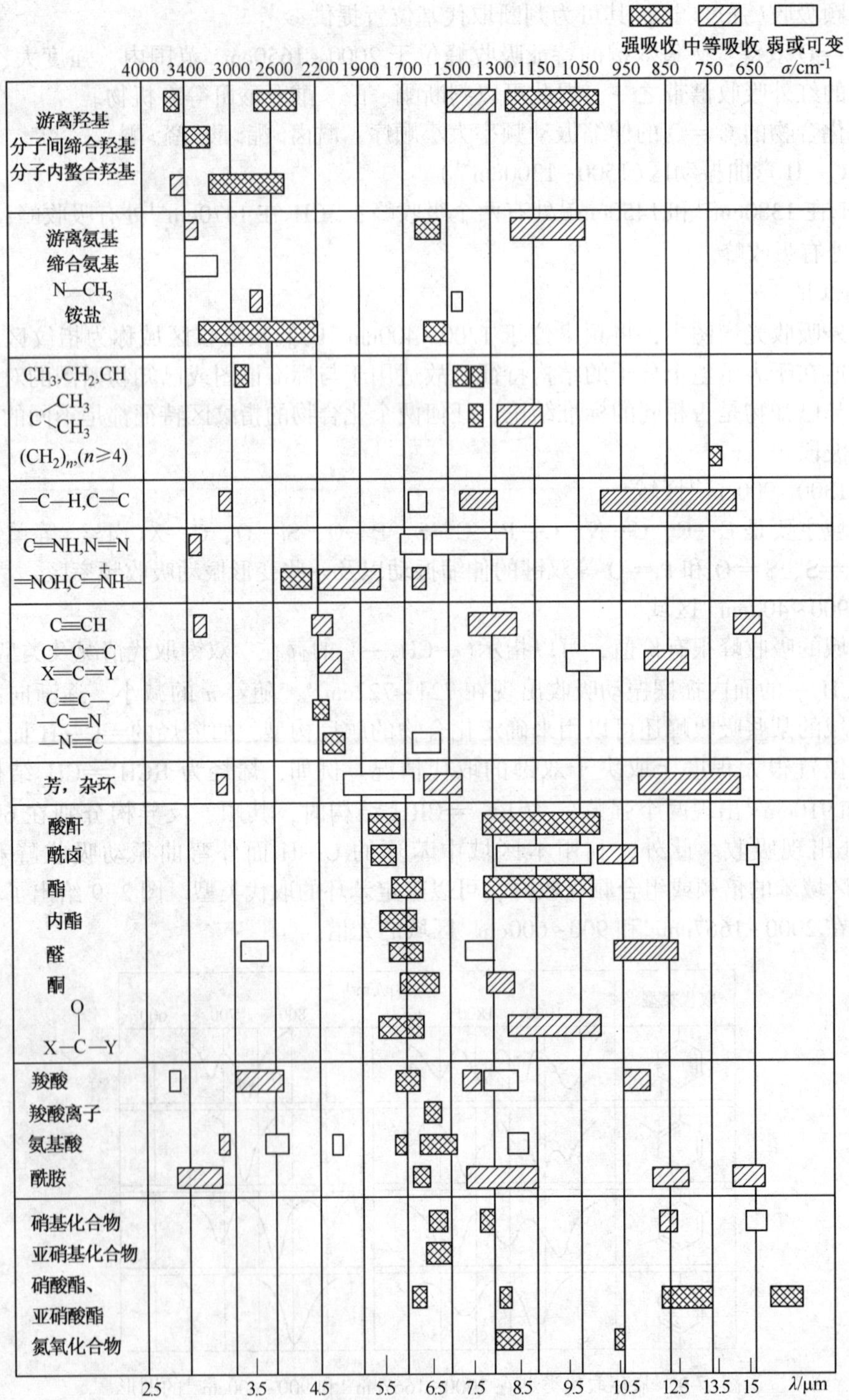

表 2-5　有机化合物的重要基团频率

名　称	4000~2500cm^{-1}	2500~2000cm^{-1}	2000~1500cm^{-1}	1500~600cm^{-1}
醇酚	游离的 O—H 伸缩 3640~3610(w，尖) 多分子缔合 O—H 伸缩 3400~3200(s，宽) 同上			O—H 面内弯曲 1260　1410 (m宽)　叔醇 $\nu_{C—O}$ 约 1150 (s宽) 仲醇 $\nu_{C—O}$ 约 1100 (s宽)　伯醇 $\nu_{C—O}$ 约 1050 (s宽) O—H 面内弯曲 1310~1410(m宽)　$\nu_{C—O}$ 约 1230(s宽)
胺类：—NH_2 —NH	游离的 NH_2 ν_{as} 3550~3300(m)　ν_s 3450~3250(m) 游离 ν_{NH} 3500~3300　缔合 ν_{NH} 3460~3420		NH_2 剪式振动 1650~1590(s·m)	NH_2 扭曲振动 950~650(宽，m，特征) NH 非平面摇摆 750~700(s)
C—CH_3 R—CH(CH_3)$_2$ R—C(CH_3)$_3$	CH_3 ν_{as} 2960±10 (s)　CH_3 ν_s 2870±10 (s)			CH_3 反对称变形 1450±20(m)　CH_3 对称变形 1375±5(s) 同上　CH_3 对称变形分裂 1389~1381(m)　1372~1368(m) 同上　CH_3 对称变形分裂 1391~1381(m)　1368~1366(s)
—(CH_2)$_n$—	CH_2 ν_{as} 2926±5 (s)　CH_2 ν_s 2853±5 (s)			CH_2 剪式振动 1465±20 (m) 非平面摇摆，扭曲 1300~1200(w) CH_3 平面摇摆 n≥4 724~722　n=3 729~726　n=2 743~734　n=1 785~770
CH≡CR R—C≡N	≡C—H 伸缩 3310~3200 (m，尖锐)	C≡H 伸缩 2140~2100 (m) C≡N 伸缩 2260~2240 (s尖锐)		≡C—H 弯曲 700~600
RHC═CH_2	CH ν_{as} 3095~3075(m)　CH 伸缩 3040~3010(m)		═CH_2 非平面摇摆的倍频 1840~1805 (m) C═C 伸缩 1648~1638(m)	═CH_2 剪式振动 1420~1412(m) 反式 CH 非平面摇摆 995~985(s) ═CH_2 非平面摇摆 910~905(s)

名　称	$4000\sim2500cm^{-1}$	$2500\sim2000cm^{-1}$	$2000\sim1500cm^{-1}$	$1500\sim600cm^{-1}$
$R^1R^2C=CH_2$	CH_2 ν_{as} 3100~3077(m)		同上 $\nu_{C=C}$ 1792~1775(m) 1658~1648(m)	$=CH_2$ 剪式振动 1420~1400(m)　同上 895~885(s)
$(H)(R^2)C=C(H)(R^1)$	$=CH$ 伸缩 3050~3000(m)		$\nu_{C=C}$ 1662~1652(m)	$=CH$ 平面摇摆 1429~1397(m)　顺式 CH 非平面摇摆 730~650(m)
$(H)(R^2)C=C(R^1)(H)$	$=CH$ 伸缩 3050~3000(m)		$\nu_{C=C}$ 1678~1668(w)	反式 CH 非平面摇摆 980~965(s)
$(H)(R^1)C=C(R^2)(R^3)$	$=CH$ 伸缩 3050~2990(w)		$\nu_{C=C}$ 1692~1667(w)	CH 非平面摇摆 840~790(m-s)
羰基化合物 $R-C(=O)-NH_2$ (伯酰胺)	游离 NH_2 ν_{as} 约 3520 ν_s 约 3400；缔合 NH_2 ν_{as} 约 3350 ν_s 约 3180		$\nu_{C=O}$ 1690~1650 (酰胺Ⅰ峰)　NH_2 剪式振动 1640~1610 (酰胺Ⅱ峰)	C—N 伸缩振动 1420~1400(酰胺Ⅲ峰)
$R-C(=O)-NHR'$ (仲酰胺)	游离 NH 伸缩 约 3440　缔合 NH 伸缩 约 3300		$\nu_{C=O}$ 1680~1665 (酰胺Ⅰ峰)　C—N—H 弯曲振动 1550~1530 (酰胺Ⅱ峰)	C—N 伸缩+N—H 弯曲 1330~1260(酰胺Ⅲ峰)
$R-C(=O)-NR'R''$ (叔酰胺)			$\nu_{C=O}$ 约 1650(酰胺Ⅰ峰)	
$R-C(=O)-R'$			$\nu_{C=O}$ 1720~1710(s)	C—C—C 弯曲振动+C—C 伸缩 约 1100
$R-C(=O)-H$	CH 伸缩振动(特征，区分醛酮)约 2720(m)		$\nu_{C=O}$ 1735~1715(s)	
$R-C(=O)-OR'$			$\nu_{C=O}$ 约 1740(s)	其他饱和酯 C—O—C 不对称伸缩 1210~1160(s)；乙酸酯 C—O—C 不对称伸缩 1260~1230(s)　C—O—C 对称伸缩 1160~1050(s)

续表

名　　称	4000~2500cm^{-1}	2500~2000cm^{-1}	2000~1500cm^{-1}	1500~600cm^{-1}
R—C(=O)—OH	游离酸 OH 二聚体 ν_{OH} 伸缩 3200~ 3580~ 2500 3500(m) (宽，特征)		游离 二聚体 $\nu_{C=O}$ $\nu_{C=O}$ 1770~ 1720~ 1750(s) 1710(s)	二聚体 OH 面内弯曲和 C—O 伸缩的偶合 约 1430(M)和 约 1250(s) 二聚体 OH 非平面摇摆 约 920(宽、强、特征)
R—C(=O)—X			$\nu_{C=O}$ 1810~1790(s)	
酸酐(线状)			$\nu_{asC=O}$ $\nu_{sC=O}$ 1850~ 1790~1740 1800(s) (m-s)	C—O—C 伸缩 1175~1045(s)
酸酐(环状)			$\nu_{asC=O}$ $\nu_{sC=O}$ 1875~ 1800~1750 1825(m) (s)	C—O—C 伸缩 1310~1210(s)
芳烃	C—H 伸缩 3100~3000(m，尖锐)		各种取代类型的特征图样 2000~1667 苯核骨架振动 约 1500 约 1600	C—H 面外交形 苯 670 单取代 770~730(s) 710~690(s) 1，2 取代 770~735(s) 1，3 取代 810~750(s) 710~690(s) 1，4 取代 833~810(s)

2.3.3 基团频率的影响因素

化合物相同基团的特征吸收并不在同一位置上，例如，酮、酯、酰胺、羧酸的 C ═O 的吸收频率均不相同。实际上，化学键的振动频率不仅与其性质有关，还受分子的内部结构和外部因素影响。

1. 外部因素

(1) 物质状态及制样方法

同一物质的不同状态，由于分子间相互作用力不同，所得到的光谱往往不同。通常，物质由固态向气态变化，其波数将增加。例如，丙酮在液态时，C ═O 的伸缩振动频率为 1718cm^{-1}，而在气态时，C ═O 的伸缩振动频率则为 1742cm^{-1}，因此在查阅标准红外图谱时，应注意试样状态和制样方法。

(2) 溶剂效应

在溶液中测定光谱时，溶剂的极性、溶质的浓度对光谱均有影响。在极性溶剂中，极性基团的伸缩振动由于受极性溶剂分子的作用，使键力常数减小，波数降低，而吸收强度增大；对于变形振动，由于基团受到束缚作用，变形所需能量增大，所以波数升高。当溶剂分子与溶质形成氢键时，光谱所受的影响更显著。例如，羧酸中的 C ═O：在气态时，其伸缩振动频率为 1780cm^{-1}，在非极性溶剂中其伸缩振动频率为 1760cm^{-1}，在乙醚中则为

1735cm^{-1}。因此红外光谱通常需在非极性溶剂中测量。

2. 内部因素

影响红外吸收光谱的内在因素实质上是分子的结构问题，主要包括电子效应、氢键的影响、振动耦合、费米共振及空间效应。

(1) 电子效应

包括诱导效应、共轭效应等，它们都是由于化学键的电子分布不均匀引起的。

① 诱导效应(I 效应)。由于取代基具有不同的电负性，通过静电诱导作用，引起分子中电子分布发生变化，从而引起键力常数的改变，导致基团频率发生变化。例如，当电负性较强的元素(如卤素)与羰基上的碳相连时，诱导效应导致电子云由氧原子转向双键，引起 C ═O 键的健力常数增加，使其振动频率升高，吸收峰向高波数移动。元素的电负性越强或取代的数目越多，诱导效应越明显，吸收峰蓝移越显著。表 2-6 说明了羰基吸收频率受卤素原子取代的影响。

表 2-6　卤素原子取代对羰基吸收频率的影响

化合物	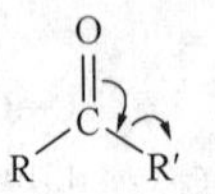	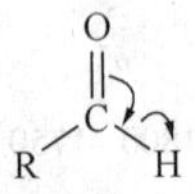	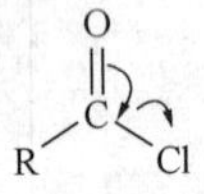	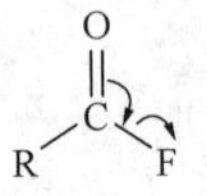	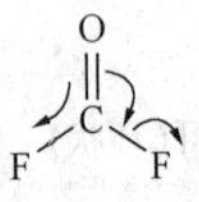
$\nu_{C=O}/cm^{-1}$	1715	1730	1800	1920	1928

② 共轭效应(C 效应)。形成多重键的 π 电子在一定程度上可以移动，例如 1，3-丁二烯的四个碳原子都在同一个平面上，四个碳原子共有全部的 π 电子，结果中间的单键具有一定的双键性质，而两个双键的性质亦有所削弱，这就是共轭效应。共轭效应使得共轭体系中的电子云密度平均化，使原来的双键略有增长，键力常数减小，导致吸收峰向低波数移动(红移)。例如，酮分子中的 C ═O，因与苯环共轭而使 C ═O 的健力常数减小，振动频率降低。

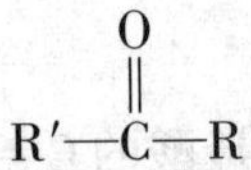 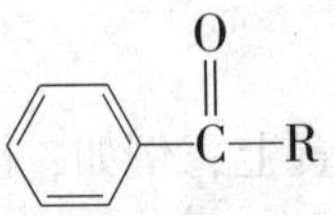 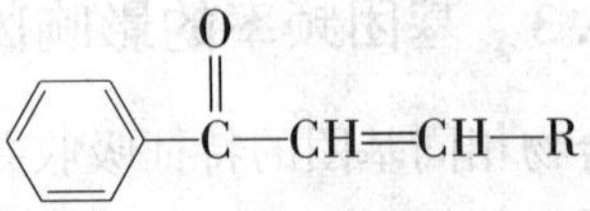

$\nu_{C=O}/cm^{-1}$ 1710~1725　　1680~1695　　1653~1667

③ 中介效应(M 效应)。氧、氮和硫等原子有孤电子对，能与相邻的不饱和基团共轭，为了与双键的 π 电子云共轭相区分，称为中介效应(M)。此种效应能使不饱和基团的振动波数降低，而自身连接的化学键振动波数升高。电负性弱的原子，孤电子对容易供出去，中介效应大，反之中介效应小。酰胺分子由于中介效应羰基趋于单键，振动能降低，$\nu_{C=O}$ 波数变小。N—H 键变成═N—H，键长缩短，伸缩振动波数反而升高。

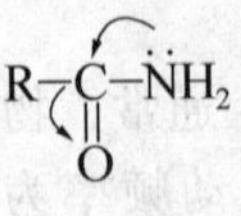

(2) 氢键的影响

由于形成氢键之后，电子云密度平均化，体系能量下降，X—H 伸缩振动频率向低波数方向移动，吸收强度增加，峰变宽；变形振动向高波数移动。

例如，游离的酰胺化合物的 C ═O 键的伸缩振动频率为 1690cm^{-1}、N—H 的伸缩振动频率为 3500cm^{-1}、N—H 键的变形振动频率为 1620~1590cm^{-1}；在固体或液体中，由于酰胺形成了二聚体，C ═O 键的伸缩振动频率为 1650cm^{-1}、N—H 的伸缩振动频率为 3400cm^{-1}、N—H 键的变形振动频率为 1650~1620cm^{-1}。

(3) 振动耦合(Coupling Effects)

当两个振动频率相同或相近的基团相邻并由同一原子相连时，两个振动相互作用(微扰)产生共振，谱带一分为二，一个向高频移动，一个向低频移动。振动耦合常出现在一些二羰基化合物中，如羧酸酐两个羰基的振动耦合：

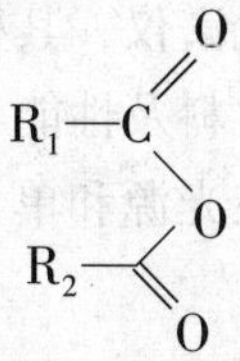

使—C ═O 吸收峰分裂成两个峰，波数分别为 1820cm^{-1}和 1760cm^{-1}。

(4) 费米共振(Fermi Resonance)

当一振动的倍频与另一振动的基频接近($2\nu_A=\nu_B$)时，二者相互作用而产生强吸收峰或发生裂分的现象。

例如，苯甲酰氯 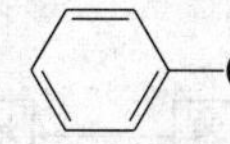—COCl 上 Ar—C(δ) = 880 - 860cm^{-1}，C ═O(ν_{as}) = 1774cm^{-1}，发生费米共振，使得 C ═O 裂分为两个峰，分别位于 1773cm^{-1}和 1736cm^{-1}处。

(5) 空间效应

① 由于空间阻隔，分子平面与双键不在同一平面，此时共轭效应下降，红外峰移向高波数。

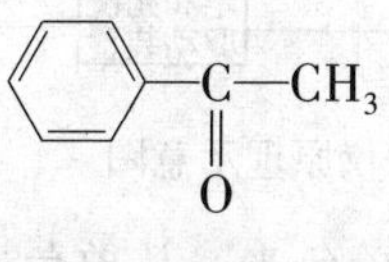

$\nu_{C=O}$ = 1663cm^{-1}

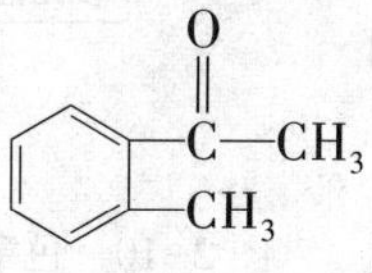

$\nu_{C=O}$ = 1686cm^{-1}

② 张力效应：四元环>五元环>六元环。

 1576 cm^{-1} 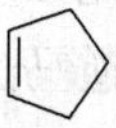 1611 cm^{-1} 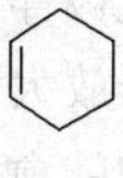 1644 cm^{-1}

随环张力增加，环内双键的红外峰向低波数移动。

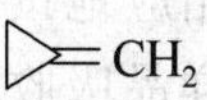

1781 cm^{-1}

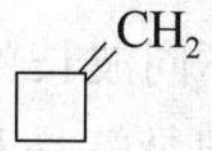

1678 cm^{-1}

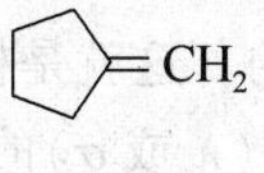

1657 cm^{-1}

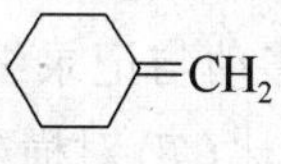

1651 cm^{-1}

随环张力增加，环外双键的红外峰向高波数移动。

2.4 红外光谱仪

用于测定和记录待测物质的红外吸收光谱并进行结构分析及定性、定量分析的仪器称为红外吸收光谱仪或红外吸收分光光度计。根据结构和工作原理不同，红外吸收光谱仪可分为色散型和傅里叶(Fourier)变换型两类，而傅里叶(Fourier)变换型红外光谱仪具有快速、可靠、方便等优点，已成为大、中型实验室主要的检测仪器。

2.4.1 色散型红外光谱仪

色散型红外光谱仪，又称经典红外光谱仪，其构造系统基本上和紫外-可见分光光度计类似。但对每一个部件的结构、所用的材料及性能与紫外可见分光光度计不同。他们的排列顺序也略有不同，红外光谱仪的样品放在光源和单色器之间，而紫外可见分光光度计的样品却放在单色器之后。

1. 工作原理

色散型红外光谱仪一般均采用双光束设计，如图 2-10 所示。从光源发出的红外光被分为等强度的两束光：一束通过样品池，一束通过参比池，然后由斩光器交替送入单色器色散，被检测器检测。

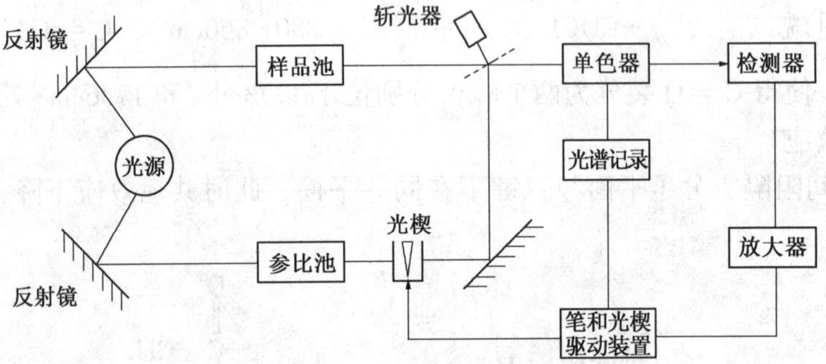

图 2-10 色散型红外光谱仪原理示意图

光在单色器内被光栅或棱镜色散成各种波长的单色光，从单色器发出波长为某频率的单色光。假定该单色光不被样品吸收，此两束光的强度相等，则检测器不产生交流信号。改变波长，若该波长下的单色光被样品吸收，则两束光强度就有差别，就在检测器上产生一定频率的交流信号，通过放大器放大，此信号带动可逆马达，移动光楔进行补偿。样品对某一频率的红外光吸收愈多，光楔就愈多地遮住参比光路，即把参比光路同样度地减弱，使两束光重新处于平衡。

样品对于各种不同波长的红外光吸收有多少，参比光路上的光楔也相应地按比例移动，以进行补偿。记录笔是和光楔同步的，记录笔就记录下样品光束被样品吸收后的强度——百分透射比 T，作为纵坐标直接被描绘在记录纸上。单色器内的光栅或棱镜可以移动以改变单色光的波长，而光栅或棱镜的移动与记录纸的移动是同步的，这就是横坐标。这样在记录纸上就描绘出纵坐标-百分透射比(T)对横坐标-波长或波数(λ 或 σ)的红外吸收光谱图。

2. 仪器的基本构成

色散型红外光谱仪由光源、吸收池、单色器、检测器、记录系统等组成。

(1) 光源

红外光源应是能够发射高强度的连续红外光的物体，常用的光源见表 2-7，下面介绍最常用的两种红外光源：能斯特灯和硅碳棒。

表 2-7　红外光谱仪常用光源

名　　称	适用波长范围/cm^{-1}	说　　明
Nernst 灯	5000~400	ZrO_2、ThO_2 等烧结而成
碘钨灯	10000~5000	
硅碳棒	5000~200	FTIR 需用水冷或风冷
炽热镍铬丝圈	5000~200	风冷
高压汞灯	<200	FTIR 用于远红外

① 能斯特灯。能斯特灯是一直径为 1~3mm、长为 2~5cm 的中空棒或实心棒。它由稀有金属锆、钇、铈或钍等氧化物的混合物烧结制成，在两端绕有铂丝和电极。此灯的特性是室温下不导电，加热至 800℃变成导体，开始发光。因此工作前须预热，待发光后立即切断预热器的电流，否则容易烧坏。能斯特灯的优点是发出的光强度高，工作时不需要用冷水夹套来冷却；其缺点是机械强度差，稍受压或扭动会损伤。

② 硅碳棒。硅碳棒光源一般制成两端粗中间细的实心棒，中间为发光部分，直径约 5cm，长约 5cm，两端粗是为了降低两端的电阻，使之在工作状态时两端呈冷态。与能斯特灯相比，其优点是坚固，寿命长，发光面积大。另外，由于它在室温下是导体，工作前不需预热。其缺点是工作时需要水冷却装置，以免放出大量热影响仪器其他部件性能。

（2）吸收池

因玻璃、石英等材料不能完全透过红外光，红外吸收池要用可透过红外光的 NaCl、KBr、CsI、KRS-5[TlI(碘化铊)58%-TlBr(溴化铊)42%]等材料制成透光窗片。用 NaCl、KBr、CsI 等材料制成的窗片特别要注意防潮。固体试样可与纯 KBr 混匀压片，然后直接进行测定。表 2-8 列出了几种材料的基本性能。

表 2-8　几种窗片材料的基本性能

材　　料	透光波长范围/cm^{-1}	注 意 事 项
NaCl 单晶	0.2~25	易潮解，要求湿度低于 40%
KBr 单晶	0.25~40	易潮解，要求湿度低于 35%
CsBr 单晶	1~38	易潮解
CsI 单晶	1~50	易潮解
KRS-5 晶体	0.55~40	微溶于水，该物有毒

（3）单色器

单色器由色散元件、准直镜和狭缝构成，其作用是将复色光色散成单色光。色散元件常用复制的闪耀光栅，由于闪耀光栅存在次级光谱的干扰，因此，需要将光栅和用来分离次级光谱的滤光器或前置棱镜结合起来使用。

（4）检测器

常用的红外检测器有高真空热电偶、热释电检测器和碲镉汞检测器。

高真空热电偶是利用不同导体构成回路时的温差电现象，将温差转变为电位差，此电位差与红外辐射的强度成正比。

热释电检测器是利用硫酸三苷肽的单晶片作为检测元件。硫酸三苷肽(TGS)是铁电体，在一定的温度以下，能产生很大的极化反应，其极化强度与温度有关，温度升高，极化强度降低。将 TGS 薄片正面真空镀铬(半透明)，背面镀金，形成两电极。当红外辐射光照射到薄片上时，引起温度升高，TGS 极化度改变，表面电荷减少，相当于“释放”了部分电荷，经放大，转变成电压或电流方式进行测量。

碲镉汞检测器（MCT 检测器）是由宽频带的半导体碲化镉和半金属化合物碲化汞混合形成，其组成为 $Hg_{1-x}Cd_xTe$，$x\approx0.2$，改变 x 值，可获得测量波段不同灵敏度各异的各种 MCT 检测器。MCT 检测器灵敏度高，适用于快速扫描测量和 GC-FTIR 仪器联用的检测器。

（5）放大器及记录机械装置

由检测器产生的电信号是很弱的，例如热电偶产生的信号强度约为 10^{-9}V，此信号必须经电子放大器放大。放大后的信号驱动光楔和马达，使记录笔在记录纸上移动。

色散型红外分光光度计按照其结构的简繁，可测波数范围的宽窄和分辨本领的大小，可分为简易型和精密型两种类型。前者只有一只氯化钠棱镜或一块光栅，因此测定波数范围较窄，光谱的分辨率也较低，为克服这两个缺陷，较早的大型精密红外分光光度计一般备有几个棱镜，在不同光谱区自动或手动更换棱镜，以获得宽的扫描范围和高的分辨能力。目前精密型红外分光光度计已采用闪耀光栅作色散元件，利用数块光栅自动更换，可使测定的波数范围扩大到微波区，而且获得了更高的分辨率。

2.4.2 傅里叶变换红外光谱仪（FTIR）

傅里叶变换红外光谱仪（Fourier transform infrared spectrophotometer，FTIR）是根据光的相干性原理设计的，因此是一种干涉型光谱仪。

1. 工作原理

傅里叶变换红外光谱仪没有色散元件，主要由光源（硅碳棒、高压汞灯）、迈克尔逊（Michelson）干涉仪、检测器、计算机和记录仪组成，结构如图 2-11 所示。

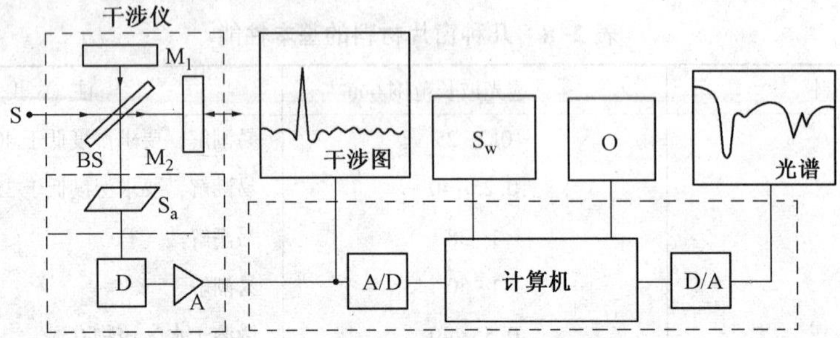

图 2-11　傅里叶变换红外光谱仪工作原理示意图

S—光源；M_1—定镜；M_2—动镜；BS—分束器；D—检测器；S_a—样品；A—放大器；A/D—模数转换器；D/A—数模转换器；S_w—键盘；O—外部设备（打印机等）

由红外光源 S 发出的红外光，经准直镜转变为平行红外光进入干涉仪系统，经干涉仪调制后得到一束干涉光。干涉光通过样品 S_a，获得的含有样品信息的干涉光信号达到检测器 D，被转变为干涉电信号。这种干涉信号经过 A/D 转换器送入计算机，由计算机进行傅里叶变换的快速计算，然后由 D/A 转换器后打印得到红外谱图。

2. 仪器的基本构成

（1）光源

傅里叶变换红外光谱仪要求光源能发射出稳定、能量强、发射度小的具有连续波长的红外光。通常使用能斯特灯、硅碳棒或涂有稀土化合物的镍铬旋状灯丝。

(2) 迈克尔逊(Michelson)干涉仪

迈克尔逊(Michelson)干涉仪是FT-IR的核心部件，它并没有把光源来的红外光按频率分开，而只是把各种频率的光信号经干涉作用调制为干涉图函数，再将包含样品反射图函数送往计算机进行傅里叶变换的数学处理。FT-IR与色散型红外光度计的主要区别在于干涉仪和傅里叶变换两部分。

迈克尔逊(Michelson)干涉仪(见图2-12)的作用是将光源发出的光分成两光束后，再以不同的光程差重新组合，发生干涉现象。当两束光的光程差为$\lambda/2$的偶数倍时，则落在检测器上的相干光相互叠加，产生明线，其相干光强度有极大值；相反，当两束光的光程差为$\lambda/2$的奇数倍时，则落在检测器上的相干光相互抵消，产生暗线，相干光强度有极小值。由于多色光的干涉图等于所有各单色光干涉图的加合，故得到的是具有中心极大，并向两边迅速衰减的对称干涉图。

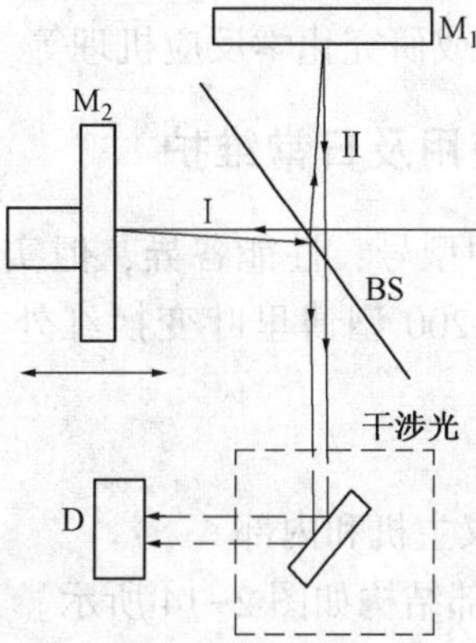

图2-12 迈克尔逊干涉仪示意图

M_1—定镜；M_2—动镜；D—检测器；BS—分束器

干涉图包含光源的全部频率和与该频率相对应的强度信息，所以如一个有红外吸收的样品放在干涉仪的光路中，由于样品能吸收特征波数的能量，结果所得到的干涉图强度曲线就会相应地产生一些变化，干涉图中包括了样品对红外光吸收的信息。包括每个频率强度信息的干涉图，可借数学上的傅里叶变换技术对每个频率的光强进行计算，从而得到吸收强度或透过率和波数变化的普通红外光谱图。

(3) 检测器

检测器，一般可分为热检测器和光检测器两大类。热检测器的工作原理是把某些热电材料的晶体放在两块金属板中，当光照射到晶体上时，晶体表面电荷分布变化，由此可以测量红外辐射的功率。热检测器有氘化硫酸三甘钛(DTGS)、钽酸锂($LiTaO_3$)等类型。光检测器的工作原理是某些材料受光照射后，导电性能发生变化，由此可以测量红外辐射的变化。最常用的光检测器有锑化铟、汞镉碲(MCT)等类型。

(4) 记录系统——红外工作软件

傅里叶变换红外光谱仪红外谱图的记录、处理一般都是在计算机上进行的。目前国内外都有比较好的工作软件，均可以在软件上直接进行扫描操作，可以对红外谱图进行优化、保存、比较、打印等。此外，仪器上的各项参数可以在工作软件上直接调整。

3. 傅里叶变换红外光谱仪的特点

(1) 扫描速度极快

傅里叶变换仪器是在整个扫描时间内同时测定所有频率的信息，一般只要1s左右即可，因此，它可用于测定不稳定物质的红外光谱。而色散型红外光谱仪，在任何一瞬间只能观测一个很窄的频率范围，一次完整扫描通常需要8s、15s、30s等。

(2) 具有很高的分辨率

通常傅里叶变换红外光谱仪分辨率达0.1~0.005cm^{-1}，而一般棱镜型的仪器分辨率在1000cm^{-1}处有3cm^{-1}，光栅型红外光谱仪分辨率也只有0.2cm^{-1}。

(3) 灵敏度高

因傅里叶变换红外光谱仪不用狭缝和单色器，反射镜面又大，故能量损失小，到达检测器的能量大，可检测10^{-8}g数量级的样品。除此之外，还有光谱范围宽(1000~10cm^{-1})；测量精度高，重复性可达0.1%；杂散光干扰小；样品不受因红外聚焦而产生的热效应的影响等特点。特别适合于与气相色谱联机或研究化学反应机理等。

2.4.3 常用红外光谱仪的使用及日常维护

目前国内外的红外光谱仪有多种型号，性能各异，但实际操作步骤基本相似。下面以Thermo electron Corporation 生产的IR200型傅里叶变换红外光谱仪为例说明红外光谱仪的使用。

1. 仪器结构

IR-200型傅里叶变换红外光谱仪主机和内部结构如图2-13所示。仪器的内部结构如图2-14所示。

图2-13 IR-200主机外观图

2. 仪器的性能和特点

① 主要技术指标：光谱范围：7800~375cm^{-1}、分辨率：1cm^{-1}、检测器：DTGS、分束器：多层镀膜溴化钾、光源：陶瓷光源、样品室：内置Foundation底座，适用Swap-TopATR附件。

QuadrascanTM干涉仪光学设计，提供优异的稳定性和无比的可靠性；CornerCubeTM角镜光学设计，省去复杂电路和额外活动部件；用户可自行更换部件，最大限度减少维护成本。

② 特点：IR-200红外光谱仪(图2-14)提供常规分析所需的所有功能，体积较小，没有研究级FTIR红外光谱仪那么复杂。仪器的操作主要由EZOMNIC软件控制，具有以下功能：

a. 用户登录功能——控制进入系统，采集数据和使用各种方法；

b. 自我诊断功能——保证仪器状态和测试参数正确；

c. 数据处理功能——轻松处理分析结果，包括标峰、峰面积积分、基线校准等操作；

d. 谱图匹配功能——比较未知样品谱图与标准谱图；

e. 谱图解析功能——计算机自动对红外谱图进行解析，大大提供科研人员的工作效率；

f. 标准报告模板——快速创建实验报告，打印实验报告；

g. 标准文件格式——保持实验结果，方便共享和处理；

h. 可选的宏软件——用简单流程图模块，来设计实验过程，无须复杂编程，性能可靠。

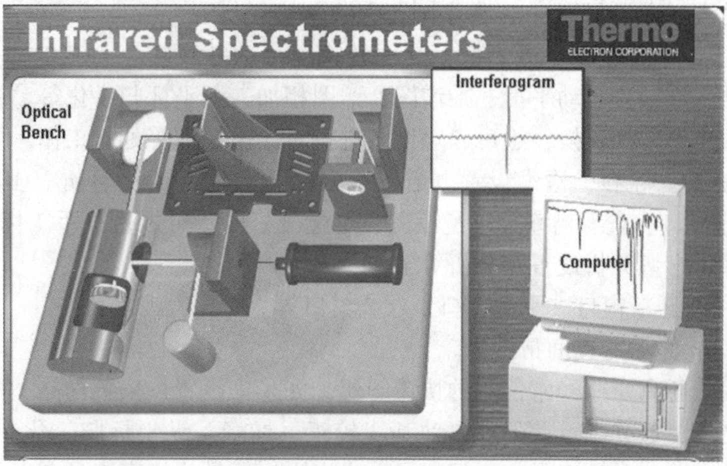

图 2-14　IR-200 红外光谱仪结构示意图

3. EZ OMNIC 软件简介

EZ OMNIC 是为 IR-200 仪器配置的红外仪器控制及极谱图处理软件，在 Win9x/2000/xp 等操作环境下运行。仪器正常运行的参数都可以通过该软件进行设置(如扫描次数、分辨率的设置、光学台参数设置等)，同时该软件具有强大的对吸收光谱图采集、编辑、处理、检索等功能。

该软件的操作界面如图 2-15 所示，具有以下操作菜单项目：

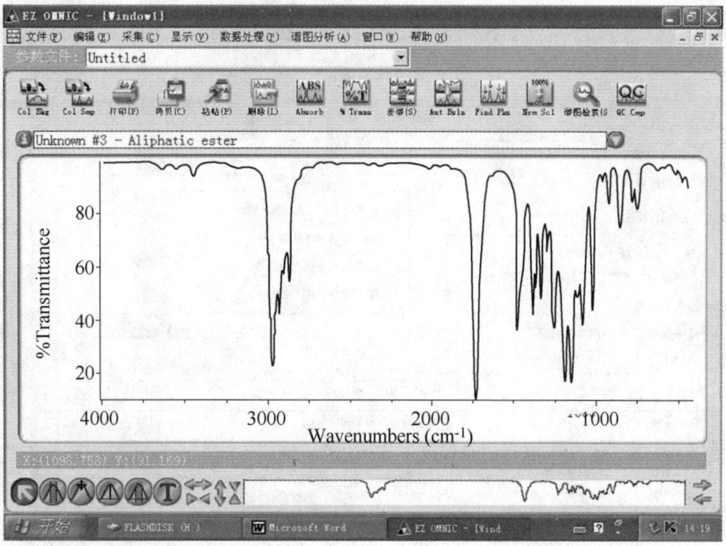

图 2-15　EZ OMNIC 操作界面

① 文件——打开、保存、另存为、打印、设置打印机、退出等。

② 编辑——撤消操作、剪切、拷贝、粘贴、删除、选项、编辑工具栏等。

③采集——实验设置、采集样品、采集背景。其中在“实验设置”项有采集、光学台、质量控制、诊断四个子项。在“采集”栏中可以设置扫描次数、分辨率、Y 轴格式，谱图修正、文件管理、背景光谱管理、实验标题、实验描述等。

④ 显示——设定显示参数、重叠谱图显示、隐藏谱图、满刻度显示、同一刻度显示、显示范围、自动满刻度显示等。主要用来设置谱图显示设置。

⑤ 数据处理——吸光度、透光率、其他转换、自动基线校正、其他修正、生成空白、生成直线、差谱、平滑、自动平滑、乘谱图、谱图相加、纵坐标归一化等。可以使谱图纵坐标在吸光度和透光率之间转换，也可以对谱图进行对比、相加等处理工作。

⑥ 谱图分析——标峰、检索设置、谱图检索、基础红外谱图解析、QC 管理、建立谱库、加谱图入(谱库)、查看谱库、定量设置、定量分析等。可以进行手工标峰、检索谱图、建立、管理谱库、定量分析设置及分析等工作。

⑦ 窗口——打开新窗口、平铺窗口、层叠窗口等。

⑧ 帮助——软件功能查询帮助等。

在软件界面上还有一些经常使用的快捷图标，如采集设置、采集样品、打印、拷贝、粘贴、删除、吸光度、透光率、差谱、自动基线校正、标峰、纵坐标归一化、谱图检索、QC 管理等。此外还有一些常用工具如区间工具、光谱坐标工具、峰高工具、峰面积工具、标注工具、谱图所放工具也显示在界面的左下角。

4. 操作步骤

① 连接电源，打开仪器左后面板上的电源开关，开关附近的电源指示灯(仪器背面)亮。

② 开启计算机，双击 EZ OMNIC 图标，运行软件。

③ 按“采集”按钮，打开“实验设置”，如图 2-16 所示，设置扫描次数(≤64)及分辨率(最高 $1cm^{-1}$)，在“采集样品前采集背景”选项前打“√”，“谱图修正”项选“H_2O and CO_2”，按“确定”返回。

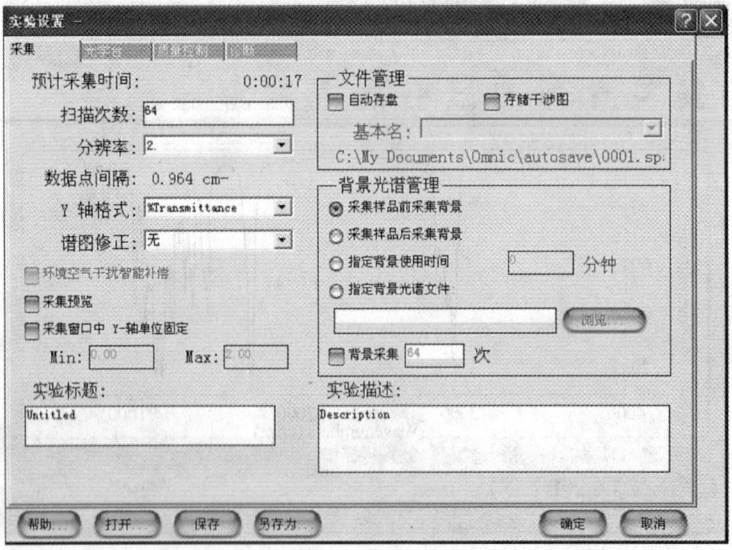

图 2-16　EZ OMNIC 软件实验设置界面

④ 按“采集”按钮，按“采集样品”，输入谱图标题，按“确定”。

⑤ 光路中不放任何样品，在“准备采集背景”提示栏中按“确定”，开始背景采集，完成后在屏幕上显示空气的背景吸收图，按提示插入样品池或样品薄膜，在“采集样品”提示栏中按“确定”，采集样品谱图。

⑥ 在“是否将谱图加到窗口”中选“确定”，在屏幕上显示经对空气背景校正后的样品谱

图。可在窗口中对谱图进行解析或编辑，也可将谱图保存或打印。也可以用软件检索功能从红外谱图库中检索出和未知化合物的谱图有较高匹配度的一系列物质，如图 2-17 所示。检索的准确度与软件中安装的有机化合物红外谱图库有关，特别是进行一些非常规物质的分析时，还必须在软件中有针对性地加入一些专用谱库，如此检索才有较高的准确度。

⑦ 实验结束后，关闭仪器电源，在样品槽中放入干燥剂，填写仪器使用记录。

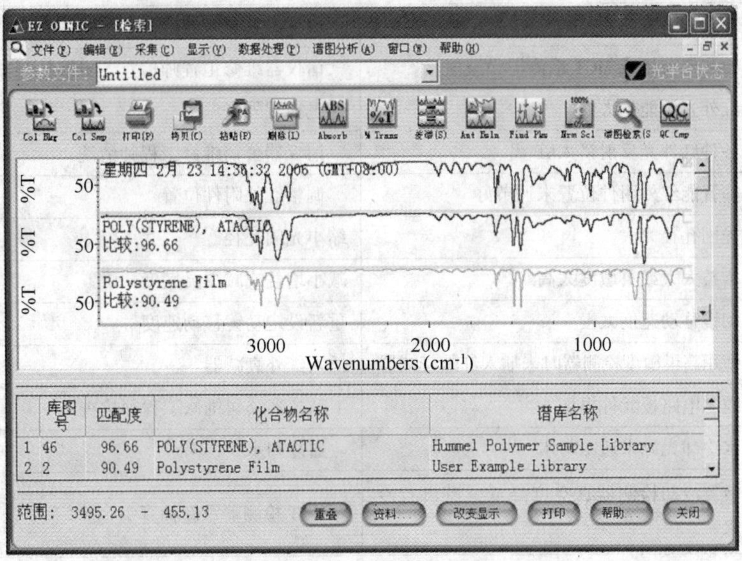

图 2-17　谱图检索结果

2.4.4　红外光谱仪常见故障的处理

傅里叶变换红外光谱仪不能正常工作时，仪器的管理和维护人员或分析测试工作者应该检查仪器不能正常工作的原因。如果仪器的硬件损坏，最好还是请仪器公司的维修工程师来处理。如果不是硬件的问题，可以自行处理。常见故障的产生原因和处理方法见表 2-9。

表 2-9　红外光谱仪常见故障、故障产生的原因及处理方法

常见故障	故障产生的原因	处 理 方 法
干涉仪不扫描，不出现干涉图	计算机与红外光谱仪通信失败	检查计算机与仪器的连接线是否连接好，重启计算机和红外光谱仪
	更换分束器后没有固定好或没有到位	将分束器重新固定
	红外光谱仪电源输出电压不正常	检查仪器面板上指示灯和各种输出电压是否正常
	分束器已损坏	请仪器维修工程师检查，更换分束器
	控制电路板的元件损坏	请仪器维修工程师检查
	空气轴承干涉仪未通气或气体压力不够高	通气并调节气体压力
	主红外光谱仪和外光路转换后，穿梭镜未移动到位	光路反复切换，重试
	室温太低或太高	调节室温
	He-Ne 激光器不亮或能量太低	检查激光器是否正常
	软件出现问题	重新安装红外软件

续表

常见故障	故障产生的原因	处 理 方 法
干涉图能量太低	分束器出现裂缝	请仪器维修工程师检查，更换分束器
	光阑孔径太小	增大光阑孔径
	光路没有准直好	自动准直或动态准直
	光路中有衰减器	取下光路衰减器
	检测器损坏或 MCT 检测器无液氮	请仪器维修工程师检查，更换检测器或添加液氮
	红外光源能量太低	更换红外光源
	各种红外光反射镜太脏	请仪器公司维修工程师清洗
	非智能红外附件位置未调节好	调整红外附件位置
干涉图能量溢出	光阑孔径太大	缩小光阑孔径
	增益太大或灵敏度太高	减小增益或减少灵敏度
	动镜移动速度太慢	重新设定动镜移动速度
	使用高灵敏度检测器时未插入红外衰减器	插入红外衰减器
干涉图不稳定	控制电路板元件损坏	请仪器公司维修工程师检查
	水冷却光源未通冷却水	通冷却水
	液氮冷却检测器真空度降低，窗口有冷凝水	MCT 检测器重新抽真空
	远红外干涉图不稳定或漂移是由于打开样品室盖子后气流不稳定造成	待干涉图稳定后才能采集数据
空气背景单光束光谱又杂峰	红外光谱仪中有污染气体	吹扫红外光谱仪
	使用红外附件时，附件被污染	清洗红外附件
	反射镜、分束器或检测器上有污染物	请仪器公司维修工程师检查
空光路检测时基线漂移	开机时间不够长，仪器尚未稳定	开机 1h 后重新检测
	高灵敏度检测器工作时间不够长	等稳定后再重试

2.5 红外吸收光谱法实验技术

要想得到一张很好的红外光谱图，样品制备是很重要的。进行红外测定的样品一般要求：

① 样品应是单一组分的纯物质，纯度应大于 98%或符合商业标准。多组分样品必须预先用物理或化学法如蒸馏、重结晶、萃取、渗析、层析、离心等方式分离纯化，有条件可以用仪器法分离制备或直接采用仪器联用技术获取。否则，复杂组分的光谱互相重叠，谱图难以解析。

② 对样品的理化性质、来源、结构类型必须有初步的了解，以便采取适当的制备方法。

③ 样品必须预先除去游离的水，避免水分对样品图的影响和对吸收池窗片的腐蚀。

④ 试样的浓度和测试厚度应选择适当，以使光谱图中大多数峰的透射比在 10%~80%范围内。

下面分别介绍固体、液体、气体样品的制备方法。

2.5.1 固体样品的制备

1. KBr 压片法

一般红外测定用的锭片为直径 13mm、厚度为 1mm 左右的小片。取 1~2mg 试样在玛瑙研钵或振动球磨机中磨细后加 100~200mg 已干燥磨细的 KBr 粉末，充分混合并研磨，使其平均颗粒尺寸为 2μm 左右即可，不必再细。将研磨好的混合物均匀地放入模具的顶模与底模之间，然后把模具放入压力机中，在 10MPa 左右的压力下 1~2min 即可得到透明或均匀半透明的锭片，压力不宜太高，否则会损坏模具。见图 2-18 和图 2-19。

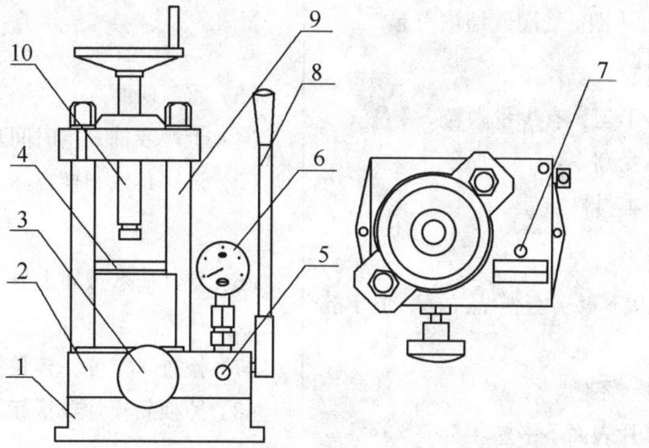

图 2-18　DF-4 型红外压片机的机构

1—底座；2—阀体；3—放油阀；4—工作台(大柱塞)；5—高压单向阀；6—压力表；7—低压单向阀；8—压油手柄；9—立柱；10—压紧丝杠

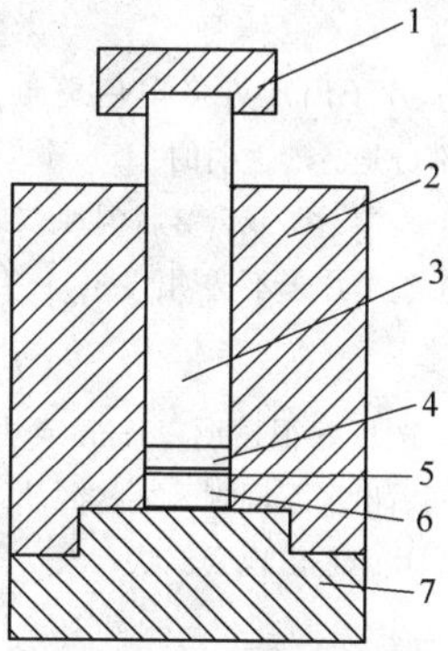

图 2-19　压模结构

1—压杆帽；2—压模体；3—压杆；4—顶模片；5—试样；6—底模片；7—底座

KBr 对钢制模具表面的腐蚀性很大，模具用过后必须及时清洗干净，然后保存在干燥环境中。对于难研磨样品，可先将其溶于几滴挥发性溶剂中再与 KBr 粉末混合成糊状，然后研磨至溶剂挥发完全，也可在红外灯下挥发残留的溶剂，注意必须将溶剂完全挥发。对于弹性样品，如橡胶，可用低温(-40℃)使其变脆而易粉碎，再与 KBr 粉末混合研磨。将研磨好的物料放入专用模具中加压，制成厚为 1~2mm 的透明圆片，然后将此透明薄片放入仪器光路中进行测定。

压片法可用于固体粉末和结晶样品的分析，所用的稀释剂除 KBr 外，还有 KCl、CsI 和高压聚乙烯。

压片法制样的注意事项如下：①为了避免散射，样品颗粒研磨至 2μm 以下。②与稀释剂起反应或进行离子交换的样品不能使用压片法。③易吸水、潮解样品不宜用压片法。④压片用的 KBr、KCl、CsI 等的规格必须是分析纯以上，不能含其他杂质；KBr、KCl、CsI 等在粉末状态很容易吸水、潮解，应放在干燥器中保存(应定期在干燥箱中 110℃或在真空烘箱中恒温干燥 2h)。⑤研磨样品一定要用玛瑙研钵；研磨时必须把样品均匀地分散在 KBr 中，并且尽可能将它们研细，以便得到很尖锐的吸收峰。⑥要掌握好样品与 KBr 的比例以及锭片的厚度，以得到一个质量好的透明的锭片。

KBr 压片法的优、缺点：压片法的最大优点是如不考虑 KBr 吸湿的因素，红外谱图获得的所有吸收峰，应完全是被测样品的吸收峰，因而在固体样品制样中，KBr 压片法是优选的方法。压片法的缺点是分散剂极易吸湿，因而在 $3448cm^{-1}$ 和 $1639cm^{-1}$ 处难以避免地有游离水的吸收峰出现，不宜用于鉴别羟基的存在；未知样品与分散剂的比例难以准确估计，因此常会因样品浓度不合适或透过率低等问题需要重新制片。

压片过程中经常会出现一些不正常现象，影响测试效果，必须及时处理。原因分析见表2-10。

表 2-10　KBr 压片质量不正常原因分析

不正常现象	原因	纠正方法
	由 KBr 粉末所引起：	
（1）透过片子看远距离物体透光性差，有光散射 （2）不规则疙瘩斑	（1）KBr 不纯，至少混有 5%以上的第二种碱金属卤化物 （2）通常由 KBr 受潮或结块引起	（1）选用纯的 KBr （2）干燥和粉碎 KBr
	由试样引起：	
（3）片子出现许多白色斑点，其余部分是清晰透明的 （4）呈半透明或云雾状混浊 （5）整个片子不透明	（3）研磨不匀，有少量颗粒 （4）样品受潮 （5）样品本身性质差	（3）重新研磨 （4）干燥或抽真空时间长些 （5）选用其他制样方法
	由压片技术引起：	
（6）刚压好很透明，1min 或更长时间后出现不规则云雾状混浊 （7）片中心出现云雾状	（6）压力不够，且样品放入时分散不好 （7）抽真空不够 （8）压模片表面不平整	（6）重新研磨或重新压制，是其分散好一些 （7）检查真空度，延长抽真空时间 （8）掉换新模片或重新抛光

2. 糊状法

首先把干燥的样品放入玛瑙研钵中充分研细，然后滴几滴液体石蜡到玛瑙研钵中继续研磨，直到呈均匀的糨糊状，用样品铲把分散在玛瑙研钵四周的样品糊聚拢并铲入盐片上，放入仪器光路中测绘其光谱。

大多数能转变成固体粉末的样品都可采用糊状法测定。氟化煤油在 4000~1300cm^{-1} 区域内是红外透明的，液体石蜡的红外谱图比较简单，只在 3000~2850cm^{-1}、1460cm^{-1}、1378cm^{-1} 以及 720cm^{-1} 处出现吸收，适用于 1300~50cm^{-1} 的范围，氟化煤油和石蜡油的光谱也可由差谱方法或在参比光路上补偿除去。它们的吸收谱见表 2-11。

表 2-11　氟化煤油和石蜡油的吸收光谱

名称	最大吸收峰/cm^{-1}
氟化煤油	1275、1230、1196、1141、1121、1094、1034、961、896、830、735、650、594、543、519
石蜡油	2952、2921、2896、2852、1460、1378、721

糊状法制样的注意事项：

① 糊状法制样对光谱质量影响最大的是样品粒度的散射因素，应首先单独研磨样品，直到将样品颗粒磨细后再加入分散剂，加入分散剂后的研磨主要起调匀成糊的作用，此时继续研磨对磨细无多大作用。因而将固体样品磨得足够细而且均匀，是糊状法制样成败的关键之一。

② 对糊状法使用的分散剂的要求是所产生的吸收峰不能与样品峰重叠，而且应当是沸点较高、化学性质稳定、具有一定的黏度和较高的折射率，与固体样品相混能成糊状物。

糊状法制样的优、缺点：糊状法制样非常简便，应用也比较普遍。尤其是要鉴定羟基峰、胺基峰时，采用糊状法制样就是一种非常行之有效的好方法。用石蜡油作为糊剂不能用于样品中饱和 C—H 链的鉴定，例如，石蜡的红外光谱将会干扰表面活性剂疏水基谱带，如果要测定—CH_3、—CH_2基的吸收光谱，可以用四氯化碳或六氯丁二烯等作为糊剂，这样把几种糊剂配合使用，相互补充，才能得到样品在中红外区完整的红外吸收光谱；糊状法不适合做定量分析。

3. *薄膜法*

固体样品制成薄膜进行测定可以避免基质或溶剂对样品光谱的干扰，薄膜的厚度为10~30μm，且厚薄均匀。薄膜法主要用于聚合物测定，对于一些低熔点的低分子化合物也可应用，薄膜法有以下三种：

① 熔融涂膜：适用于一些熔点低、熔融时不分解、不产生化学变化的样品。

② 热压成膜：对于热塑性聚合物或在软化点附近不发生化学变化的塑性无机物，可将样品放在模具中加热至软化点以上或熔融后再加压力压成厚度合适的薄膜。

③ 溶液铸膜：将样品溶解于适当的溶剂中，然后将溶液滴在盐片、玻璃板、平面塑料板、金属板、水面上或水银面上，使溶剂挥发掉就可以得到薄膜了。

2.5.2 液体样品的制备技术

液体样品分为溶液和纯液体两种。

1. *溶液样品*

液体池法：将吸收强度较强的样品溶于适宜的溶剂中，制成1%~10%的溶液，灌入适宜厚度的液体池中测定。

① 液体池的组成。红外光谱仪可使用的液体池有固定厚度池、可调厚度池和可拆卸池等类型。可拆式液体池结构如图2-20所示，池体由前后框架、垫圈、红外透光窗盐片、间隔片、螺帽等部分组成。一般前后框架由金属材料制成；前窗片和后窗片为氯化钠、溴化钾等晶体薄片；间隔片起着固定液体样品的作用，常由铅、铝箔或聚四氟乙烯等材料制成，改变间隔片的厚度可以得到不同厚度的液体池，一般厚度为0.01~2mm；垫圈主要由氯丁橡胶或聚四氟乙烯制成。

图2-20 可拆式液体池的组成

1—前框架；2—后框架；3—红外透光窗盐片；

4—垫圈(氯丁橡胶或聚四氟乙烯)；5—间隔片(铅或铝)；6—螺帽

② 液体池装样操作。将吸收池倾斜30°，用不带针头的玻璃注射器吸取待测的样品，由下孔注入直到上孔看到样品溢出且窗片内无空气为止，用聚四氟乙烯塞子塞住上、下注射孔，用高质量的纸巾擦去溢出的液体后，便可进行测试。在液体池装样操作过程中，应注意以下几点：a. 样品必须干燥不含水分。b. 灌样时要防止气泡留存在池内或气泡吸附在窗片上。c. 样品要充分溶解，不应有不溶物进入液体池内。d. 装样品时不要将样品溶液外溢到窗片上。

③ 液体池的清洗操作。测试完毕，取出塞子，用注射器吸出样品，由下孔注入溶剂，冲洗 2~3 次。冲洗后，在红外灯下用吸耳球从液体池的一个入口处抽吸，使灯附近的干燥空气吸入液体池内以除去残留的溶剂，然后放在红外灯下烘烤至干，最后将液体池存放在干燥器中。注意：液体池在清洗过程中，不要因溶剂挥发或直接接触潮湿物品而致使窗片受潮，也不要直接用洗耳球向池内吹气，以防止池内被污染。

④ 液体池厚度的测定。根据均匀的干涉条纹的数目可测定液体池的厚度，测定的方法是将空的液体池进行扫描，由于两盐片间的空气对光的折射率不同而产生干涉。根据干涉条纹的数目计算池厚，如图 2-21 所示。一般选 1500~600cm^{-1}的范围较好，计算公式如下。

$$b = \frac{n}{2}\left(\frac{1}{\sigma_1 - \sigma_2}\right)$$

式中 b——液体池厚度，cm；

n——两波数间所夹的完整波形个数；

σ_1、σ_2——起始和终止的波数，cm^{-1}。

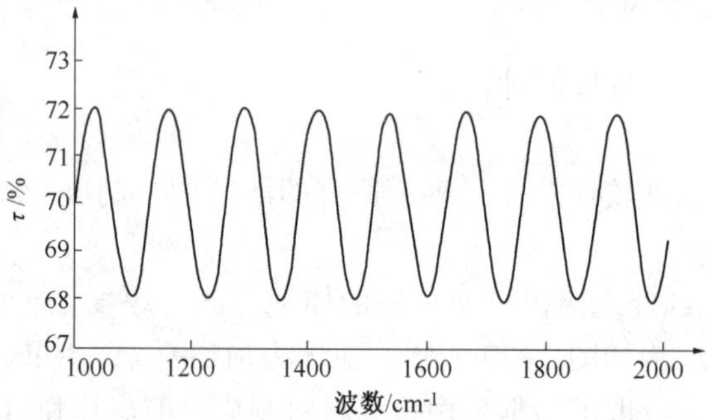

图 2-21　空气的干涉条纹

2. 纯液体样品

① 涂片法。对挥发性小而沸点较高且黏度较大的液体样品，可用一不锈钢样品刮刀取少量样品直接均匀地涂在空白的溴化钾片上，用红外灯或电吹风驱除溶剂后测定，方法非常简单。对于吸收弱或黏度低而涂层薄的样品，要在片上反复几次涂上样品后再进行测定，才能得到高质量的光谱。由于涂膜的厚度难以掌握故涂片法一般只用于定性分析。

② 液膜法。液膜法是液体样品定性分析中应用较广的一种方法，即在两个盐片之间滴 1~2滴样品放在两个盐片之间制成一个液膜进行测定。首先滴加一小滴样品于一片窗片的中央，再压上另一片窗片，依靠两窗片间的毛细作用保持住液层，这样就制成液膜了。

将它放在可拆式液体池架中固定即可测绘其光谱。液膜法制样的最大优点是方法简便，该方法适用于沸点较高、黏度较低、吸收很强的液体样品的定性分析。

③ 对于易挥发的液体要用液体池或气体池。

④ 一些吸收很强的纯液体样品，如果在减小厚度后仍得不到好的图谱，可配成溶液测试。

对液体样品，采用哪一种制样方法都必须根据样品的性质和研究的目的来选用适当的溶剂。选用的原则是对样品应有很好的溶解度并且不发生很强的溶剂效应，溶剂本身在中红外区应有良好的透明度，即使产生吸收峰也不能与样品的吸收峰重叠。

3. 注意事项

① 分析前必须尽可能多地了解试样的来源和物理性质。这有两个重要意义：其一，知

道样品的来源、制备方法、理化性质、元素组成和可能的结构，在解释谱图时十分重要；其二，如果试样有毒、有腐蚀性或含水，则可以预先采取有效措施，防止发生中毒或损坏仪器。

② 若需要进行化合物的鉴定或结构测定，事先应尽量采用各种手段分离提纯。分离时应尽可能避免引入其他杂质，尤其对所使用的溶剂和吸附效应特别注意，否则，样品不纯不仅会给光谱的解释带来困难，还可能引起"误诊"。

③ 避免水汽侵蚀易溶于水、吸湿性强的窗片。

④ 根据实验所需的透明范围、溶液性质等选择液体池的窗片种类，最常用的是 KBr、NaCl 盐片，如果样品是水溶液则可选用 CaF_2、BaF_2等水不溶性窗片。

⑤ 水溶液样品应先设法脱除全部水分或部分脱水浓缩，然后进行红外测定。脱水时温度不要太高，也不要太高的真空度，以免样品产生化学变化或使挥发性大的样品损失掉。

⑥ 有标准试样时，应与欲分析试样在相同条件下记录光谱。

⑦ 应尽量调节好样品的浓度和厚度，使最高谱峰的透过率在 1%~5%，基线在 90%~95%。测试固体样品时，最好在参比光路上使用补偿器或用空白的锭片补偿。

⑧ 液体池要及时清洗干净，不使其被污染。

⑨ 尽可能选用极性小的溶剂，避免极性溶质与极性溶剂间产生"溶剂效应"，使谱图失真。

⑩ 在定性分析中，特别是在结构的测定中，波长位置和吸收谱带的强度及形状都很重要，而仪器波长的精确性尤其重要，因此必须对仪器经常、定期地进行校验。

2.5.3 气体样品的制备技术

气体试样一般都灌注于如图 2-22 所示的玻璃气体槽内进行测定，它的两端黏合有能透红外光的窗片。

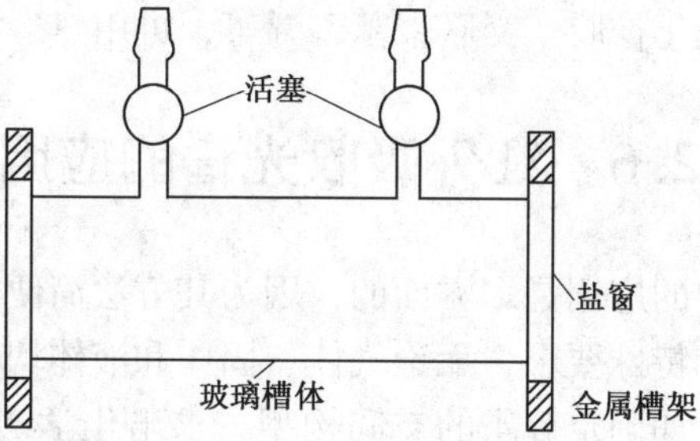

图 2-22　气体池

各类气体池（常规气体池、小体积气体池、长光程气体池、加压气体池、高温气体池和低温气体池等）和真空系统是气体分析必需的附属装置和附件，气体在池内的总压、分压都应在真空系统上完成。光程长度、池内气体分压、总压力、温度都是影响谱带强度和形状的因素。某些气体分子间的氢键对压力、温度也很敏感。通过调整池内气体样品浓度（如降低分压、注入惰性气体稀释）、气体池长度等可获得满意的谱带吸收。多次反射式长程气体池可以获得低浓度的气体光谱，CO_2、H_2O 干扰可用差谱法或用与样品池同样长度的空池补偿。为避免某些气体吸附在气体池上，可以用干燥氮气吹扫或在一定温度下减压除去。

有些气体如 SO_2、NO_2能和碱金属卤化物窗片起反应，要改用 ZnSe 或其他窗片。高压聚乙烯窗口可以测量 500~50cm^{-1}间的波段，定量分析时对池内气体样品的分压应准确计量。

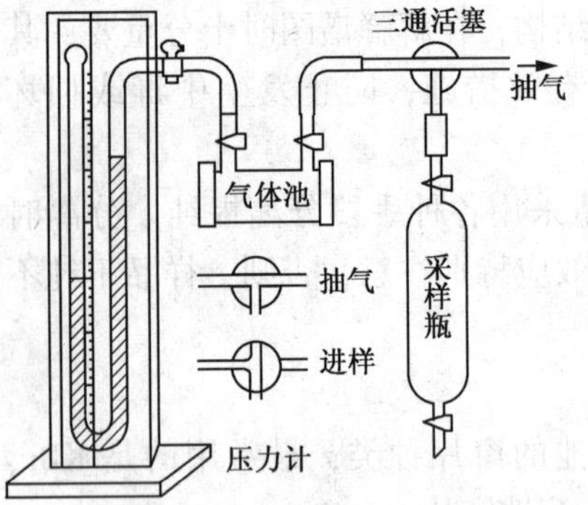

图 2-23　气体池进样装置

气体池进样装置如图 2-23 所示。必要时可在采样瓶和气体池之间再串接气体干燥装置。装样的操作步骤如下：

① 先用干燥空气流冲洗气体池。

② 按图 2-23 将装置连接好。

③ 关闭采样瓶活塞，开启气体池的进出口活塞，使三通活塞处于抽气的位置。

④ 用真空泵抽去系统中的空气和水蒸气，在保护样品的情况下(例如将采样瓶预先置于冷阱中使待测气体充分冷却)，间隙地稍微打开采样瓶上端活塞 1~2 次，以抽去气样中及管道接口中的杂质气体。

⑤ 当水银压力计指示到泵的极限抽空值时，将三通活塞转换至进样位置，并停止抽气。观察压力计的指示值 1~2min，如压力计指示值不下降则说明系统中不漏气。

⑥ 进样时缓缓开启气体采样瓶上端的活塞，待压力计的汞柱指示到所需压力时，关闭气体和采样瓶的活塞，取下气体池即可进行气体的光谱测绘。

⑦ 气体池和进样系统用毕后，用干燥空气流(或干燥氮气流)冲洗残留气体，以免影响下次测定结果。

2.5.4　聚合物样品的制备

根据聚合物物态和性质不同主要有以下几种类型：①黏稠液体，可用液膜法、溶液挥发成膜法、加液加压液膜法、全反射法、溶液法；②薄膜状样品，用透射法、镜面反射法、全反射法；③能磨成粉的样品，可用漫反射法、压片法；④能溶解的样品，用溶解成膜法、溶液法；⑤纤维、织物等，用全反射法；⑥单丝或以单丝排列的纤维样品采用显微测量技术；⑦不熔不溶的高聚物，如硫化橡胶、交联聚苯乙烯等，可用热裂解法。

2.6　红外吸收光谱的应用

红外光谱在化学领域中的应用是多方面的，因为其方法简便、迅速和可靠；同时样品用量少、可回收；对样品也无特殊要求，无论气体、固体和液体均可以进行检测。所以它不仅用于分子结构的基础研究，如确定分子的空间构型，求出化学键的力常数、键长和键角等；而且广泛地用于化合物的定性、定量分析和化学反应的机理研究等。

2.6.1　定性分析

红外光谱的定性分析，大致可以分为官能团定性和结构分析两个方面。官能团定性是根据化合物的特征基团频率来检定待测物质含有哪些基团，从而确定有关化合物的类别。结构分析或称之为结构剖析，则需要由化合物的红外吸收光谱并结合其他实验资料来推断有关化合物的化学结构式。

1. 已知物的鉴定

如果分析目的是对已知物及其纯度进行定性鉴定，那么只要在得到样品的红外光谱图后，与纯物质的标准谱图进行对照即可。如果两张谱图各吸收峰的位置和形状完全相同，峰的相对吸收强度也一致，就可初步判定该样品即为该种纯物质；相反，如果两谱图各吸收峰的位置和形状不一致，或峰的相对吸收强度也不一致，则说明样品与纯物质不为同一物质，或样品中含有杂质。

2. 未知物结构的测定

① 若不是新物质，可将 IR 谱图和标准谱图对照(查标准谱图)。红外标准谱图主要由如下几种：

a. Sadtler(萨特勒)标准红外光谱集。由美国费城 Sadtler 研究所编制，其特点：谱图最丰富，有棱镜和光栅两种谱图。到 2006 年为止，共收集了 226000 种化合物的红外吸收光谱图；备有多种索引，有化合物的名称、分类、官能团字母、分子式、相对分子质量、波长等索引；同时出版多种光谱图等，除了有红外的棱镜、光栅谱集外，还有紫外和核磁共振氢谱、碳谱共五种光谱图集。

b. 分子光谱文献 DMS(Documentation of Molecular Spectroscopy)穿孔卡片，由美国和前西德联合编制，谱图上列出了化合物的名称、分子式、结构式及各种物理常数，不同化合物用不同颜色表示。

c. "API"红外光谱资料，由美国石油研究所"API"编制。到 1971 年为止，共收集了 3064 种化合物的红外吸收光谱。

d. 红外计算机谱图库：数万张各种类别物质的谱图，可以自动检索。

② 若是新物质，必须先对红外谱图进行官能团定性分析，根据分析结果，推断最可能的化合物。

a. 定性分析的一般步骤：

第一步：试样的分离和精制。用各种分离手段(如分馏、萃取、重结晶、层析等)提纯未知试样，以得到单一的纯物质。否则，试样不纯不仅会给光谱的解析带来困难，还可能引起"误诊"。

第二步：收集未知试样的有关资料和数据。了解试样的来源、元素分析值、相对分子质量、熔点、沸点、溶解度等有关的化学性质，以及紫外吸收光谱、核磁共振波谱、质谱等，这对图谱的解析有很大的帮助，可以大大节省谱图解析的时间。

第三步：确定未知物的不饱和度。不饱和度是指分子结构中达到饱和所缺一价元素的"对"数，常用 Ω 表示。如：乙烯变成饱和烷烃需要两个氢原子，不饱和度为 1。

计算不饱和度的经验公式：

$$\Omega = 1 + n_4 + \frac{1}{2}(n_3 - n_1) \tag{2-6}$$

式中，n_4、n_3、n_1 分别为分子中四价、三价、一价元素数目。

由分子的不饱和度可以推断分子中含有双键、三键、环、芳环的数目，以验证谱图解析的正确性。

$\Omega=0$ 说明分子式饱和的，应为链状烃或不含双键的衍生物；

$\Omega=1$ 说明分子中可能是一个双键或者一个脂环；

$\Omega=2$ 说明分子中可能有一个叁键或两个双键或两个脂环或一个双键和一个脂环；

$\Omega=4$ 说明分子中可能有一个苯环。

第四步：查找基团频率，推测分子可能的基团。一般可归纳为两种方式：一种是按光谱图中吸收峰强度顺序解析，即首先识别特征区的最强峰，然后是次强峰或较弱峰，它们分别属于何种基团，同时查对指纹区的相关峰加以验证，以初步推断试样物质的类别，最后详细地查对有关光谱资料来确定其结构；另一种是按基团顺序解析，即首先按 C═O、O—H、C—O、C═C(包括芳环)、C≡N 和—NO_2等几个主要基团的顺序，采用肯定与否定的方法，判断试样光谱中这些主要基团的特征吸收峰存在与否，以获得分子结构的概貌，然后查对其细节，确定其结构。在解析过程中，要把注意力集中到主要基团的相关峰上，避免孤立解析。

按基团顺序解析红外吸收光谱的方法如下：

(a) 查 1900~1650cm^{-1}(C═O)的吸收是否存在，若存在，再找：

酰胺：查 $\nu_{N—H}$=3500cm^{-1}，有时为等强度双峰是否存在；

羧酸：查 $\nu_{O—H}$=3300~2500cm^{-1}，宽而散的吸收峰是否存在；

醛：查 $\nu_{C—H}$=2720cm^{-1}，—CHO 特征吸收峰是否存在；

酸酐：查 $\nu_{C═O}$=1820 和 1760cm^{-1}的双峰是否存在；

酯：查 $\nu_{C—O}$=1300~1000cm^{-1}特征吸收峰是否存在；

醚：查 $\nu_{C—O—C}$=1300~1000cm^{-1}，有弱吸收；若以上都不是，则为酮；

(b) 若 1900~1650cm^{-1}(C═O)的吸收不存在，查是否为醇、酚、胺、醚等化合物。

醇酚：查 $\nu_{O—H}$=3600~3200cm^{-1}、$\nu_{C—O}$=1300~1000cm^{-1}特征吸收峰；

胺：查 $\nu_{N—H}$=3500~3100cm^{-1}及 $\nu_{N—H}$=1650~1680cm^{-1}；

醚：查 $\nu_{C—O—C}$=1300~1000cm^{-1}，有弱吸收且无醇酚的 $\nu_{O—H}$=3600~3200cm^{-1}。

(c) 查是否有 C═C 或者苯环。

链烯：查 $\nu_{C═C}$=1650cm^{-1}及 $\nu_{═C—H}$=3100cm^{-1}；

苯环：查 $\nu_{C═C}$=1600cm^{-1}和 $\nu_{C═C}$=1500cm^{-1}及 $\nu_{═C—H}$=3100cm^{-1}。

(d) 查是否有 C≡C 或者 C≡N 。

C≡C ：查 $\nu_{C≡C}$=2150cm^{-1}及 $\nu_{≡C—H}$=3300cm^{-1}；

C≡N ：查 $\nu_{C≡N}$=2240~2260cm^{-1}(非共轭)及 $\nu_{C≡N}$2220~2230cm^{-1}(共轭)。

(e) 查是否有 NO_2。

查 ν_{as}=1560cm^{-1}及 ν_s=1350cm^{-1}。

(f) 查对是否存在烃类化合物。如在试样光谱中未找到以上各种基团的特征吸收峰，而在~3000cm^{-1}、~1470cm^{-1}、~1380cm^{-1}和 780~720cm^{-1}有吸收峰，则它可能是烃类化合物。烃类化合物具有最简单的红外吸收光谱图。

第五步：查找红外指纹区，进一步验证基团的相关峰。

第六步：通过 UV-Vis、MS、NMR、Raman 等定性方法进一步确证。

b. 谱图解析例举。

【例 2-2】化合物 C_8H_8O，IR 谱图如图 2-24 所示，试分析并判断其结构。光谱数据如下： 3050cm^{-1}、 2950cm^{-1}、 1695cm^{-1}、 1600cm^{-1}、 1590cm^{-1}、 1460cm^{-1}、 1370cm^{-1}、1260cm^{-1}、760cm^{-1}、690cm^{-1}。

【解】

① 计算不饱和度 Ω=5，说明可能含有苯环。

② 在 1840~1630cm^{-1}有一强吸收峰(1695cm^{-1})，说明含有 C═O；

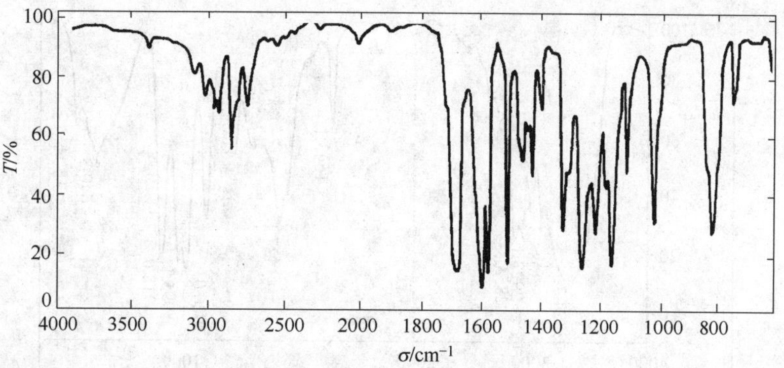

图 2-24　化合物 C_8H_8O 的红外光谱图

在 1600~1500cm^{-1}有三个吸收峰，分别位于 1600cm^{-1}、1590cm^{-1}、1460cm^{-1}，说明含有苯环，其是苯环的骨架 C ═C 振动；

在 1370cm^{-1}有一强吸收峰，是 CH_3上 C—H 弯曲振动特征峰，说明含有 CH_3；

在 760cm^{-1}和 690cm^{-1}有 2 个强吸收峰，是苯环单取代或 1，3 取代的 C—H 弯曲振动特征峰；

在 3050cm^{-1}有一个吸收峰，是苯环上 C—H 伸缩振动的特征峰；

在 2960cm^{-1}有一个吸收峰，是饱和碳原子 CH_3上的 C—H 反对称伸缩振动特征峰。

③ 由此推断：该化合物为甲基酮，其结构式为：

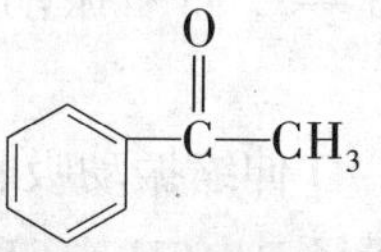

【例 2-3】化合物 C_7H_8O，IR 谱图数据如下，试分析并判断其结构。有吸收峰：3040cm^{-1}、3380cm^{-1}、1010cm^{-1}、2935cm^{-1}、1465cm^{-1}、690cm^{-1} 和 740cm^{-1}；无吸收峰：1735cm^{-1}、2720cm^{-1}、1380cm^{-1}、1182cm^{-1}。

【解】

① 计算不饱和度 Ω=4，说明可能含有苯环。

② 在 1465cm^{-1}有吸收峰，说明含有 C ═C，其是苯环的 C ═C 骨架振动；

在 3380cm^{-1}有一吸收峰，是 O—H 伸缩振动，说明含有 OH；

在 740 和 690cm^{-1}有 2 个强吸收峰，是苯环单取代的 C—H 弯曲振动特征峰；

在 3040cm^{-1}有一个吸收峰，是苯环上 C—H 伸缩振动的特征峰；

在 2935cm^{-1}有一个吸收峰，是饱和碳原子—CH_2上的 C—H 反对称伸缩振动特征峰。

在 1010cm^{-1}有一吸收峰，是 C—O 伸缩振动。

③ 由此推断：该化合物为苯甲醇，其结构式为：

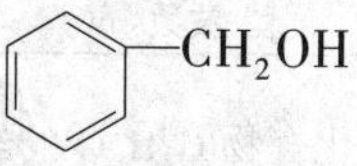

【例 2-4】某未知物的分子式为 C_3H_6O，测得其红外光谱图如图 2-25 所示，试推断其化学结构式。

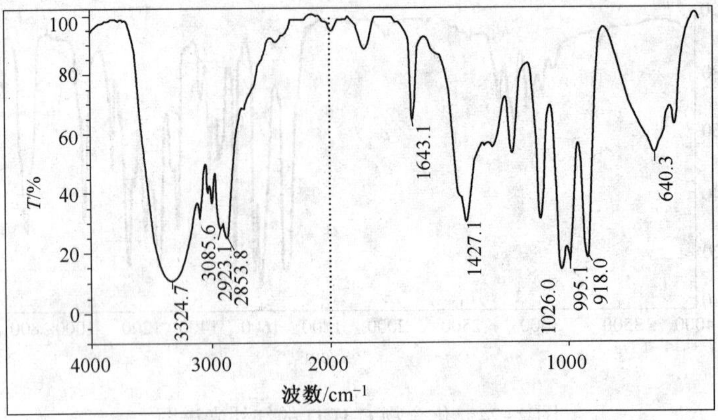

图 2-25　化合物 C_3H_6O 的红外光谱图

【解】

① 计算不饱和度 $\Omega=1$，说明化合物有一个双键或一个环。

② 在 3325cm^{-1}有吸收峰，说明化合物中有缔合的—OH 基团；

在 3085cm^{-1}有一吸收峰，表明化合物中存在不饱和碳氢，即═CH 基团；

在 2923cm^{-1}和 2854cm^{-1}有 2 个强吸收峰，是饱和的 C—H 键的伸缩振动吸收峰；表明化合物中有—CH_3或—CH_2，但从 1427cm^{-1}处的吸收峰和 1380cm^{-1}附近没有吸收峰，说明化合物中只有—CH_2；

在 1643cm^{-1}有一个吸收峰，是 C ═C 伸缩振动的特征峰，表明化合物存在—C ═C 基团；

在 1026cm^{-1}有一个吸收峰，是 C—O 伸缩振动吸收峰；

995cm^{-1}、918cm^{-1}处的吸收峰是烯烃 R—CH ═CH_2类型面外弯曲振动；

640cm^{-1}处的吸收峰为羟基的面外弯曲振动吸收峰，进一步证明化合物中存在—OH 基团。

③ 由此推断该化合物的结构式为：CH_2═$CHCH_2OH$。

【例 2-5】化合物 C_7H_8O，IR 谱图如图 2-26 所示，试分析并判断其结构。

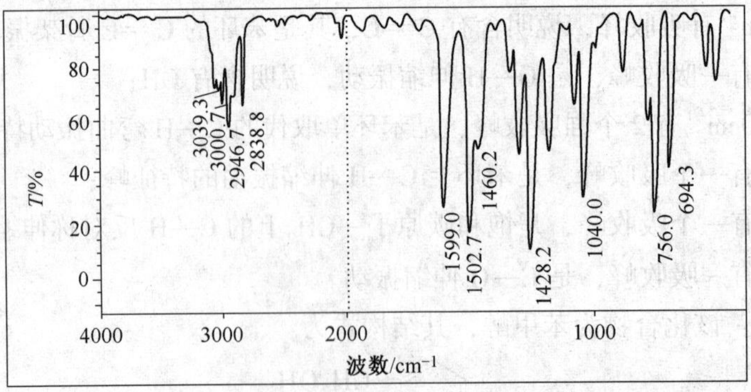

图 2-26　化合物 C_7H_8O 的红外光谱图

【解】

① 计算不饱和度 $\Omega=4$，说明化合物可能含有一个苯环。

② 在 $3039cm^{-1}$ 、$3001cm^{-1}$有吸收峰，说明化合物中有不饱和的 C—H 基团；

在 $2947cm^{-1}$有一吸收峰，表明化合物中存在饱和碳氢基团；

在 $2839cm^{-1}$有强吸收峰，是 O—CH_3中 C—H 键的伸缩振动引起的，说明化合物中存在 O—CH_3基团；

$1599cm^{-1}$和 $1503cm^{-1}$是苯环的骨架振动，表明化合物存在苯环；

$1460cm^{-1}$有一个吸收峰，是由于甲氧基中氧原子的电负性导致甲基弯曲振动发生红移的结果，进一步证明化合物中存在 O—CH_3基团；

$1248cm^{-1}$ 、$1040cm^{-1}$处的吸收峰分别是芳族的═C—O—C 反对称伸缩振动和对称伸缩振动；

$756cm^{-1}$和 $694cm^{-1}$处的吸收峰为苯环的单取代的面外弯曲振动。

③ 由此推断该化合物的结构式为：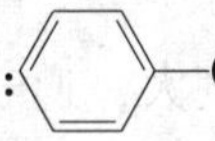—OCH_3 。

2.6.2 定量分析

1. 红外光谱定量分析基本原理

与紫外吸收光谱一样，红外吸收光谱的定量分析也基于朗伯-比耳定律，即在某一波长的单色光，吸光度与物质的浓度呈线性关系。根据测定吸收峰峰尖处的吸光度 A 来进行定量分析。实际过程中吸光度 A 的测定有以下两种方法：

(1) 峰高法

将测量波长固定在被测组分有明显的最大吸收而溶剂只有很小或没有吸收的波数处，使用同一吸收池，分别测定样品及溶剂的透光率，则样品的透光率等于两者之差，并由此求出吸光度。

(2) 基线法

由于峰高法中采用的补偿并不是十分满意的，因此误差比较大。为了使分析波数处的吸光度更接近真实值，常采用基线法。所谓基线法，就是用直线来表示分析峰不存在时的背景吸收线，并用它来代替记录纸上的 100%(透过坐标)。

画基线的方法有以下几种：

当分析峰不受其他峰的干扰，且分析峰对称时，可按图 2-27(1)的方法画基线。图中 AB 为基线，即过峰的两肩作切线，过峰顶 C 作基线的垂线，与基线相交于 E，则峰顶 C 处的吸光度 $A=-\lg\dfrac{I_t}{I_0}$ 。

如果分析峰受邻近峰的干扰，则可以单点水平切线为基线，如图 2-27(2) 中的切线。

如果干扰峰和分析峰紧靠在一起，但当浓度变化时，干扰峰的峰肩位置变化不是太厉害，则可以图 2-27(3) 中的 3 线作为基线。

对(2)与(3)的情况也可以 5 线和 6 线为基线，但切点不应随浓度的变化而有较大的变化。一般采用水平基线可保证分析的准确度。

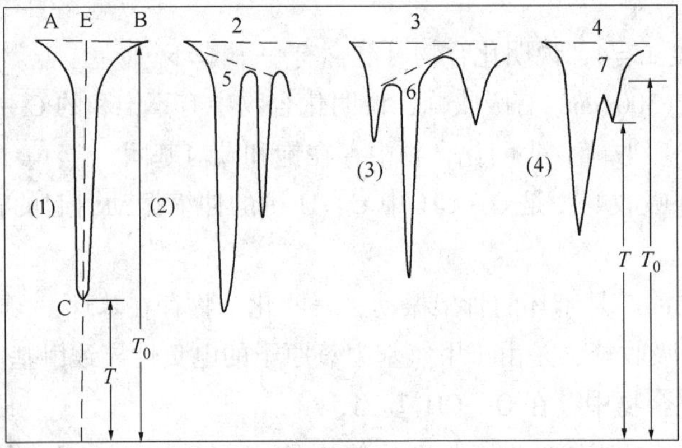

图 2-27　基线画法示意图

2. 定量分析测量和操作条件的选择

(1) 定量谱带的选择

理想的定量谱带应该是孤立的，吸收强度大，遵守吸收定律，不受溶剂和样品中其他组分的干扰，尽量避免在水蒸气和 CO_2 的吸收峰位置测量。当对应不同定量组分而选择两条以上定量谱带时，谱带强度应尽量保持在相同数量级。对于固体样品，由于散射强度和波长有关，所以选择的谱带最好在较窄的波数范围内。

(2) 溶剂的选择

所选溶剂应能很好地溶解样品，与样品不发生化学反应，在测量范围内不产生吸收。为消除溶剂吸收带影响，可采用差谱技术计算。

(3) 选择合适的透射区域

透射比应控制在 20%~65%范围之间。

(4) 测量条件的选择

定量分析要求 FTIR 仪器的室温恒定，每次开机后均应检查仪器的光通量，保持相对恒定。定量分析前要对仪器的 100%线、分辨率、波数精度等各项性能指标进行检查，先测参比(背景)光谱可减少 CO_2 和水的干扰。用 FTIR 进行定量分析，其光谱是把多次扫描的干涉图进行累加平均得到的，信噪比与累加次数的平方根成正比。

3. 红外光谱定量分析方法

(1) 工作曲线法

在固定液层厚度及入射光的波长和强度的情况下，测定一系列不同浓度标准溶液的吸光度，以对应分析谱带的吸光度为纵坐标，标准溶液浓度为横坐标作图，得到一条通过原点的直线，该直线为标准曲线或工作曲线。在相同条件下测得试液的吸光度，从工作曲线上可查出试液的浓度。

(2) 比例法

工作曲线法的样品和标准溶液都使用相同厚度的液体吸收池，且其厚度可准确测定。当其厚度不定或不易准确测定时，可采用比例法。它的优点在于不必考虑样品厚度对测量的影响，这在高分子物质的定量分析上应用较普遍。

比例法主要用于分析二元混合物中两个组分的相对含量。对于二元体系，若两组分定量谱带不重叠，则：

$$R=\frac{A_1}{A_2}=\frac{a_1bc_1}{a_2bc_2}=K\frac{c_1}{c_2} \tag{2-7}$$

$K=\frac{a_1}{a_2}$，各自的吸光系数之比。

$Qc_1+c_2=1 \quad \therefore c_1=\frac{R}{R+K}，c_2=\frac{K}{R+K}$

由此可计算出两组分的相对含量 c_1 和 c_2。

式中 R——被测样品两组分定量谱带峰值吸光度的比值；

A——吸光度；

a——吸光系数，当浓度单位取 g/L 时，其单位为 L/(g · cm)，当浓度单位取 mol/L 时，其单位为 L/(mol · cm)；

b——溶液液层的厚度或称光程，cm；

c——溶液的浓度，mol/cm^3；

K——两组分在各自分析波数处的吸收系数之比，可由标准样品测得。

阅读材料

近红外光谱技术及其应用简介

近红外光谱技术(NIR)是一种高效快速的现代分析技术，它综合运用了计算机技术、光谱技术和化学计量学等多个学科的最新研究成果，以其独特的优势在多个领域得到了日益广泛的应用。并已逐渐得到大众的普遍接受和官方的认可。

近红外区域按 ASTM 定义是指波长在 780~2526nm 范围内的电磁波，是人们最早发现的非可见光区域。由于物质在该谱区的倍频和合频吸收信号弱，谱带重叠，解析复杂，受当时的技术水平限制，近红外光谱“沉睡”了近一个半世纪。直到 20 世纪 50 年代，随着商品化仪器的出现及 Norris 等人所做的大量工作，使得近红外光谱技术曾经在农副产品分析中得到广泛应用。到 60 年代中后期，随着各种新的分析技术的出现，以及经典近红外光谱分析技术暴露出的灵敏度低、抗干扰性差的弱点，使人们淡漠了该技术在分析测试中的应用，从此，近红外光谱进入了一个沉默的时期。80 年代后期，随着计算机技术的迅速发展，带动了分析仪器的数字化和化学计量学的发展，通过化学计量学方法在解决光谱信息提取和背景干扰方面取得的良好效果，加之近红外光谱在测样技术上所独有的特点，使人们重新认识了近红外光谱的价值，近红外光谱在各领域中的应用研究陆续展开。进入 90 年代，近红外光谱在工业领域中的应用全面展开，有关近红外光谱的研究及应用文献几乎呈指数增长，成为发展最快、最引人注目的一门独立的分析技术。由于近红外光在常规光纤中具有良好的传输特性，使近红外光谱在在线分析领域也得到了很好的应用，并取得良好的社会效益和经济效益，从此近红外光谱技术进入一个快速发展的新时期。

近红外光谱主要是由于分子振动的非谐振性使分子振动从基态向高能级跃迁时产生的，记录的主要是含氢基团 C—H、O—H、N—H、S—H、P—H 等振动的倍频和合频吸收。不同基团(如甲基、亚甲基、苯环等)或同一基团在不同化学环境中的近红外吸收波长与强度都有明显差别。所以近红外光谱具有丰富的结构和组成信息，非常适合用于碳氢有机物质的组成性质测量。

近红外光谱仪器有多种分类形式。从使用的光源看，既有发出宽谱带卤钨光源的仪器，也有采用多个产生窄谱带发光二极管组合作光源构成的仪器；从样品光谱信息的获得看，有简单的在一个或几个波长下测定的专用型滤光片型仪器，也有在近红外波长范围内测定全谱信息的研究型仪器；从光谱测定的波长范围看，由于采用不同检测器和分光器件，有的专用于短波近红外区域，有的则适合用于长波近红外区域；从检测器对分析光的响应看，有单通道和多通道两种类型，多通道型又有采用CCD(电荷耦合器件)和PDA(二极管阵列器件)的近红外光谱仪；从仪器的分光器件看，可分为4种主要类型：滤光片、光栅分光、傅立叶变换(迈克尔逊干涉仪)和声光调制滤光器。但是，近红外光谱仪器不管按何种方式设计，一般由光源、分光系统、载样器件、检测器和数据处理以及记录仪(或打印机)等几部分构成。

近红外光谱分析技术诸多优点决定了它应用领域的广阔，使其在国民经济发展的许多行业中都能发挥积极作用，并逐渐扮演着不可或缺的角色。下面是近红外光谱分析技术的应用领域、分析对象以及各自的分析指标，见表2-12。

表2-12　近红外光谱分析技术应用领域

应用领域	分析对象		分析指标
食品	酒制品	葡萄酒	乙醇、含糖量、有机酸、含氮值、pH值等
		白酒	原料中的水分、淀粉、支链淀粉；酒醅中的水分、pH值、淀粉和残糖等
		啤酒	大麦原料中的水分、麦芽糖；啤酒中的乙醇和麦芽糖等
	饮料(可乐、果汁等)		咖啡因、糖分、酸度、果汁真伪鉴别
	调味品(酱油、醋等)		蛋白质、氨基酸总量、总糖、还原糖、氯化钠、总酸、总氮、品质分级、真伪监别
	食用油(花生、豆和菜籽油等)		原料中油分含量；食用油中的脂肪酸、水分、蛋白质、过氧化值、碘值、真伪鉴别
石油炼制	原油		密度、实沸点蒸馏、浊点、油气比；油砂中沥青含量
	天然气		烷类组成、水分、总热含量
	汽油	成品汽油	辛烷值(RON、MON)、密度、芳烃、烯烃、苯含量、MTBE、乙醇含量
		催化裂化汽油	辛烷值(RON、MON)、PIONA(直链烷烃、异构烷烃，芳烃，环烷烃和烯烃)、馏程
		重整汽油	辛烷值(RON、MON)、芳烃碳数分布、馏程
		裂解汽油	辛烷值(RON、MON)，二烯、二甲苯异构体含量
	石脑油		POINA、密度、相对分子质量、馏程、结焦指数
	柴油		十六烷值、密度、折光指数、凝点、闪点、馏程、芳烃组成(单环、双环和多环)
	喷气燃料		冰点、芳烃、馏程
	润滑油		族组成、基础油黏度指数、黏度、添加剂
	重油		API度、渣油中SARA族组成；沥青中蜡含量

续表

应用领域	分析对象	分析指标
高分子	原料	纯度、水分、羟基含量等
	加工过程	共混、共聚物的组成，相对分子质量，密度，熔融指数等
	产品	聚合度，动力学、热力学性质测定，添加剂含量，粒度分布，力学性能，回收废塑料类别鉴定等
煤化工	煤炭	水分，挥发分、灰分、含热量，品质分级
其他领域	日用品	原料纯度、香料、油脂混合物分析、蜡成分鉴别、均匀度、牙膏中氟含量、表面活性剂含量、真伪鉴定
	油漆	原料分析、溶剂纯度、色素品质
	环保	海洋石油、土壤污染源鉴定；湖泊沉淀物有机物含量；废水 pH 值、BOD、COD
	刑侦	毒品、伪钞鉴定

思考与练习

一、选择题

1. 某化合物受电磁辐射作用后，振动能级发生变化，所产生的光谱波长范围是(　　)。

A. 紫外光　　B. X 射线　　C. 红外线　　D. 可见光

2. 乙烯分子的振动自由度为(　　)。

A. 10　　B. 13　　C. 12　　D. 16

3. 下列化学键伸缩振动产生的基频峰出现在最低频的是(　　)。

A. C—F　　B. C—N　　C. C—O　　D. C—C

4. 分子式为 $C_9H_9ClO_3$ 的化合物其不饱和度为(　　)。

A. 6　　B. 5　　C. 4　　D. 2

5. CO_2 分子没有偶极矩这一事实表明该分子是(　　)。

A. 以配价键结合　　B. 角形的　　C. 以共价键结合的　　D. 线性并且对称的

6. 多原子分子有四种振动形式，一般来说，吸收峰强度最大的振动形式是(　　)。

A. γ　　B. δ　　C. ν_s　　D. ν_{as}

7. 下列合物中 $\nu_{C=C}$ 吸收强度最大的化合物为(　　)。

A. RCH ═CH—R′　　B. R—CH ═CH_2

C. R—CH ═CH—R(反)　　D. R—CH ═CH—R(顺)

8. 碳的杂化态对 C—H 键振动频率的影响是(　　)。

A. S 成分越多，C—H 键的键强越强，ν_{C-H} 向高频位移

B. S 成分越多，C—H 键的键长越长，ν_{C-H} 向低频位移

C. S 成分越多，C—H 键的键强越弱，ν_{C-H} 向高频位移

D. S 成分越多，C—H 键的键长越短，ν_{C-H} 向低频位移

9. 在醇类化合物中，ν_{OH} 随溶液浓度的增加，向低波数方向移动的原因是(　　)。

A. 形成分子间氢键随之加强　　B. 溶液极性变大

C. 诱导效应随之变大　　D. 溶质与溶剂分子间的相互作用

二、配伍题

10. 在芳香族化合物中，735cm^{-1}出单峰，其苯环的取代模式为(　　)；840cm^{-1}出单峰，其苯环的取代模式为(　　)；690cm^{-1}、730cm^{-1}出双峰，其苯环取代模式为(　　)。

A. 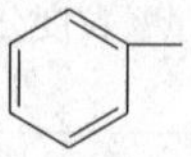　B. 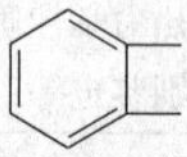　C. 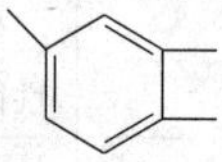　D. 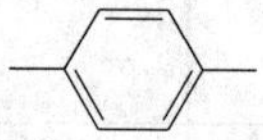

11. 在 IR 图中 1740cm^{-1}处出现一明显强峰，可能的化合物为(　　)；1650cm^{-1}处出现明显强峰，可能的化合物为(　　)。

A. 酯　B. 酸酐　C. 酰胺　D. 脂肪酮

三、多选题

12. 形成氢键后ν_{OH}吸收峰的特征为(　　)。

A. 形成氢键后ν_{OH}变为尖窄的吸收峰　B. 峰位向高频移动，且峰强变大
C. 峰位向低频移动，在 3300~3500cm^{-1}　D. 峰强增大，峰形变宽
E. 峰强不变，峰形变宽

13. 在 IR 中，能够出现$\nu_{C=O}$吸收峰的化合物类别为(　　)。

A. 醛　B. 酮　C. 醇　D. 酸　E. 酯

14. 在 IR 中，能够出现ν_{OH}吸收峰的化合物类别为(　　)。

A. 酸　B. 醛　C. 醇　D. 酚　E. 酯

15. 红外光谱产生的必要条件是(　　)。

A. 化学键在振动过程中$\Delta\mu \neq 0$　B. 能吸收 200~400nm 波长的光线
C. 化合物分子必须具有π轨道　D. 化合物的分子应具有n电子
E. 光子的频率是化学键振动频率的整数倍

16. 采用溴化钾压片法制备试片时，一般要求(　　)。

A. 样品与溴化钾要在研钵中研磨混匀
B. 溴化钾一定是经过干燥处理的
C. 一般要在红外灯下，将样品与溴化钾在玛瑙研钵中研匀
D. 压片操作要在红外灯下进行
E. 溴化钾要在 600℃马福炉中灼烧 2h

17. 烯醚(R—CH ═CH—O—R′)$\nu_{C=C}$的特征为(　　)。

A. $\nu_{C=C}$较正常烯烃的$\nu_{C=C}$向低频位移　B. 吸收强度不变
C. $\nu_{C=C}$较正常烯烃的$\nu_{C=C}$向高频位移　D. 吸收峰强度增大
E. $\nu_{C=C}$峰位不变，强度增大

18. 下列化合物中，不能出现弯曲振动的有(　　)。

A. H_2O　B. CO_2　C. N_2　D. HCl　E. CH_4

19. 下列化合物中只出现一个$\nu_{C=O}$吸收峰的化合物是(　　)。

A. 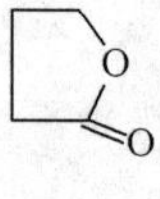　B. $CH_3-\overset{\overset{\displaystyle O}{\|}}{C}-\overset{\overset{\displaystyle O}{\|}}{C}-CH_3$

C. 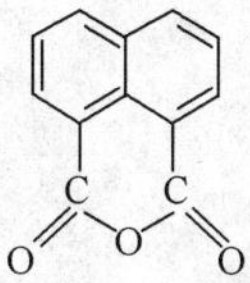

D. $CH_3-\overset{\overset{\displaystyle O}{\|}}{C}-CH_2-\overset{\overset{\displaystyle O}{\|}}{C}-O-CH_3$

20. 在进行红外光谱测定时要注意(　　)。

A. 空气中 CO_2 的影响　　B. 空气中 H_2O 的影响

C. 空气中 N_2 的影响　　D. 空气中 O_2 的影响

E. 空气中 NH_3 的影响

21. 测定红外光谱时一般用(　　)作溶剂。

A. 甲醇　　B. 乙醇　　C. 液体石蜡　　D. CS_2　　E. CCl_4

22. 下列振动类型为红外非活性的是(　　)。

A. $C_2H_5OC_2H_5$ 中 $\nu^{S}_{C=O}$　　B. SO_2 的对称伸缩振动 $\nu^{S}_{S=O}$

C. $HC\equiv CH$ 分子中 $\nu_{C\equiv C}$　　D. CH_3CH_2Cl 分子中 ν^{S}_{C-C}

E. $CH_3-\overset{\overset{\displaystyle O}{\|}}{C}-\overset{\overset{\displaystyle O}{\|}}{C}-CH_3$ 分子中 $\nu^{S}_{C=O}$

四、填空题

1. 红外线是波长为________的电磁波。

2. 红外光谱分析也属于________光谱的范畴。

3. 红外光谱通常是指________光谱，即振动-转动光谱。

4. 波数是波长的__________，它表示每厘米长光波中波的__________。波数的单位为________。

5. 紫外吸收光谱属________跃迁，波长________，频率________；红外吸收光谱，波长________，能量________，只能引起________能级的跃迁。

6. 对于红外光谱来说，一个官能团，有几种振动形式，光谱______，特征性________。

7. 红外光谱中所说的特征频率区是指________区间，其特点是________，易辨认。

8. 苯甲醛的红外光谱中出现了________cm^{-1} 和________cm^{-1} 两个吸收峰，是由 ν_{C-H} 与 δ_{C-H} 的二倍频峰的费米共振产生的。

9. 分子内形成氢键与分子间形成氢键一样，会使基团的振动频率向低波数移动，但是分子间氢键 ν_{OH}________而分子内氢键________。

10. 压片法所用的 KBr 必须进行干燥处理，一般要在________℃，________小时，KBr 粒度一般在________目左右。

11. 顺-2-丁烯与反-2-丁烯的红外光谱在________区域有显著不同的特征。顺式 γ_{C-H} 在________处有强吸收而反式在 γ_{C-H} 在________有很强的吸收峰。

12. 有一种溴甲苯 C_7H_7Br，有一单峰在 $801cm^{-1}$，它的结构式是：________。

13. 化合物 SO_2 的平动自由度为__________，转动自由度为__________，振动自由度为________。

五、名词术语

1. 红外线

2. 红外光谱

3. 波长

4. 波数
5. 频率
6. 不饱和度
7. 特征峰
8. 相关峰
9. 基频峰
10. 泛频峰
11. 振动自由度
12. 红外非活性振动
13. 伸缩振动
14. 弯曲振动
15. 耦合效应

六、判断题

1. 红外光谱能给出各种饱和基团的吸收带。 ( )
2. 弯折振动不仅发生在组成为 AX_2、AX_3 的基团或分子中，也发生在双原子分子中。 ( )
3. 非线性分子的基频峰数目与基本振动数目相等。 ( )
4. 简并是指振动形式不同，但振动频率相同，在同一波数处出峰的现象。 ( )
5. 用一个或几个特征峰确定一个官能团的存在，是光谱解析的一条重要原则。 ( )
6. 折合质量越小，K 越大，谐振子的振动频率就越大。 ( )
7. 特征峰是指在红外光谱中能证明官能团存在的并且容易辨认的吸收峰。 ( )
8. 诱导效应能使基团的吸收峰向高频移动。 ( )
9. 在红外光谱中 $\varepsilon>10^4$，才可看作是强峰。 ( )
10. 只有偶极矩变化的振动过程，才能吸收红外线而产生具有红外活性的能级跃迁。 ( )
11. 倍频峰的峰位正好是基频峰峰位的整数倍。 ( )
12. $\nu_{C=O}$ 的吸收峰是弱峰。 ( )

七、简答题

1. 如何用 IR 光谱区别苯酚与环己醇？
2. 预测 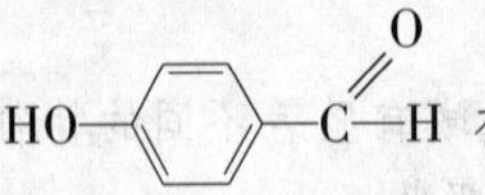 在哪些区段中有吸收峰，各属于何种振动类型？
3. 下列化合物能否用 IR 光谱区别？为什么？

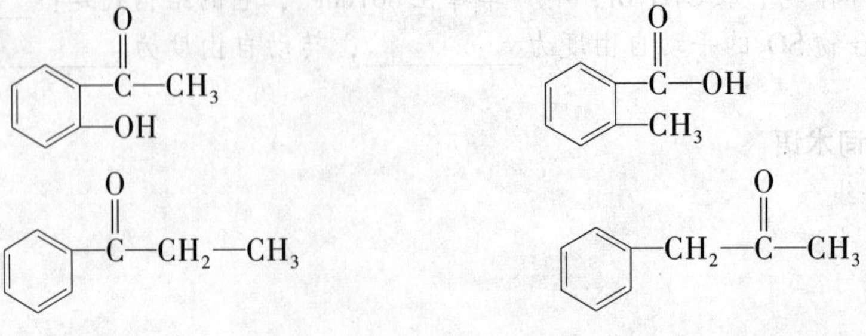

4. 下列化合物能否用 IR 区别？为什么？

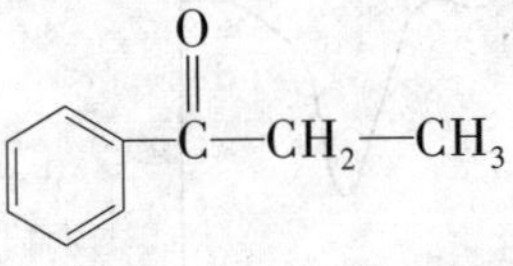

(1)

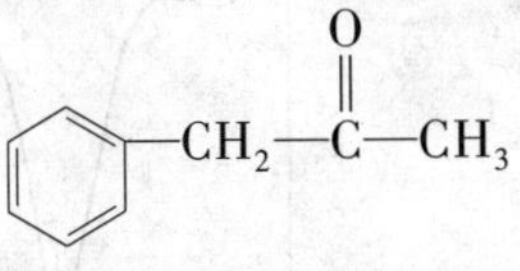

(2)

5. 预测下列化合物在 IR 哪些区段有吸收峰？各属于什么振动类型？

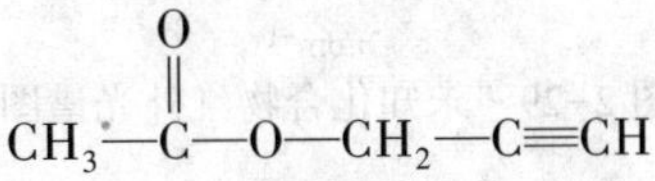

6. 下列化合物在 $3650 \sim 1650cm^{-1}$ 区间内红外光谱有何不同？

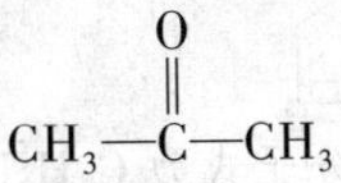

(A)

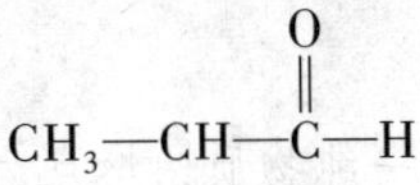

(B)

$CH_3—CH_2—COOH$

(C)

7. 下列化合物(a)与(b)在 C—H 伸缩振动区域中有何区别？

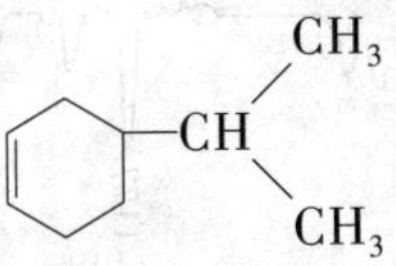

(a)

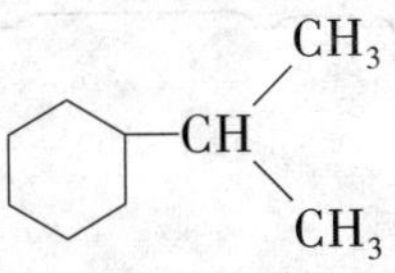

(b)

8. 为什么倍频峰的频率小于基频峰振动频率的整数倍？

9. 测定样品的UV光谱时，甲醇是良好的常用溶剂，而测定红外光谱时，不能用甲醇作溶剂，为什么？

八、红外光谱解析

1. 某化合物在 $3000 \sim 1600cm^{-1}$ 区间的红外吸收光谱见图 2-28，试判断是下述化合物中的哪一个？

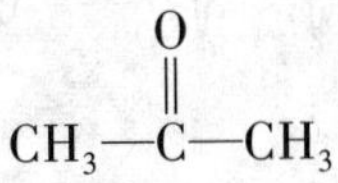

A

$CH_3OCH═CHC≡CH$

B

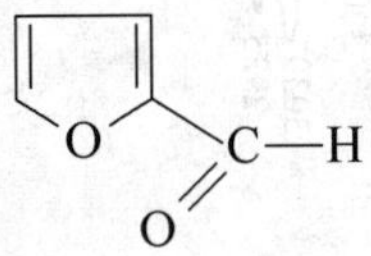

C

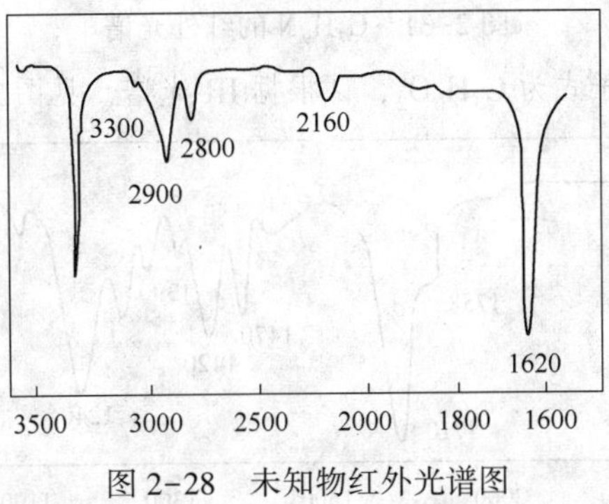

图 2-28 未知物红外光谱图

2. 试根据图 2-29 未知化合物红外光谱图，判断它是下列两种化合物中的哪一种？

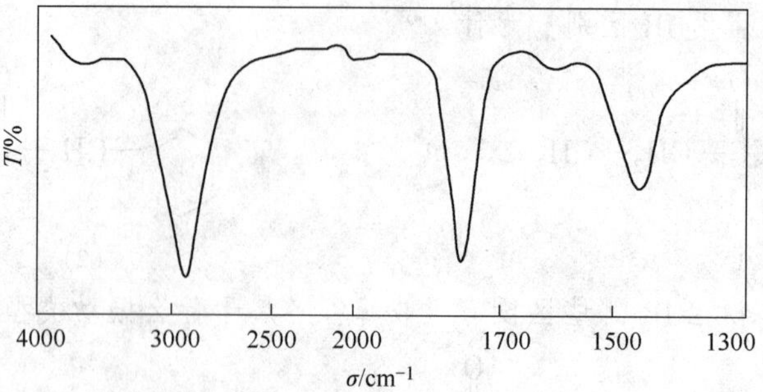

图 2-29　未知化合物红外光谱图

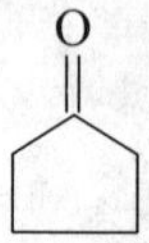

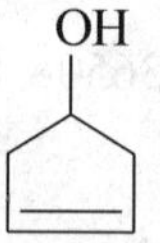

3. 某一检品，由气相色谱分析证明为一纯物质，熔点为 29℃，分子式为 C_8H_7N，用液膜法制样，用红外分光光度计测得其红外光谱见图 2-30，试通过光谱解析确定其分子结构。

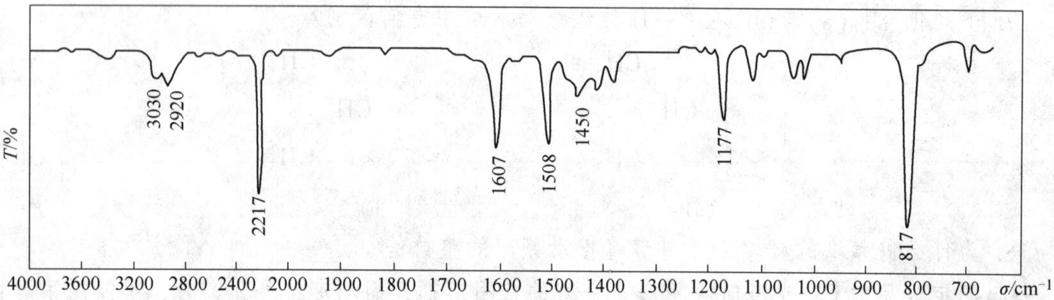

图 2-30　C_8H_7N 的红外光谱

4. 某一有机化合物的分子式为 C_7H_9N，试根据 IR 光谱，见图 2-31，确定其分子结构式。

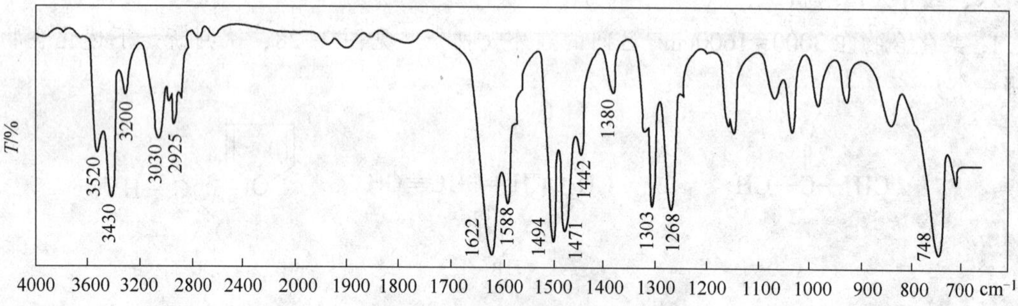

图 2-31　C_7H_9N 的红外光谱

5. 某一有机化合物的分子式为 $C_3H_6O_2$，试根据 IR 光谱，见图 2-32，确定其分子结构式。

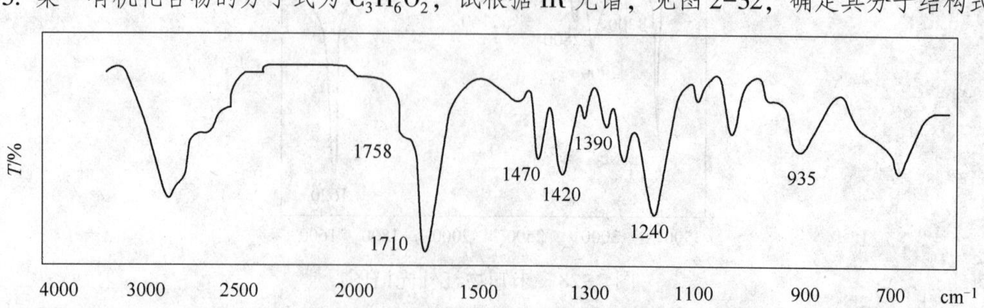

图 2-32　$C_3H_6O_2$ 化合物红外光谱图

6. 试推测分子式为 C_6H_{14} 的红外光谱的分子结构，见图 2-33。

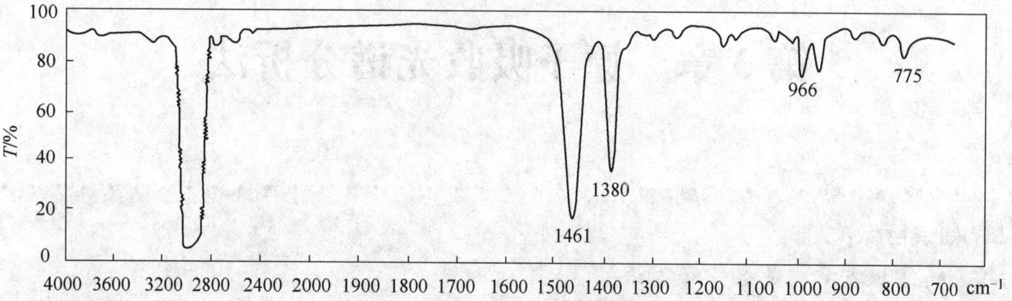

图 2-33　C_6H_{14} 化合物红外光谱图

参 考 文 献

1　武汉大学．分析化学(第五版)下册，北京：高等教育出版社，2007.

2　黄一石主编．仪器分析(第二版)，北京：化学工业出版社，2008.

3　朱明华编．仪器分析(第三版)，北京：高等教育出版社，2000.

4　魏培海，曹国庆编．仪器分析，北京：高等教育出版社，2007.

5　严衍禄编．现代仪器分析，北京：北京农业大学出版社，1995.

6　冯玉红编．现代仪器分析实用教程，北京：北京大学出版社，2008.

7　刘约权编．现代仪器分析，北京：高等教育出版社，2006.

8　柯以侃，董慧茹编．化学分析手册(第三版)第三分册——光谱分析技术，北京：化学工业出版社，1998.

9　董慧茹编．仪器分析，北京：化学工业出版社，2000.

10　方惠群，于俊生，史坚编．仪器分析，北京：科学出版社，2002.

第3章　原子吸收光谱分析法

☞ 知识目标：

- 掌握本章相关名词和术语；
- 了解原子吸收光谱分析的基本原理；
- 掌握样品的制备技术及影响测定的干扰因素及其消除方法；
- 掌握原子吸收光谱仪的基本组成和作用及类型、特点；
- 了解最佳测量条件的选择方法；
- 掌握常用原子吸收光谱分析的定量方法。

☞ 能力目标：

- 能够掌握溶液制备、样品预处理、正确使用仪器、测量条件的调试等基本操作；
- 能选择原子吸收光谱定量分析方法及掌握数据处理软件的使用操作；
- 能掌握火焰原子吸收和石墨炉原子吸收的分析技术。

3.1　概　　述

原子吸收光谱分析法是根据待测样品蒸气中待测元素的基态原子对由光源发出的待测元素的特征波长的光的吸收，通过测量辐射光的减弱程度，从而测定试样中待测元素含量的分析方法。

早在1802年人们就发现了原子吸收现象，但原子吸收光谱作为一种分析方法，却是从1955年澳大利亚物理学家 Walsh A（瓦尔西）发表了著名论文《原子吸收光谱法在分析化学中的应用》以后才开始的。这篇论文奠定了原子吸收光谱法的基础，之后迅速发展。

原子吸收光谱分析的主要用途是测定各种无机和有机样品中金属和非金属元素的含量。具有灵敏度高，分析速度快，选择性高，应用广（可测定70多个元素），操作方便等特点，因而获得广泛应用，特别适合于微量和痕量分析。局限性：对于难熔元素、非金属元素测定困难、不能同时测定多元素。

原子吸收光谱法与紫外-可见吸收光谱法、红外吸收光谱法有相似之处，都属于吸收光谱分析，但它们吸光物质的状态不同。原子吸收光谱法中，吸光物质是基态原子蒸气，紫外-可见吸收光谱法中，吸光物质是溶液中的分子和离子。原子吸收光谱是线状光谱，而紫外-可见吸收光谱法是带状光谱。这是两种方法的主要区别。正是这种区别，它们所用的仪器及分析方法都有许多不同。

近年来，计算机技术、化学计量学的发展和多种新型元器件的出现，使原子吸收光谱仪的精密度、准确度和自动化程度大大提高。用微处理机控制的原子吸收光谱仪，简化了操作过程，节约了分析时间。使原子吸收光谱分析法成为痕量元素分析灵敏且有效的方法之一，广泛应用于各个领域，见图3-1所示。

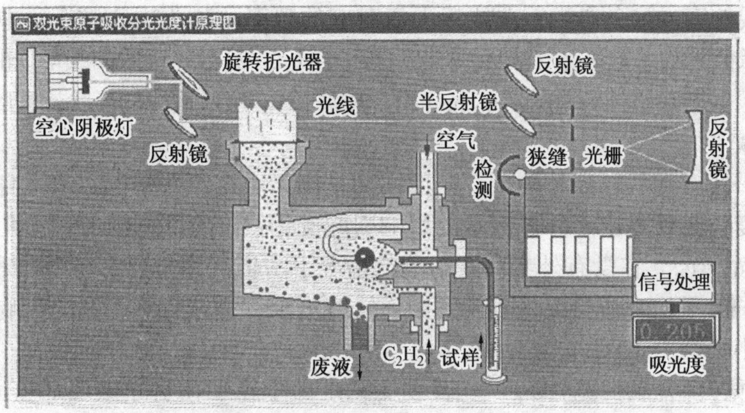

图 3-1　原子吸收光谱分析过程示意图

3.2　原子吸收光谱分析法基本原理

3.2.1　共振线和吸收线

元素原子都是由原子核和外层电子组成，这些电子按其能量的高低分层分布，而具有不同的能级，因此一个原子也具有多种能级状态，一般处于最低能态称为基态。基态原子受到外界能量激发时，其外层电子吸收一定能量而跃迁到不同能态，因此原子也具有不同的激发态。当电子吸收一定能量从基态跃迁到能量最低的第一激发态，吸收一定频率的辐射能量，产生的吸收谱线称为共振吸收线，简称共振线。当电子从第一激发态跃迁回基态时，则发射出一定频率的辐射，产生共振发射线也简称共振线。

由于不同元素的原子结构不同，其共振线具有特征性。各种元素的原子从基态到第一激发态的跃迁最易发生，吸收最强，因此共振线也是元素的最灵敏线。原子吸收光谱分析法就是根据待测样品蒸气中待测元素的基态原子对由光源发出的待测元素的共振线的吸收来进行分析的，因此元素的共振线又称分析线。

3.2.2　谱线轮廓与谱线变宽

1. 谱线轮廓

原子结构较分子结构简单，理论上应产生线状光谱吸收线。实际上用特征吸收频率辐射光照射时都不是绝对单色的几何线，而是具有一定宽度的谱线为峰形吸收。

由于：$I_t = I_0 e^{-K_\nu b}$，透射光强度 I_t 和吸收系数 K_ν 及辐射频率 ν 有关。

以 K_ν 与 ν 作图，得图 3-2 所示曲线，称为吸收曲线。

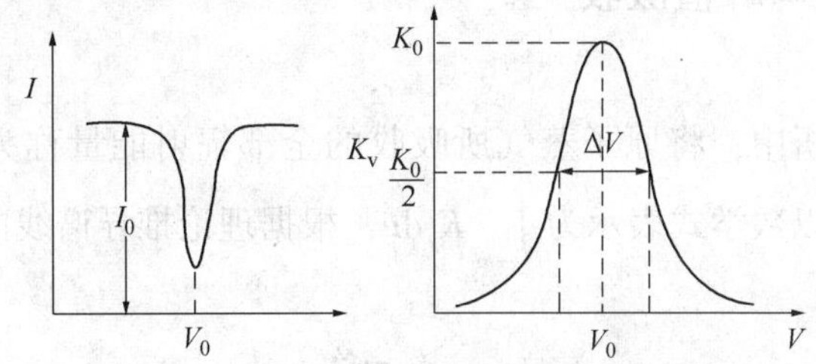

（a）吸收线轮廓　　（b）吸收线轮廓与半宽度

图 3-2　吸收线轮廓

表征吸收线轮廓(峰)的参数：曲线极大值对应的频率 ν_0 称为中心频率，中心频率对应的吸收系数称为峰值吸收系数 K_0。在峰值吸收系数一半($K_0/2$)处，吸收曲线呈现的宽度称为吸收曲线半宽度 $\Delta\nu$，其数量级约为 10^{-3}~10^{-2}nm(折合成波长)。吸收曲线的形状就是谱线轮廓。

2. 谱线变宽

原子吸收谱线变宽的原因较复杂，一般由两个因素决定。一是由原子本身的性质决定了谱线的自然宽度；另外是由于外界因素的影响引起的谱线变宽。主要有以下几种情况：

① 自然变宽 $\Delta\nu_N$。在没有外界因素影响的情况下，谱线本身具有的宽度称为自然变宽。它与激发态原子的平均寿命有关，寿命长则谱线宽度窄。谱线自然变宽的影响与其他变宽因素相比，其大小一般为 10^{-5}nm 数量级。

② 温度变宽(多普勒变宽) $\Delta\nu_D$。多普勒变宽是由于原子在空间做规则热运动而引起的，故又称为热变宽。可用下式描述其宽度：

$$\Delta\nu_D = 7.162\times10^{-7}\nu_0\sqrt{\frac{T}{M}} \tag{3-1}$$

式中 ν_0——中心频率；

T——热力学温度；

M——相对原子质量。

式(3-1)表明，多普勒变宽与元素的相对原子质量、温度和谱线的频率有关，由于 $\Delta\nu_D$ 与 $\sqrt{T}$ 成正比，所以在一定温度范围内，温度的微小变化对谱线宽度影响较小。若被测元素的相对原子质量 M 越小，温度越高，则 $\Delta\nu_D$ 就越大。对于大多数元素来说，$\Delta\nu_D$ 的数量级约为 10^{-3}nm。

③ 压力变宽。压力变宽是由于产生吸收的原子与共存的其他粒子相互碰撞，使能量发生稍微变化。使吸收光频率改变而导致的谱线变宽称为压力变宽。压力变宽分为两类：一是劳伦兹(Lorentz)变宽 $\Delta\nu_L$，它是产生吸收的原子与其他粒子(如外来气体的原子、离子或分子)碰撞而引起的谱线变宽。劳伦兹变宽随外界气体压力的升高而加剧，随温度的升高而下降。$\Delta\nu_L$ 使中心频率位移，谱线轮廓不对称，影响分析的灵敏度。二是赫鲁兹马克(Holtsmark)变宽(又称共振变宽)，它是由同种原子之间碰撞而引起的谱线变宽。只在浓度高时起作用，在原子吸收中可忽略。压力变宽主要是劳伦兹变宽，其数量级为 10^{-3}nm。

由上述可知吸收谱线的总展宽 $\Delta\nu_A$ 为：

$$\Delta\nu_A = \Delta\nu_N + \Delta\nu_D + \Delta\nu_L \tag{3-2}$$

实验结果表明，试样的原子化过程，温度在 1000~3000K 范围内，外界气体压力为 1 大气压(1atm = 101.325kPa)时，对火焰原子吸收主要是劳伦兹变宽，对无火焰原子吸收，主要是多普勒变宽。

3.2.3 积分吸收与峰值吸收

1. 积分吸收

在原子吸收光谱分析中，将原子蒸气所吸收的全部辐射能量称为积分吸收，即图 3-3 吸收谱线下所围面积。以数学式表示为 $\int_{+\infty}^{-\infty} K_\nu \mathrm{d}\nu$，根据理论推导谱线的积分吸收与基态原子数的关系为：

$$\int_{-\infty}^{+\infty} K_\nu \mathrm{d}v = \frac{\pi e^2}{mc} N_0 f \tag{3-3}$$

式中　c——光速；

m、e——电子质量和电荷；

N_0——单位体积原子蒸气中吸收辐射的基态原子数，即基态原子密度；

f——振子强度，代表每个原子中对特定频率光的吸收概率。

式(3-3)表明，积分吸收与为单位体积基态原子数呈简单的线性关系，这是原子吸收分析的一重要理论基础。若能测得积分吸收，即可计算出待测元素的原子浓度。但由于原子吸收线的半宽度很小，要测定半宽度如此小的吸收线的积分吸收，需要分辨率高达 50 万的单色器，在目前的技术条件下尚无法实现。

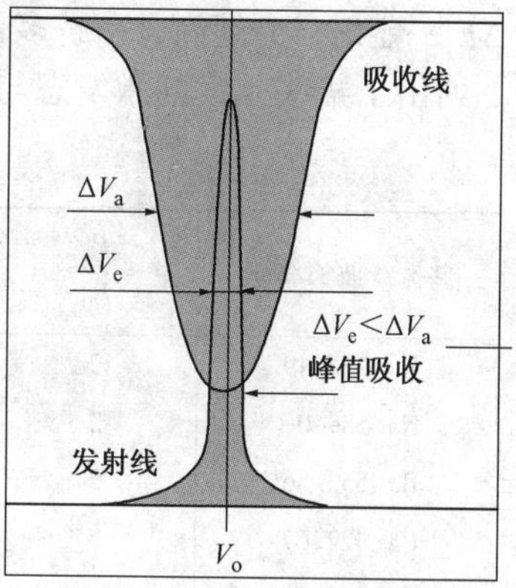

图 3-3　原子的发射线与吸收

2. 峰值吸收

1955 年 Walsh A 以锐线光源为激发光源，用测量峰值吸收系数 K_0的方法替代积分吸收。所谓锐线光源是指能发射出谱线半宽度很窄的($\Delta\nu$ 为 0.0005~0.002nm)共振线的光源。

峰值吸收是指基态原子蒸气对入射光中心频率线的吸收，峰值吸收的大小是以峰值吸收系数 K_0表示。

在通常原子吸收分析条件下，吸收线中心频率的峰值吸收系数 K_0取决于多普勒变宽：

$$K_0=\frac{2\sqrt{\pi\ln2}}{\Delta\nu_D}\cdot\frac{e^2}{mc}N_0f \tag{3-4}$$

当温度等实验条件恒定时，对给定元素，$\frac{2\sqrt{\pi\ln2}}{\Delta\nu_D}\cdot\frac{e^2}{mc}f$ 为常数，因此：

$$A=0.434\frac{2\sqrt{\pi\ln2}}{\Delta\nu_D}\cdot\frac{e^2}{mc}N_0fL=kLN_0 \tag{3-5}$$

式中　k——常数；

L——光程；

N_0——基态原子数。

式(3-5)表明，在一定的实验条件下，使用锐线光源，吸光度与基态原子数之间成正比关系。使用式(3-5)的前提条件：

① 锐线光源；

② 发射线半宽度 $\Delta\nu_e$远小于吸收线半宽度 $\Delta\nu_a$；

③ 辐射线与吸收线的中心频率一致。

3.2.4　基态原子数与原子总数

原子吸收光谱是利用待测元素的原子蒸气中基态原子与共振线吸收之间的关系来测定的。需要考虑原子化过程中，原子蒸气中基态原子与待测元素原子总数之间的定量关系。

热力学平衡时，两者符合 Boltzmann 分布定律：

$$\frac{N_j}{N_0}=\frac{P_j}{P_0}e^{-\frac{E_0-E_j}{kT}}=\frac{P_j}{P_0}e^{\frac{-\Delta E}{kT}}=\frac{P_j}{P_0}e^{\frac{-h\nu}{kT}} \tag{3-6}$$

式(3-6)中　P_j、P_0——激发态和基态的统计权重；

N_j、N_0——激发态原子数与基态原子数；

ΔE——激发态能量 E_j 与基态能量 E_0 两能级间的能量差；

T——热力学温度；

k——玻尔兹曼常数。

由玻尔兹曼公式可知，原子化过程产生的激发态原子数取决于 ΔE 和火焰温度 T。当 ΔE 一定时，T 越高，N_j 越多；当温度一定时，ΔE 越小，共振线波长越长，N_j 也越多。表3-1 列出了某些元素的激发态与基态原子数比值。

表 3-1　某些元素的激发态与基态原子数比值

共振线波长/mm	$\frac{P_i}{P_0}$	激发能/eV	N_j/N_0		
			2000K	2500K	3000K
K 766.49	2	1.617	1.68×10^{-4}	1.10×10^{-3}	3.84×10^{-3}
Na 589.0	2	2.104	0.99×10^{-5}	1.14×10^{-4}	5.83×10^{-4}
Ba 553.56	3	2.239	6.83×10^{-6}	3.19×10^{-5}	5.19×10^{-4}
Ca 422.67	3	2.932	1.22×10^{-7}	3.67×10^{-6}	3.55×10^{-5}
Fe 371.99	—	3.332	2.29×10^{-9}	1.04×10^{-7}	1.31×10^{-6}
Ag 328.07	2	3.778	6.03×10^{-10}	4.84×10^{-8}	8.99×10^{-7}
Cu 324.75	2	3.817	4.82×10^{-10}	4.04×10^{-8}	6.65×10^{-7}
Mg 285.21	3	4.346	3.35×10^{-11}	5.20×10^{-9}	1.50×10^{-7}
Zn 213.86	3	5.795	7.45×10^{-15}	6.22×10^{-12}	5.50×10^{-10}

由表 3-1 可看出，常用的火焰温度多低于 3000K，大多数元素的共振线都小于 600nm，因此对大多数元素来说，在原子化过程中 N_j/N_0 比值都小于 1%。即火焰中激发态原子数远小于基态原子数，与 N_0 相比，N_j 可忽略，因此可以用基态原子数 N_0 代表火焰中可吸收特征谱线的原子总数 N。

实际分析中一般测定的是样品中待测组分的浓度，而非原子数。只要保证样品的原子化效率恒定，在一定的温度范围和一定的吸光介质厚度 L 的情况下，原子数与待测元素的浓度成正比，则有：

$$A=kN_0L=K'NL=K\cdot c \tag{3-7}$$

式中　K——与待测元素和分析条件有关的常数；

c——待测元素浓度。该式为原子吸收光谱分析法的定量依据。

3.3　原子吸收分光光度计

原子吸收分光光度计的系统组成：

原子吸收分光光度计主要由光源、原子化器、单色器和检测器系统等四个部分组成。见图 3-4 所示。

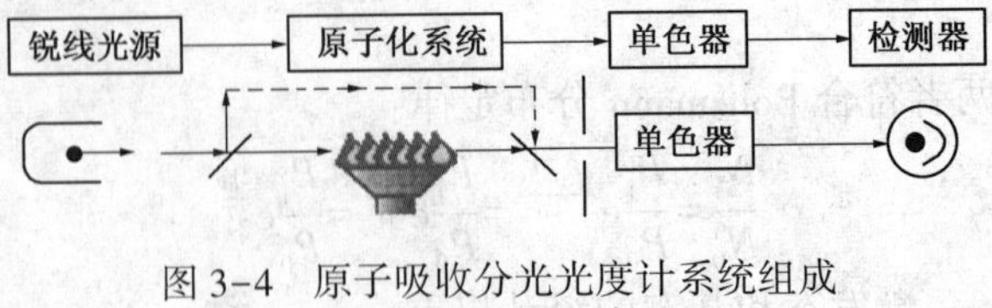

图 3-4　原子吸收分光光度计系统组成

1. 光源

光源的作用是提供待测元素的特征光谱，获得较高的灵敏度和准确度。

光源应满足如下要求：

① 能发射待测元素的共振线；

② 辐射光强度大，稳定性好；

③ 背景低、噪声小、使用寿命长。

空心阴极灯、无极放电灯、蒸汽放电灯和激光光源灯都能满足上述要求，其中最常用的是空心阴极灯和无极放电灯。

(1) 空心阴极灯结构

空心阴极灯是一种气体放电灯结构，见图3-5所示。它是由一个在钨棒上镶有钛丝或钽片的阳极和一个由发射所需特征谱线的金属或合金制成的空心筒状阴极组成。空心阴极外面套有陶瓷的屏蔽管，两电极密封在前面带有石英(350nm以下)或硬质玻璃(350nm以上)窗口的玻璃管中，管内充满低压惰性气体(氖或氩)。

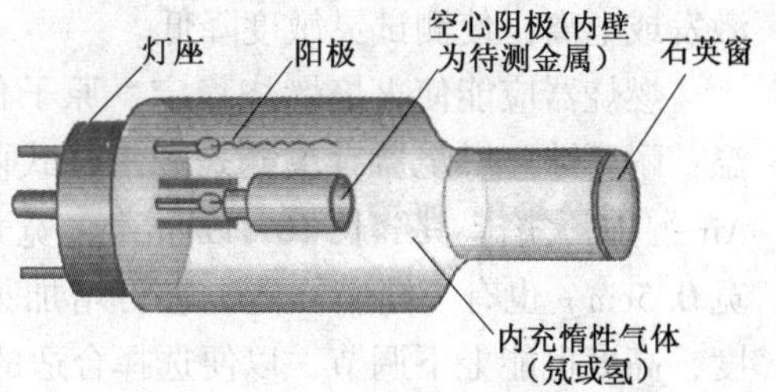

图 3-5　空心阴极灯结构示意图

(2) 空心阴极灯工作原理

当两极施加300~500V电压时，电子将从空心阴极内壁流向阳极，与充入的惰性气体碰撞而使之电离，产生正电荷，其在电场作用下，向阴极内壁猛烈轰击，使阴极表面的金属原子溅射出来，溅射出来的金属原子再与电子、惰性气体原子及离子发生撞碰而被激发，于是阴极内辉光中便出现了阴极物质和内充惰性气体的光谱。为保证光源仅发射频率范围很窄的锐线，要求阴极材料具有很高的纯度。用不同待测元素作阴极材料，可制成相应空心阴极灯。通常单元素的空心阴极灯只能用于一种元素的测定，若阴极材料使用多种金属的合金，可制得多元素灯，但只限于两三种元素。空心阴极灯的辐射强度与灯的工作电流有关。

2. 原子化系统

原子化的作用将试样中离子转变成基态原子蒸气，这个过程称为试样的原子化。原子化方法主要有火焰法和无火焰法。原子化系统在原子吸收分光光度计中是一个关键装置，它的质量对原子吸收光谱分析法的灵敏度和准确度有很大影响，甚至起到决定性的作用，也是分析误差最大的一个来源。

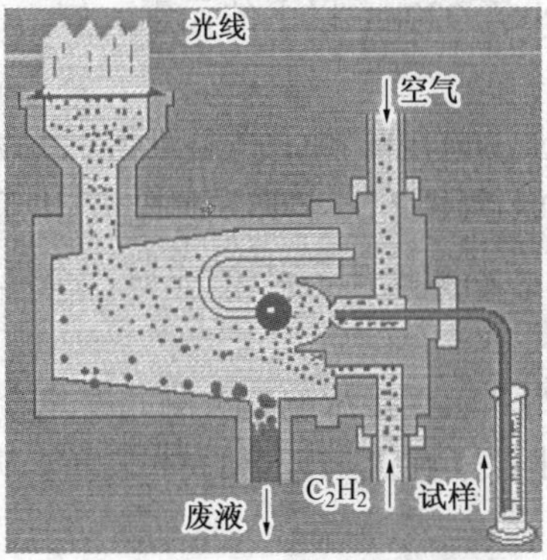

图 3-6　火焰原子化器结构示意图

(1) 火焰原子化器

火焰原子化系统是由火焰热能提供能量，使被测元素原子化的。它可分为预混合式和全消耗式两种，前者应用较多。

① 预混合式火焰原子化器的结构。其结构分为喷雾器、雾化室和燃烧器，见图3-6所示。

a. 喷雾器。其作用是将试液雾化成细小的雾滴，通常采用气动同轴型喷雾器，以具有一定压力的压缩空气作为助燃气进入喷雾器，从试样毛细管周围高速喷出，并在前端形成负压。试液沿毛细管吸入再喷出，被快速通入的助燃气分散成气溶胶体，形成约10μm的雾滴。喷雾速度约为1~12mL/min，雾化效率达10%以上。雾滴愈细小，愈易干燥、熔化、气化，生成基态原子蒸气就愈多，灵敏度也愈高。为减小雾滴的粒度，可在试液毛细管喷口前端几毫米处放置一撞击球，使雾滴分散成更小的雾滴，以提高雾化效率。

b. 雾化室。其作用是使气溶胶的雾滴更细小、均匀，并与燃气、助燃气混合均匀后进行燃烧。雾化室还装有扰流器，即可使气液混合均匀，又可使大的雾滴凝聚后从带有水封的废液排出口排出（水封可防止燃气、空气逸出）。雾化室的记忆效应要小，废液排出要快。

c. 燃烧器。其作用是使样品原子化。被雾化的试液进入燃烧器，在燃烧的火焰中蒸发、干燥形成固态气溶胶雾粒，再经熔化、受热解离成基态原子蒸气，原子化效率约为10%。为保证大量基态原子的存在，燃烧器火焰的温度要适当，若火焰温度过高会引起基态原子的激发或电离，使测试灵敏度降低。

燃烧器应能使火焰燃烧稳定，原子化程度高，吸收光程长、噪声小、背景低并能耐高温、耐腐蚀。燃烧器有单缝式和三缝式两种，多用不锈钢做成，常用的是单缝燃烧器。对Air-C_2H_2火焰，其缝长10~12cm，缝宽0.5~0.7cm；对N_2O—C_2H_2火焰，其缝长5cm，缝宽0.5cm。也有三缝燃烧器，它可增加火焰的宽度，便于对光。燃烧器应能旋转一定的角度，高度也能上下调节，以便选择合适的火焰部位进行测量。

② 火焰及其性质：

a. 火焰结构。正常燃烧的火焰结构由预热区、第一反应区、中间薄层区和第二反应区组成。样品原子化主要在第一反应区和中间薄层区进行，中间薄层区的温度达到最高点，是原子吸收分析的主要区域（对于易原子化、扰效应小的碱金属分析，可在第一反应区进行）。

b. 火焰的性质。原子吸收光谱分析中，一般用乙炔、氢气、丙烷作燃气，以空气、N_2O、氧气作助燃气。火焰的组成决定了火焰的温度及氧化还原特性，直接影响化合物的解离和原子化的效率。表3-2列出常用的各种火焰的燃烧速度和温度。

表3-2　常用的各种火焰的燃烧速度和温度

气体混合物	Air-C_3H_8	Air-H_2	Air-C_2H_2	O_2-H_2	O_2-C_2H_2	N_2O-C_2H_2
燃烧速度/(cm/s)	82	440	160	900	1130	180
温度/℃	1925	2045	2300	2700	3060	2955

c. 常用的火焰及其性质。原子吸收光谱分析中常用的火焰有以下两种：

（a）Air-C_2H_2火焰。最常用的一种火焰，可测定35种以上的元素，最高温度可达2300℃。Air-C_2H_2不适于测定高温难熔的元素和吸收波长小于220nm以下的元素，如：Cr、Mo、Sn和稀土元素的测定。

（b）N_2O-C_2H_2火焰。最高温度可达2900℃，还原性强，适用于测定高温难熔的元素，如：B、Be、Ba、Al、Si、Ti、Zr、Hf、Nb、Ta、V、Mo、W和稀土元素等。测定元素可达70多种。N_2O-C_2H_2火焰燃烧剧烈，发射背景强，噪声大，必须使用专用燃烧器，不能用Air-C_2H_2燃烧器代替。

火焰的氧化还原特性取决于火焰中燃气和助燃气的比例。它直接影响到被测元素化合物的分解和难解离化合物的形成，从而影响原子化效率和自由原子在火焰区中的有效寿命。按照燃气和助燃气的比例，可将火焰分为三类：

（a）化学计量火焰。是指燃气和助燃气的比例等于燃烧反应的化学计量关系的火焰，又称中性火焰。这类火焰燃烧完全，温度高，干扰少，稳定，背景低，适合于多种元素的测定。

(b) 富燃火焰。是指燃气和助燃气之比大于燃烧反应的化学计量关系的火焰，这类火焰燃烧不完全，有丰富的半分解产物，温度低于化学计量火焰，具有还原性质，又称还原火焰，适合于测定较易形成难熔氧化物的元素如 Mo、Cr、W、Al、稀土等。缺点是火焰发射和火焰吸收的背景强，干扰较多。

(c) 贫燃火焰。是指燃气和助燃气之比小于燃烧反应的化学计量关系的火焰，在这类火焰中，大量冷的助燃气带走了火焰中的热量，所以温度较低，有较强的氧化性，适用于测定易解离的元素如碱金属等。

③ 火焰原子化系统的特点：具有结构简单、操作简便、重现性好、火焰稳定、精密度较好、基体效应及记忆效应小，已成为原子化的主要方法，但它的雾化效率低，到达火焰参与原子化的试液仅占10%，大部分的试液由废液管排掉了，对试液量少或贵重试样分析就受到限制。另外基态原子在火焰上原子化区停留的时间短，只有 10^{-3}s 左右，从而限制了灵敏度的提高。此外火焰原子化法不能对固体试样直接测定。

(2) 无火焰原子化器

① 石墨炉原子化器。无火焰原子化装置又称电热原子化装置，目前广泛使用的是石墨炉原子化器，见图 3-7 所示。

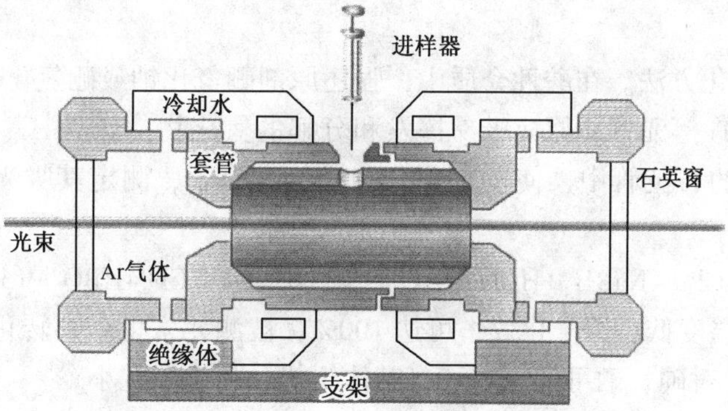

图 3-7　石墨炉原子化器示意图

它使用低压(10~25V)、大电流(300A)来加热石墨炉，可升温至3000℃，使管中少量液体或固体试样蒸发和原子化。石墨炉管长 30~60mm，外径 6mm，内径 4mm，管上有 3 个小孔，中间的小孔用来加样。石墨炉要不断地通入惰性气体(Ar 或 N_2)，以保护原子化的基态原子不再被氧化，并用以清洗和保护石墨管。为使石墨管在每次分析之间能迅速降到室温，从上面冷却水入口通入 20℃的水以冷却石墨炉原子化器。

② 石墨炉原子化过程。管式石墨炉原子化法采用直接进样和程序升温方式对试样进行原子化。其过程包括：干燥、灰化、原子化、净化四个阶段。

a. 干燥阶段。干燥的主要目的是除去试样中水分等溶剂，以免因溶剂存在引起灰化和原子化过程飞溅。干燥温度一般要高于溶剂的沸点，干燥时间取决于试样体积，一般每微升溶液干燥时间约为 1.5s。

b. 灰化阶段。灰化的目的是尽可能地除掉挥发的基体和有机物或其他干扰元素。适宜的灰化温度及时间取决于试样的基体及被测元素的性质，最高灰化温度应以待测元素不挥发损失为限。一般灰化温度 100~1800℃，灰化时间 0.5s~5min。

c. 原子化阶段。目的是使待测元素的化合物蒸气气化，然后解离为基态原子。原子化温度随待测元素而异，原子化时间约为3~10s，适宜的原子化温度应通过实验确定。

d. 净化阶段。当一个样品测定结束，还需要用比原子化阶段稍高的温度加热，以除去石墨管中残留物质，消除记忆效应，以便下一个试样的测定。

石墨炉的升温程序是微机处理控制的，进样后原子化过程按程序自动进行。

③ 石墨炉原子化特点：石墨炉原子化效率远比火焰原子化法高；其绝对检出限可达10^{-14}~10^{-12}g，因此绝对灵敏度也高；石墨炉原子化法无论是液体还是固体均可直接进样，且样品用量少，一般液体试样为1~100μL，固体试样可少至20~40μg。缺点：基体效应、化学干扰较多，测量结果的重现性较火焰法差，背景吸收较强，仪器装置复杂，价格昂贵，需要水冷。

(3) 低温原子化法

低温原子化法又称化学原子化法，是利用化学反应将待测元素转变为易挥发的金属氢化物或氯化物，然后再在较低的温度下原子化。方法分为：

① 汞低温原子化。汞是惟一可采用这种方法测定的元素。汞在室温下，有较大的蒸气压，沸点较低仅为375℃。只要将试液中的汞离子用$SnCl_2$还原为汞，在室温下用空气将汞蒸气引入气体吸收管中就可测定其吸光度。特点是常温测量；灵敏度、准确度较高(可达10^{-8}g汞)。

② 氢化物原子化方法。在酸性介质中，强还原剂硼氢化钠或硼氢化钾能使As、Sb、Bi、Sn、Ge、Se、Pb、Ti等元素还原成极易挥发和分解的氢化物，如AsH_3、SnH_4、BiH_3等，然后经载气引入加热的石英管中，使氢化物分解成气态原子，测定其吸光度。原子化温度为700~900℃。例如：

$$AsCl_3+4NaBH_4+HCl+8H_2O = AsH_3+4NaCl+4HBO_2+13H_2$$

特点：原子化温度低，原子化效率可达100%，被测元素可全部转化为气体并通过吸收管，因此灵敏度高(对砷、硒可达10^{-9}g)，基体干扰和化学干扰小。

3. 单色器

单色器由色散元件(棱镜、光栅)、凹凸镜、入射狭缝、出射狭缝等元件组成。单色器作用是将待测元素的共振线与邻近线分开。转动光栅，各种波长的单色光按顺序从出射狭缝射出，被检测系统接收。

单色器性能参数：

① 线色散率(D)：两条谱线间的距离与波长差的比值$\Delta X/\Delta\lambda$，实际工作中常用其倒数$\Delta\lambda/\Delta X$。

② 分辨率：仪器分开相邻两条谱线的能力。用该两条谱线的平均波长与其波长差的比值$\lambda/\Delta\lambda$表示。色散元件的分辨率越高，线色散率越大。

③ 光谱通带宽度(W)。指通过单色器出射光谱所包含的波长处范围(nm)。它由光栅线色散率的倒数(又称倒线色散率)和出射狭缝宽度所决定，其关系为：

$$W(\text{nm}) = D(\text{nm}\cdot\text{mm}^{-1})\times S(\mu\text{m})\times 10^{-3} \tag{3-8}$$

由上式可知，当光栅倒线色散率一定时，其光谱通带宽度可通过选择狭缝宽度确定。

4. 检测系统

检测系统主要由检测器、放大器、对数变换器、显示记录装置组成。

（1）检测器

原子吸收光谱的检测器为可接收 190~850nm 波长光的光电倍增管，其作用是将单色器分出的光信号转变成电信号，电信号的变化与样品浓度呈线性关系。

使用光电倍增管时，必须注意不要使用太强的光照射，并尽可能地不要使用太高的增益，以保证光电倍增管的良好工作特性，否则会引起光电倍增管的“疲劳”乃至失效。所谓“疲劳”是指光电倍增管刚开始工作时灵敏度下降，过一段时间后趋于稳定，但长时间使用灵敏度又下降的光电转换不成线性关系的现象。

（2）放大器

将光电倍增管输出的较弱信号，经电子线路进一步放大后送入显示器。放大器分交、直流放大器两种。目前广泛采用的是交流选频放大和相敏放大器。

（3）对数变换器

将检测、放大后的透光度（T）信号，经运算放大器转换成吸光度（A）信号。

（4）显示记录装置

显示记录装置是用微安表或检流计直接指示读数，或用液晶数字显示，或用记录仪记录。还可用微处理机绘制、校准标准曲线，高速处理大量测定数据。

3.4 原子吸收光谱法的定量分析

3.4.1 定量方法

1. 标准曲线法

原子吸收光谱分析的标准曲线法与紫外-可见分光光度法类似。配制一系列不同浓度的标准试样，由低到高依次分析，将获得的吸光度 A 数据对应于浓度作标准曲线，在相同条件下测定试样的吸光度 A 数据，在标准曲线上查出对应的浓度值；或由标准试样数据获得线性方程，将测定试样的吸光度 A 数据带入计算（图 3-8）。注意在高浓度时，标准曲线易发生弯曲，压力变宽影响所致，使锐线光源辐射的共振线的中心波长与共振吸收线的中心波长错位，是吸光度减小而造成的；此外化学干扰与物理干扰的存在也会导致工作曲线弯曲。测定时注意以下几点：

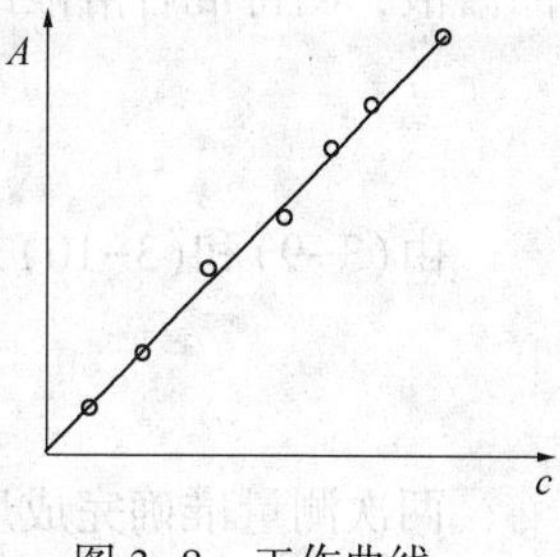

图 3-8 工作曲线

① 标准溶液与试液的基体（指溶液中除待测组分外的其他成分的总体）要相似，以消除基体效应，标准溶液浓度范围应将试液中待测元素的浓度包括在内，浓度范围大小以获得合适的吸光度读数为准。

② 在测量过程中要吸喷去离子水或空白溶液来校正零点漂移。

③ 由于燃气和助燃气流量变化会引起工作曲线斜率变化，因此每次分析都应重新绘制工作曲线。

标准曲线法简便、快速，适于组成较简单的同类批量样品分析。

2. 标准加入法

当试样中共存物不明或基体复杂而无法配制与试样组成相匹配的标准溶液时，使用标准加入法是适宜的。

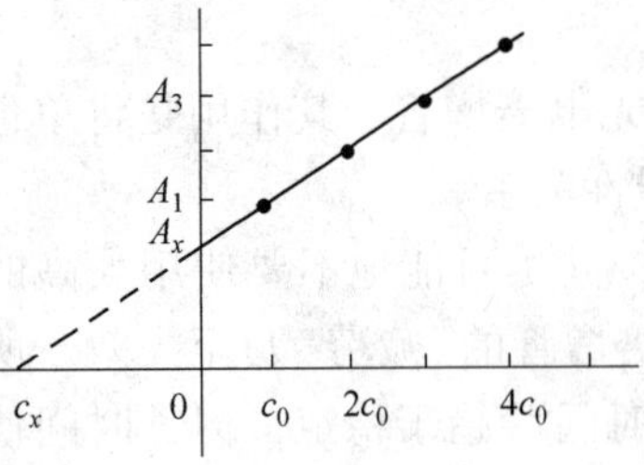

图 3-9　标准加入法工作曲线

其具体操作方法：吸取相同体积的试液 4 份以上，从第 2 份开始依次按比例加入不同量的待测组分标准溶液，用溶剂稀释到相同体积，于相同实验条件下依次测量各个试液的吸光度，绘制出标准加入法曲线。将此曲线外推至与横坐标交点 c_x，即为待测元素的浓度。见图 3-9 所示。

测定时注意以下几点：

① 待测元素的浓度与其对应的吸光度应成线性关系。

② 为了得到较为精确的外推结果，最少应采用四个点(包括试液本身)来做外推曲线，并且第一份加入的标准溶液与试液的浓度之比应适当(可通过试喷样品和标准溶液比较二者的吸光度来判断。增量值的大、小可这样选择，使第一个加入量产生的吸收值约为样品吸收值的一半)。

③ 本法能消除基体效应带来的影响，但不能消除背景吸收的影响，这是因为同样的信号，即加到样品测定上，也加到增量后的样品测定上，因此只有扣除了背景之后，才能得到待测元素的真实含量，否则将得到偏高结果。

④ 对于斜率太小的曲线灵敏度差，容易引进较大的误差。

3. *稀释法*

稀释法可看作是标准加入法的另一种形式。方法是先测定浓度为 c_s、体积为 V_s 的待测元素标准溶液的吸光度为 A_s。

$$A_s = K \cdot c_s \tag{3-9}$$

然后向上述同体积的待测元素标准溶液中，加入含待测元素浓度为 c_x、体积为 V_x 的样品溶液，测得混合溶液的吸光度为 $A_{(s+x)}$

$$A_{(s+x)} = Kc_{(s+x)} = K\frac{c_s V_s + c_x V_x}{V_s + V_x} \tag{3-10}$$

由(3-9)和(3-10)式可导出

$$c_s = \frac{c_s A_{(s+x)}(V_s + V_x) - c_s A_s V_s}{A_s V_x} \tag{3-11}$$

两次测量准确完成后，就可测出样品中待测元素含量。此法使用样品溶液的体积比标准加入法少；对高含量样品溶液不必稀释，直接加入到标准溶液中就可测定，从而简化了测定手续。

4. *内标法(内标法工作曲线法)*

若试样中待测元素为 m，另选一试液中不存在的 n 元素作为内标元素。操作时将已知准确浓度的内标 n 元素相同体积的标准溶液，依次加到待测 m 元素不同浓度的标准溶液系列和待测试液中，然后在相同条件下，依次测量每种溶液中待测元素 m 和内标元素 n 的吸光度 A_m 和 A_n 以及它们的比 A_m/A_n，再绘制 A_m/A_n-c_m 内标法工作曲线。由待测试液测出的 A_{mx} 与 A_n 的比值，用内插法从内标法工作曲线上求出待测试样中 m 元素的含量。

对内标物的要求：内标元素应与待测元素的化学性质相近(见表 3-3)，锐线吸收也要相近，且不存在于试样中。此法的优点是不受测定条件变化的影响，不足之处是必须使用具有双通道原子吸收光谱仪。

表 3-3　部分常用的内标元素

待测元素	内标元素	待测元素	内标元素	待测元素	内标元素
Al	Cr	Cu	Cd、Mn	Na	Li
Au	Mn	Fe	Au、Mn	Ni	Cd
Ca	Sr	K	Li	Pb	Zn
Cd	Mn	Mg	Cd	Si	Cr、V
Co	Cd	Mn	Cd	V	Cr
Cr	Mn	Mo	Sr	Zn	Mn、Cd

3.4.2　灵敏度、检测限和回收率

原子吸收光谱分析中常用灵敏度、检测限和回收率对定量分析方法及测定结果进行评价。

1. 灵敏度

灵敏度(S)——指在一定浓度时，测定值(吸光度)的增量(ΔA)与相应的待测元素浓度(或质量)的增量(Δc 或 Δm)的比值。

$$S_c = \frac{\Delta A}{\Delta c} \tag{3-12}$$

或

$$S_m = \frac{\Delta A}{\Delta m} \tag{3-13}$$

在火焰原子吸收分析中，通常习惯于用能产生1%吸收(即吸光度值为0.0044)时所对应的待测溶液浓度(μg/mL)来表示分析的灵敏度，称为特征浓度(c_c)。特征浓度的测定方法是配制一待测元素的标准溶液(其浓度应在线性范围)，测定其吸光度。然后按式(3-12)计算：

$$c_c = \frac{c \times 0.0044}{A} \tag{3-14}$$

式中　c_c——特征浓度，μg/(mL·1%)；

c——被测溶液浓度，μg/mL；

A——被测溶液吸光度。

在电热原子化测定中，常用特征质量来表示分析的灵敏度，即能产生1% 吸收(即吸光度值为0.0044)时所对应的待测质量(μg)，又称绝对量(c_m)。特征质量 m_c(μg/1%)：

$$m_c = \frac{m \times 0.0044}{A} \tag{3-15}$$

显然是特征浓度或特征质量愈小灵敏度愈高。

2. 检出限

由于灵敏度没有考虑仪器噪声的影响，故不能作为衡量仪器最小检出量的指标。检出限可用于表示能被仪器检出的元素的最小浓度或最小质量。

检出限是指能够给出3倍于标准偏差的吸光度时，所对应的待测元素的浓度或质量。

$$D_c = \frac{c \times 3\sigma}{A} \tag{3-16}$$

$$D_m = \frac{cV \times 3\sigma}{A} \tag{3-17}$$

式中 D_c——相对检出限，μg/mL；

D_m——绝度检出限，μg 或 g；

c——待测溶液浓度，μg/mL；

V——溶液体积，mL；

σ——空白溶液的标准偏差，是用空白溶液或接近于空白的待测组分标准溶液，经不少于 10 次的重复测定所得吸光度的标准偏差的 3 倍求得。

检出限不仅与仪器的灵敏度有关，还与仪器的稳定性（噪声）有关。两种元素的灵敏度可能相同，但由于每种元素光源噪声、火焰噪声及检测器噪声等不同，检出限就可能不同。因此，检出限是仪器性能的一个重要指标。待测元素的存在量只有高于检出限，才可能可靠地将有效分析信号与噪声信号分开。“未检出”就是待测元素的量低于检出限。

3. 回收率

当进行原子吸收光谱分析时，为评价测定方法的准确度和可靠性，常需要测定待测元素的回收率，方法有以下两种：

（1）用标准物质进行测定

将已知准确含量的待测元素的标准物质，在与试样相同条件下进行预处理。在相同仪器及相同测定条件下，以相同定量方法进行测量，求出标样中待测组分的含量，则回收率为测定值与真实值之比，即：

$$回收率=\frac{待测元素的测定值}{待测元素的真实值} \tag{3-18}$$

此法简便易行，但多数情况下，含量已知的待测元素标样不易获得。

（2）用标准加入法进行测定

在完全相同的实验条件下，先测定试样中待测元素的含量；然后再向另一份相同量的试样中，准确加入一定量的待测元素纯物质后，再次测量待测元素的含量。两次测定待测元素含量之差与待测元素加入量之比即为回收率。

$$回收率=\frac{加标样测定值-未加标样测定值}{标准加入量} \tag{3-19}$$

显然回收率愈接近于 1，则方法的准确度、可靠性就愈高。

【例 3-1】以火焰原子吸收法测定某试样中的铅含量，测得铅平均含量为 $4.6\times10^{-6}\%$，在含铅量为 $4.6\times10^{-6}\%$ 试样中加入 $5.0\times10^{-6}\%$ 的铅标液，在相同条件下测得铅含量为 $9.0\times10^{-6}\%$，求回收率为多少？

【解】

$$回收率=\frac{(9.0-4.6)\times10^{-6}}{5.0\times10^{-6}}\times100\%=88\%$$

3.5 原子吸收光谱分析实验技术

3.5.1 分析试样的制备

原子吸收光谱分析通常以液体状态进样，无论是无机还是有机样品，当按照一般取样原则获得具有代表性的平均试样后，对固体样品应进行溶解、灰化或湿法消化处理，以制备成待测元素的无机盐溶液，再进行火焰原子化或石墨炉原子化。根据样品的状态不同，常用以下几种方法：

(1) 样品的溶解

对无机样品先用去离子水溶解，若不溶解可选用稀酸、浓酸或混合酸溶解，常用的酸为 HCl、H_2SO_4、HNO_3、$HClO_4$。用 H_2SO_4 和 H_3PO_4 混合酸可溶解合金试样，用 H_2SO_4 和 HF 混合酸可溶解硅酸盐试样。对酸不溶的样品可先用酸性熔融剂($KHSO_4$、K_2SO_7)或碱性熔融剂(Na_2CO_3、NaOH、Na_2O_2、$Li_2B_4O_7$、$Na_2B_4O_7$)进行高温熔融处理，再用去离子水或酸溶液进行浸取，再制成样品溶液以供分析用。

(2) 样品的干法灰化

对有机样品(如食品)，用此法是除去有机物基体而保留待测金属元素的简便方法。具体方法是将样品置于铂或石英坩埚中，先于 80～150℃低温加热，经空气氧化将有机物炭化分解成 CO_2、H_2O，再于 400～600℃高温灼烧灰化，冷却后将灰分残渣用酸溶解、定容后备用。但此法不适于易挥发元素 Hg、Pb、As、Sb、Sn 等的测定；对 Bi、Cr、Fe、Ni、V、Zn 等元素也可能以金属、氯化物或金属化合物形式挥发而损失。

(3) 样品的湿法消化

对含易挥发待测元素的有机样品可使用此法，常使用 $HCl+HNO_3$、HNO_3+HClO_4、$HNO_3+H_2SO_4$ 等混合酸，在加热、氧化条件下分解样品，尤以 $HNO_3+H_2SO_4+HClO_4$(体积比为 3∶1∶1)三种混合酸的消化效果最好。湿法消化时仍难以避免易挥发元素 Hg、As、Se 的损失。此法加入的酸试剂纯度要高，以防止引入干扰杂质。

将样品置于密闭聚四氟乙烯容器中，加入混合酸后，可在微波炉中进行微波消解。微波消解法不仅能提高消化效率，还有利于微量和痕量待测元素的分析。

(4) 样品中待测元素的分离和富集

原子吸收光谱分析法具有高选择性，通常可在干扰组分共存下完成待测元素的测定。对微量和痕量待测组分应通过萃取、离子交换、共沉淀、柱层析等技术进行富集，以提高测定方法的灵敏度。其中应用较普遍的是萃取和离子交换。

3.5.2 测定条件的选择

原子吸收光谱分析中影响测量的可变因素较多，各种测量条件不易重复。这对所测结果的准确度和灵敏度影响大，也关系到能否有效地消除干扰因素，故严格控制测量条件十分重要。

1. 吸收线的选择

一般选待测元素的共振线作为分析线，可保证测量具有高灵敏度，但如果测量高浓度时，或为了消除邻近光谱线的干扰等，也可选次灵敏线。例如，试液中铷的测定，其最灵敏的吸收线是 780.0nm，但为了避免钠、钾的干扰，可选用 794.0nm 次灵敏线作分析线。又如分析高浓度试样时，为了保证工作曲线的线性范围，次灵敏线作分析线是有利的。但对于低含量组分的测定，应尽可能地选最灵敏线作分析线。若从稳定性考虑，由于空气-乙炔火焰在短波区对光的透过性差，噪声大，若次灵敏线处于短波方向，则可以考虑选择波长较长的灵敏线。表 3-4 列出了常用元素的分析线，可供使用时参考。

表 3-4　常用元素的分析线 λ/nm

元素	分析线	元素	分析线	元素	分析线	元素	分析线
Ag	328.1、338.3	Cr	357.9、359.4	Mn	279.5、403.7	Si	251.6、250.7
Al	309.3、308.2	Cu	324.8、327.4	Mo	313.3、317.0	Sn	224.6、286.3
As	193.6、197.2	Fe	248.3、352.3	Na	589.0、330.3	Sr	460.7、407.8
Au	242.3、267.6	Ga	287.4、294.4	Nb	334.4、358.0	Ta	271.5、277.6
B	249.7、279.8	Ge	265.2、275.5	Ni	232.0、341.5	Te	214.3、225.9
Ba	553.8、455.4	Hf	307.3、288.6	Os	290.09、305.9	Ti	364.3、337.2
Be	234.9	Hg	253.7	Pb	216.7、283.3	U	351.5、358.5
Bi	223.1、222.8	In	303.9、325.6	Pt	266.0、306.5	V	318.4、385.6
Ca	422.7、239.9	K	766.5、769.9	Re	346.1、346.5	W	255.1、294.7
Cd	228.8、326.1	La	550.1、413.7	Sb	217.6、206.8	Y	410.2、412.8
Ce	520.0、369.7	Li	670.8、323.3	Sc	391.2、402.0	Zn	213.9、307.6
Co	240.7、242.5	Mg	285.2、279.6	Se	196.1、204.0	Zr	360.1、301.2

在实际分析时设置的测量波长的示值可能与理论值不完全一致，这可能是由于单色器的传动机构不精密引起的误差(±0.5nm)，也可能是空心阴极灯电流大小的变化引起的。因此，使用仪器时应定期校正特征波长的位置。

2. 通带宽度的选择

选择光谱通带就是选择单色器的狭缝宽度。单色器的狭缝宽度主要是根据待测元素的谱线结构和所选的吸收线附近是否有非吸收干扰来选择的。当吸收线附近无干扰线存在时，放宽狭缝，可以增加光谱通带。若吸收线附近有干扰线存在，在保证有一定强度的情况下，应适当调窄一些，光谱通带一般在0.5~4nm之间选择。合适的狭缝宽度可以通过实验的方法确定。方法为逐渐改变单色器的狭缝宽度，使检测器输出的信号最强，即吸光度最大为止。当然还可以根据文献资料进行确定。可根据仪器说明书上列出的单色器线色散率倒数，计算出不同光谱通带所对应的狭缝宽度，见式(3-8)。如果仪器上的狭缝宽度不是连续可调的，而是一些固定的数值，这时应根据要求的通带选一适当的狭缝。

3. 空心阴极灯工作电流的选择

空心阴极灯电流的大小直接影响灯放电的稳定性和锐线光的输出强度。灯电流小，使辐射的锐线光谱线窄，测量的灵敏度高，但灯电流太小时由于透过光太弱，需提高光电倍增管灵敏度的增益，此时会增加噪声、降低信噪比；若灯电流过大，会使辐射的锐线光谱带产生热变宽和碰撞变宽，灯内自吸收增大，使辐射锐线光的强度下降，背景增大，也使灵敏度下降，还会加快灯内惰性气体的消耗，缩短灯的使用寿命。空心阴极灯上都标有最大工作电流(额定电流，约为5~10mA)，对大多数元素，日常分析的工作电流保持额定电流的40%~60%较为合适，可保证稳定、合适的锐线光强输出。也可由实验绘制吸光度-灯电流(A-i)关系曲线，选用与最大吸光度读数对应的最小灯电流值。空心阴极灯在5mA工作电流下，其使用寿命可达1000h。通常对高熔点的镍、钴、钛、钽、锆等的空心阴极灯电流可大些，对低熔点易溅射的铋、钾、钠、铷、铯、锗、镓等的空心阴极灯电流以小些为宜。

4. 火焰燃烧器操作条件的选择

影响火焰原子化的因素较多，主要有：

(1) 试液提升量

当试液喷雾时，试液提升量受吸液毛细管的内径、通入压缩空气的压强、试液的黏度等因素的影响，遵循波斯里(Poisuue)公式：

$$V=\pi r^4 P/8\eta L \quad (3-20)$$

式中 V——试液提升量，cm^3/s；

r——毛细管的内径，cm；

P——压强，Pa；

η——试液的黏度，Pa·s；

L——毛细管的长度，cm。

当 r、P 保持恒定，η、L 增大，就会降低试液提升量。通常试液提升量选择 3~10mL/min，雾化效率可达 10%。试液提升量较小时，雾化效率高，但测定的灵敏度下降；若提升量太大时，雾化效率降低，大量试液成为废液排出，灵敏度也不会提高。

(2) 火焰类型

火焰的选择和调节是保证高原子化效率的关键因素之一，首先有足够的温度才能使试样充分分解为原子蒸气状态。但温度过高会增加原子的电离或激发，而使基态原子数减少，这对原子吸收是不利的。因此，在确保待测元素能充分解离为基态原子的前提条件下，低温火焰比高温火焰的灵敏度高。选择的一般原则是对易电离、易挥发的元素（如碱金属和部分碱土金属）及易与硫化合的元素（如 Cu、Ag、Pb、Cd、Zn、Sn、Se 等）可使用低温火焰，如 $Air-C_3H_8$ 火焰；对难挥发和易生成氧化物的元素（如 Al、Si、V、Ti、W、B 等）可使用高温火焰，如 $N_2O-C_2H_2$ 火焰、O_2-H_2 火焰；对其余绝大多数元素采用 $Air-C_2H_2$ 火焰。为获得火焰的合适温度，应控制助燃气和燃气的正常比例，通常二者的体积比为：$Air:C_2H_2=1:3$、$Air:C_3H_8=2:1$、$Air:H_2=(2\sim3):1$、$N_2O:C_2H_2=1:1$，助燃气和燃气最佳流量比也可通过绘制吸光度-流量（$A-v$）曲线来确定。

(3) 燃烧器高度的选择

不同元素在火焰中形成的基态原子的最佳区域高度不同，因此灵敏度也不同，所以应选择合适的燃烧器高度使光束从原子浓度最大的区域通过。一般在燃烧器狭缝口上方 2~5cm 附近火焰具有最大的原子密度，灵敏度最高。但对于不同测定元素和不同性质的火焰有所不同。最佳的燃烧器高度应通过实验选择。方法是先固定燃气和助燃气的流量，取一固体样品，逐步改变燃烧器的高度，调节零点，测定吸光度，绘制吸光度-燃烧器高度曲线，选择最佳位置。

5. *石墨炉原子化操作条件的选择*

(1) 载气的选择

原子化时常采用氩气或氮气作保护气体，通常认为氩气比氮气更好。氩气作为载气通入石墨管内，一面将已气化的样品带走，另一方面可保护石墨管不致因为高温灼烧被氧化。氩气流量的大小，在原子化阶段直接影响基态原子蒸气在石墨管中的浓度和滞留时间。目前，商品仪器都采用石墨管内、外单独供气，管外供气是连续的且流量大（1~5L/min），管内供气流量小（60~70mL/min）并可在原子化期间中断。这样可使基态原子停留在光路中的时间更长些，增大浓度，从而可提高测定的灵敏度。

(2) 冷却水

为使石墨管迅速降至室温，通常使用水温为 20℃、流量为 1~2L/min 的冷却水（可在 20~30s）冷却。水温不宜过低，流速也不可过大，以免在石墨椎体或石英窗产生冷凝水滴。

(3) 原子化温度的选择

样品在石墨炉中原子化要经历干燥、灰化、原子化和净化四个阶段。干燥阶段的干燥条件直接影响分析结果的重现性，为了防止样品飞溅，又能保持较快的蒸干速度，干燥应在稍低于溶剂沸点的温度下进行。条件选择是否得当可用蒸馏水或空白溶液进行检查。干燥时间可以调节，并与干燥温度相配合，一般取样 10~100μL 时，干燥时间为 15~60s。

灰化温度和时间的选择原则是在保证待测元素不挥发损失的条件下，尽量提高灰化温度，以去掉比待测元素化合物容易挥发的样品基体，减少背景吸收。灰化温度和时间由实验确定，即在固定干燥条件、原子化程序不变的情况下，通过绘制吸光度-灰化时间的曲线找到最佳灰化温度和灰化时间。

不同原子有不同的原子化温度，原子化温度的选择原则是选用达到最大吸收信号的最低温度作为原子化温度，这样可以延长石墨管的使用寿命。但是原子化温度过低，除了造成峰值灵敏度降低外，重现性也会受到影响。

原子化时间与原子化温度是相配合的。一般情况是在保证完全原子化前提下，原子化时间尽量短一些。对易形成碳化物的元素，原子化时间可以长一些。

现在的石墨炉带有斜坡升温设施，它是一种联讯升温设施，可用于干燥、灰化及原子化各阶段。近年来生产的石墨炉还配有最大功率附件，最大功率加热方式是以最快的加热速率 $(1.5 \sim 2.0) \times 10^3$℃/s，加热石墨管至预先确定的原子化温度。用最大功率加热方式加热可提高灵敏度，并在较宽的温度范围内有原子化平台。因此可以在较低的原子化温度下，达到最佳原子化条件。

（4）石墨管的净化

为了消除记忆效应，在原子化完成后，一般在 3000℃ 左右，采用空烧的方法来清洗石墨管，以除去残留的基体和待测元素，但时间宜短，否则使石墨管寿命大为缩短。

3.5.3 干扰及消除方法

原子吸收光谱分析由于使用锐线光源，是一种选择性比较好的分析方法，但在实际工作中仍存在干扰。主要干扰为：物理干扰、化学干扰、电离干扰和光谱干扰。对这些干扰应明确其性质，采取适当的措施予以消除。

1. 物理干扰及消除

物理干扰是指试样在转移、蒸发和原子化过程中物理性质（如黏度、表面张力、密度、蒸气压等）的变化而引起的原子吸收强度下降的效应。主要影响试样喷入火焰的速度、雾化效率、雾滴大小等。物理干扰是非选择性干扰，对试样各因素的影响基本相同。物理干扰主要发生在试液抽吸过程、雾化过程和蒸发过程中。

消除物理干扰的主要方法是配制与待测试样相似组成的标准溶液。在试样组成未知时，可以采用标准加入法或选用适当溶剂稀释试液来减少和消除物理干扰。此外，调节撞击球的位置以产生更多细雾；确定合适的抽吸量等，都能改善物理干扰对结果产生的负效应。

2. 化学干扰及消除

化学干扰是原子吸收光谱分析的主要干扰。它是由于在样品处理及原子化过程中，待测元素的原子与其他组分之间的化学作用，形成更稳定的化合物，从而影响待测元素化合物的解离及原子化，致使火焰中基态原子数目减少，而产生的干扰。例如，盐酸介质中测定 Ca、Mg 时，若存在 PO_4^{3-} 则会对测定产生干扰，这是由于 PO_4^{3-} 在高温时与 Ca、Mg 生成高熔点、难挥发、难解离的磷酸盐或焦磷酸盐，使参与吸收的 Ca、Mg 的基态原子数减少。

化学干扰是一种选择性干扰。消除化学干扰的方法如下。

(1) 改变火焰温度

对由于生成难熔、难解离化合物的干扰，可以通过改变火焰种类、提高火焰的温度来消除。如在 Air- C_2H_2火焰中 PO_4^{3-} 对 Ca 的测定有干扰，铝对 Mg 的测定有干扰。当改用N_2O-C_2H_2火焰后，由于提高了火焰的温度，就可消除此类干扰。

(2) 加入释放剂

向试样中加入一种试剂，使干扰元素与之生成更稳定、更难解离的化合物，而将待测元素从原来难解离的化合物中释放出来，使之有利于原子化，从而消除干扰。例如，上述 PO_4^{3-} 干扰 Ca 的测定，当加入 $LaCl_3$后干扰就被消除。因为 PO_4^{3-} 与 La^{3+} 生成更稳定的 La PO_4，将 Ca 从 $Ca_3(PO_4)_2$中释放出来。

(3) 加入保护剂

使其与待测元素生成稳定的络合物，而使待测元素不再与干扰元素生成更难解离的化合物而消除干扰。例如，PO_4^{3-} 干扰 Ca 的测定，当加入络合剂 EDTA 后，Ca 与 EDTA 生成稳定的螯合物，消除 PO_4^{3-} 的干扰。

(4) 加入缓冲剂

加入缓冲剂即向试样中加入过量的干扰成分，使干扰趋于稳定状态，此含干扰成分的试剂称为缓冲剂。例如，用 N_2O-C_2H_2火焰测钛时，铝有干扰，难以获得准确结果。当向试样中加入铝盐使铝的浓度达到 200μg/mL 时，铝对钛的干扰就不再随溶液中铝含量的变化而改变，从而可准确测定钛。但这种方法不很理想，它会大大降低测定的灵敏度。表 3-5 列出常用的抑制化学干扰的试剂。

表 3-5 常用的抑制化学干扰的试剂

试剂	类型	干扰元素	测定元素
La	释放剂	Al、Si、PO_4^{3-}、SO_4^{2-}	Mg
Sr	释放剂	Al、Be、Fe、Se、NO_3^-、PO_4^{3-}、SO_4^{2-}	Mg、Ca、Ba
Mg	释放剂	Al、Si、PO_4^{3-}、SO_4^{2-}	Ca
Ba	释放剂	Al、Fe	Mg、K、Na
Ca	释放剂	Al、F	Mg
Sr	释放剂	Al、F	Mg
Mg+$HClO_4$	释放剂	Al、P、Si、SO_4^{2-}	Ca
Sr+$HClO_4$	释放剂	Al、P、B	Mg、Ca、Ba
Nd、Pr	释放剂	Al、P、B	Sr
Nd、Sm、Y	释放剂	Al、P、B	Ca、Sr
Fe	释放剂	Si	Cu、Zn
La	释放剂	Al、P	Cr
Y	释放剂	Al、B	Cr
Ni	释放剂	Al、Si	Mg
甘油高氯酸	保护剂	Al、Fe、Tb、稀土、Si、B、Cr、Ti	Mg、Ca、Ba
NH_4Cl	保护剂	PO_4^{3-}、SO_4^{2-}	Sr
NH_4Cl	保护剂	Al	Sr、Na
NH_4Cl	保护剂	Sr、Ca、Ba、PO_4^{3-}、SO_4^{2-}	Mo
乙二醇	保护剂	Fe、Mo、W、Mn	Cr
甘露醇	保护剂	PO_4^{3-}	Ca

续表

试剂	类型	干扰元素	测定元素
葡萄糖	保护剂	PO_4^{3-}	Ca
水杨酸	保护剂	PO_4^{3-}	Ca、Sr
乙酰丙酮	保护剂	Al	Ca
蔗糖	保护剂	Al	Ca
EDTA	保护剂	P、B	Ca、Sr
8-羟基喹啉	络合剂	Al	Mg、Ca
$K_2S_2O_7$	络合剂	Al	Mg、Ca
Na_2SO_4	络合剂	Al、Fe、Ti	Cr
Na_2SO_4+Cu	—	可抑制 16 种元素的干扰	Cr
SO_4		可抑制镁等十几种元素的干扰	

(5) 化学分离干扰物质

若以上方法都不能有效地消除化学干扰时，可采用离子交换、沉淀分离、有机溶剂萃取等方法将待测元素与干扰元素分离开来，然后进行测定。化学分离法中有机溶剂萃取方法应用较多，因为在萃取分离干扰物质的过程中，不仅可以去除掉大部分干扰物，而且还可以起到浓缩待测元素的作用。在原子吸收分析中常用的萃取剂多为醇、酯和酮类。

如能将消除化学干扰的几种试剂联合使用，则克服干扰的效果会更显著。

3. 电离干扰及消除

电离干扰是指待测元素在高温下吸收能量，电离成离子而使基态原子数目减少导致测定结果偏低。原子化温度愈高，电离干扰愈严重。元素的电离随温度的升高而增加，随元素的电离电位及浓度的升高而减小。电离干扰主要发生在电离电位较低的碱金属和部分碱土金属中。

消除电离干扰最有效的方法是在试液中加入消电离剂。消电离剂一般是指比待测元素电离电位低的元素，在相同条件下，消电离剂首先被电离，产生大量的电子，抑制了待测元素的电离。例如，测定 Ba 时有电离干扰，加入过量的 KCl，可以消除 Ba 的电离干扰。Ba 的电离电位为 5.21eV，K 的电离电位为 4.3eV。一般说，加入元素的电离电位越低，所加入的量可以越少。适宜的加入量由试验确定，加入量太大会影响吸收信号和产生杂散光。

4. 光谱干扰及消除

光谱干扰是指由于分析元素的分析线与干扰物质谱线分离不完全而产生的干扰。它包括谱线干扰和背景干扰两种形式，主要来源于光源和原子化器，也与共存元素有关。

(1) 谱线干扰

谱线干扰有以下三种。

① 吸收线重叠。吸收线重叠是指样品中共存元素的吸收线与被测元素的分析线波长很接近时，两谱线重叠或部分重叠，使测定结果偏高。消除方法是另选分析线测定，若还未能消除干扰，就只能进行样品的分离。

② 光谱通带内存在非吸收线干扰。非吸收线干扰是指在光谱通带内光谱的多重发射，即光源不仅发射待测元素的共振线，而且在其共振线的附近发射其他的谱线，这些干扰线可能是多谱线元素如 Ni、Co、Fe 等发射的非分析线，也可能是光源内所含的杂质的发射线。

消除的方法：减小狭缝宽度，使光谱通带小到可以遮去多重发射的谱线，若波长差很小，则另选分析线；降低灯电流也可减少灯内干扰元素的发光强度；若灯使用时间长，内部产生氧化物类的杂质，则可以反向通电进行净化处理。

③ 原子化器内的发射干扰。来自火焰本身或原子蒸气中待测元素的发射，对这类干扰，可以对光源进行机械调制，或者是对空心阴极灯采用脉冲供电方式得到减免。但有时会增加信号噪声，此时可适当增加灯电流，提高光源发射强度来改善信噪比。

（2）背景干扰

背景干扰是指在原子化过程中，由于分子吸收和光散射作用而产生的干扰。背景干扰使吸光度增加，因而导致测定结果偏高。

分子吸收是指在原子化过程中，由于燃气、助燃气等火焰气体、试液中盐溶液和无机酸（主要是硫酸和磷酸）等分子或游离基对入射光吸收而产生的干扰。例如碱金属卤化物（KBr、NaCl、KI 等）在紫外光区有很强的分子吸收；硫酸和磷酸在紫外光区也有很强的吸收（盐酸、硝酸及高氯酸吸收都很小，因此原子吸收光谱法中应尽量避免使用硫酸和磷酸）。乙炔-空气、丙烷-空气等火焰在波长小于 250nm 的紫外区也有明显吸收。

光散射是指试液在原子化过程中形成高度分散的固体微粒，当入射光照射在这些固体微粒上时产生了散射，而不能被检测器检测，导致吸光度增加。通常入射光波长愈短，光散射作用愈强，试液集体浓度愈大，光散射作用愈严重。

石墨炉原子化法的背景干扰比火焰原子化法严重，有时不扣除背景就无法进行测量。消除背景干扰的方法有以下几种。

① 用双波长法扣除背景。先用分析线测量待测元素吸收和背景吸收的总吸光度，再在待测元素吸收线附近另选一条不被待测元素吸收的谱线（称为邻近非吸收线）测量试液的吸光度，此吸收即为背景吸收。从总吸光度中减去邻近非吸收线吸光度，就可达到扣除背景吸收的目的。

邻近非吸收线可用同种元素的非吸收线，也可用其他不同元素的非吸收线，选用其他不同元素的非吸收线时，样品中不能含有该种元素。邻近非吸收线波长与分析波长愈相近，背景扣除愈有效。例如，Al 的分析线为 309. 3nm，可选用 Al 的 307. 3nm 非吸收线进行背景扣除。Mg 的分析线为 285. 2nm，可用 Cd 的 283. 7nm 进行背景扣除。

② 用氘灯连续光谱校正背景。旋转斩光器交替使氘灯提供的连续光谱和空心阴极灯提供的共振线通过火焰，连续光谱通过时，测定的为背景吸收（此时的共振线吸收相对于总吸收可忽略）；共振线通过时，测定总吸收；二者的差值为有效吸收。氘灯校正背景原理见图 3-10。

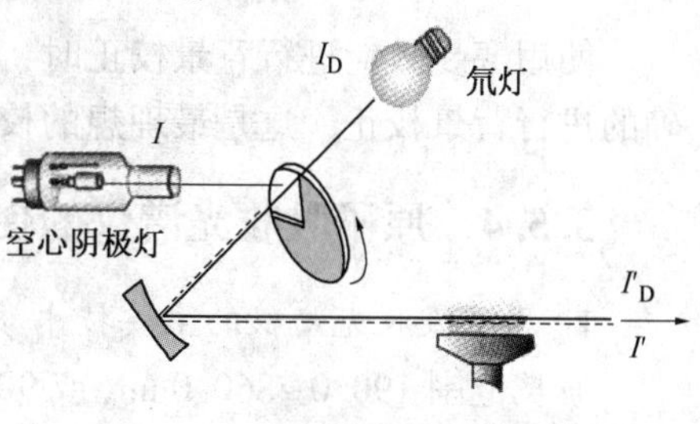

图 3-10　氘灯校正背景原理

氘灯只能校正较低的背景，而且只适于紫外光区的背景校正，可见光区的背景校正可用碘钨灯和氙灯。使用氘灯校正时，要调节氘灯光斑与空心阴极灯光斑完全吻合，并调节两束入射光能量相同。

③ 用自吸收法校正背景。当空心阴极灯在高电流下工作时，其阴极发射的锐线会被灯内处于基态的原子吸收，使发射的锐线变宽，吸光度下降。这种自吸收现象是客观存在的，也是无法避免的。因此可以先让空心阴极灯在低电流下工作，使锐线光通过原子化器，测得待测元素和背景吸收总和，然后使它再在高电流下工作，再通过原子化器，测得相当于背景

的吸收，将两次测得的吸光度数值相减，就可以扣除背景的影响。这种方法的优点是使用同一光源，在相同波长下进行的校正，校正能力强。不足之处是长期使用此法会使空心阴极灯加速老化，降低测量灵敏度。

④ 塞曼(Zeeman)效应校正背景。当使用石墨炉进行原子化时，常使用塞曼效应进行背景校正。塞曼效应是指光经过强磁场时，引起光谱线发生分裂的现象。塞曼效应可使吸收线分裂为具有不同偏振方向的组分，再用这些分裂的偏振成分来区别被测元素和背景吸收的一种背景校正法。塞曼效应校正背景吸收分为光源调制法和吸收线调制法。光源调制法是将强磁场加在光源上，吸收线调制法是将磁场加在原子化器上，目前主要应用的是后者。所施加磁场有恒定磁场和可变磁场。

塞曼效应校正背景可以全波段进行，它可校正吸光度高达 1.5~2.0 的背景，而氘灯只能校正吸光度小于 1 的背景，因此塞曼效应背景校正的准确度较高。

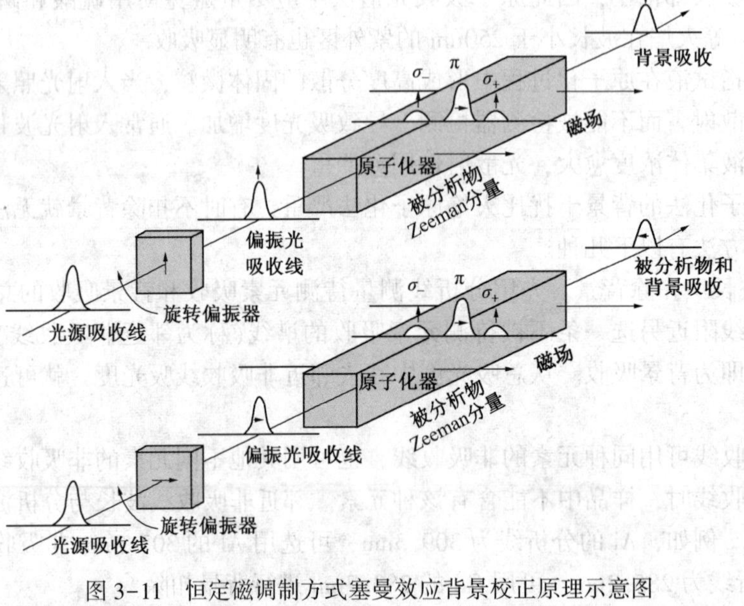

图 3-11　恒定磁调制方式塞曼效应背景校正原理示意图

使用塞曼效应进行背景校正时，由于使用同一光源在同一光路上进行测量，所以能够精确的进行背景校正，这是最理想的校正方法。见图 3-11 所示。

3.5.4　原子吸收光谱仪的使用和维护

1. 原子吸收光谱仪的主要技术参数

波长范围 190.0~860.0nm(或 900.0nm)，波长精度≤0.5nm，波长重现性≤0.2nm。

单色器：水平对称式衍射光栅，刻线条数 1200 条/mm；闪跃波长 200~250nm；线色散率倒数 2.06~2.38nm/mm。

实际分辨本领：单色器带宽 0.2nm，理论分辨率 60000。

2. 原子吸收光谱仪的一般操作规程

(1) 火焰原子化器

① 按仪器说明书检查各部件的电路连接是否正确，对燃气和助燃气要检查气密性是否良好。

② 安装待用的空心阴极灯，并调试至备用状态。打开总电源和空心阴极灯高压电源。

③ 调节燃烧器位置，使吸光度显示为0.000。

④ 打开通风机电源开关，通风10min后，先打开助燃气(空气)开关，调输气压力为0.2MPa，使流量约为5.5L/min，再打开燃气(乙炔)开关，调输气压力为0.5MPa，使流量约为1.5L/min，按下点火开关点燃火焰，待火焰正常即可测试。

⑤ 点火5min后，吸喷去离子水(或空白液)，按"调零"旋钮调零。

⑥ 将"信号"开关置于"积分"位置，吸喷标准溶液或试样溶液，待能量表指针稳定后，按"读数"键，记录显示器吸光度积分值，可重复测定3次取平均值。

⑦ 测量完毕，再吸喷去离子水10min进行清洗。

⑧ 熄灭火焰，关机。先关掉乙炔气源，再关空气源，火焰熄灭，关掉元素灯开关，最后关掉总电源开关和通风机开关。

⑨ 若使用氧化亚氮-乙炔火焰，操作如下：

a. 将控制气路的"空气/笑气"开关推至"空气"位置。

b. 将N_2O输出压力调至0.3MPa，将乙炔气输出压力调至0.05MPa，助燃气空气调输气压力为0.2MPa。按前述气体流量点燃空气-乙炔火焰，待火焰燃烧均匀后，调节乙炔流量至3L/min左右，并把"空气/笑气"开关推至"笑气"位置，即点燃氧化亚氮-乙炔火焰，调节乙炔流量使火焰反应区呈现玫瑰红色内焰高约1~2cm，外焰高约30~35cm，就可吸喷试样溶液进行分析测定。

c. 熄灭火焰，关机。首先将"空气/笑气"开关切换到"空气"位置，将氧化亚氮-乙炔火焰切换为空气-乙炔焰(切记不可直接熄灭氧化亚氮-乙炔火焰)，然后再关闭N_2O、乙炔和空气的气源，最后关掉元素灯开关和总电源开关。

(2) 石墨炉原子化器

① 点燃空心阴极灯，将播出调至待测元素分析线。

② 检查电路，载气和冷却水的连接，打开主机电源及其他相关电路开关，开启冷却水，调解水压约0.15MPa，载气Ar压力约0.50MPa，使内管Ar气流量为250mL/min，外管流量为150mL/min。

③ 按下干燥、灰化、原子化手动按钮，调节相应的温度旋钮，选定干燥、灰化、原子化的温度。

④ 扳动干燥、灰化、原子化的时间开关，选定干燥、灰化、原子化时间。

⑤ 扳动干燥、灰化、原子化的升温速率开关，选定干燥、灰化、原子化的升温速率。

⑥ 用微量注射器吸取适量试液快速注入石墨炉管中间的进样口，按下石墨炉的启动按钮，并放下记录仪上的记录笔，记录测定结果。

⑦ 实验结束后，关闭Ar气钢瓶和石墨炉内、外Ar气管的流量旋钮、电源开关和冷却水。

⑧ 反向旋转空心阴极灯的"增益"旋钮，降低灯电流为零，关闭"增益"及灯电流开关和整机主电源开关，结束实验。

实验中应当注意以下几点：

① 完成一次测量后，石墨管需冷却10~15s，当进样"准备"灯亮后，才可再注入新的样品。

② 在原子化过程中，需要停止运行程序时，可按下"止动"开关，石墨炉即停止工作。通常在原子化时不通Ar气，以延长气态原子在光路中的停留时间，提高测定的灵敏度。

③ 当光路中的镜筒窗上被溅射沾污时，可取下镜筒，用擦镜纸将石英窗擦净后再装好。

3. 原子吸收光谱仪的维护

为保证原子吸收光谱仪的正常运行，日常维护应注意以下几点：

① 对新购置的每只空心阴极灯，应进行扫描测试，记录发射线波长、强度及背景发射情况。实验结束待灯充分冷却后，从灯架上取下放好。若长期不用，应定期点燃，以延长灯的使用寿命。

② 雾化器喷嘴为铂铱合金毛细管，为防止被腐蚀，每次使用后要用去离子水冲洗，若发现堵塞，应及时疏通。

③ 对不锈钢雾化室，在喷过酸碱溶液后，应立即用去离子水吸喷 5~10min 进行清洗，以防腐蚀；对全塑结构的雾化室也应定期清洗。

④ 对单缝或三缝燃烧器的喷火口应定期清除积炭颗粒，保持火焰正常燃烧。对由铜或不锈钢制作的燃烧器，应注意缝口是否因腐蚀变宽而发生回火，对钛合金燃烧器也应定期检查。

⑤ 经常检查废液缸的水封是否破坏，防止发生回火。

⑥ 单色器上的光学元件，严禁用手触摸或擅自调节。仪器中的光电倍增管严禁强光照射，检修时要关掉高压电源。对备用光电倍增管应轻拿轻放，严禁振动。

⑦ 原子吸收光谱仪应安装在防震实验台上，燃气乙炔钢瓶应远离实验室，助燃气(空气)最好使用可放在室内的小型空压机，火焰燃烧产生的有害废气，应安装通风设备加以排除。

4. TAS-990 火焰型原子吸收光谱仪的使用

(1) 开机顺序

①打开抽风设备；②打开稳压电源；③打开计算机电源，进入 Windows 桌面系统；④打开 TAS-990 火焰型原子吸收主机电源；⑤双击 TAS-990 程序图标“AAwin”，选择“联机”，单击 确定 ，进入仪器初始化画面。等待仪器各项初始化“确定”后进行测量操作。

(2) 测量操作步骤

① 选择元素灯及测量参数：

a. 选择“工作灯(W)”和“预热灯(R)”后单击 下一步 ；b. 设置元素测量参数，可以直接单击 下一步 ；c. 进入“设置波长”步骤，单击“寻峰”，等待仪器寻找工作灯最大能量谱线的波长。寻峰完成后，单击 关闭 。d. 单击 下一步 ，进入完成设置画面，单击 完成 。e. 检查元素灯光斑位置是否合适，然后预热约 20~30min。

② 设置测量样品和标准样品：

a. 单击 样品 ，进入“样品设置向导”，主要选择“浓度单位”；b. 单击 下一步 ，进入标准样品画面，根据所配制的标准样品设置标准样品的数目及浓度；c. 单击 下一步 ，进入辅助参数选项，可以直接单击 下一步 ；单击 完成 ，结束样品设置。

③ 点火步骤：

a. 打开空压机，观察空压机压力是否位于 0.20~0.25MPa；b. 打开乙炔，调节分表压力为 0.05~0.08MPa，用发泡剂检查各个连接处是否漏气；c. 单击点火按键，观察火焰是否点燃；如果第一次没有点燃，请等5~10s再重新点火；d. 火焰点燃后，把进样吸管放入去离子水中，单击 能量 ，选择 自动能量平衡 调整能量到100%左右后关闭。

④ 测量步骤：

a. 标准样品测量：把进样吸管放入空白溶液，单击 校零 键，调整吸光度为零左右；单击 测量 键，进入测量画面(在屏幕右上角)，依次吸入空白溶液和标准样品开始测量(必须根据浓度从低到高的测量)。注意：在测量中一定要注意观察测量信号曲线，直到曲线前进平稳后再按测量键 开始 ，自动读数3次完成后再把进样吸管放入下一个样品继续测量。做完标准样品后，把进样吸管放入去离子水中，单击 终止 按键。把鼠标指向标准曲线图框内，单击右键，选择“详细信息”，查看相关系数R是否合格。如果合格，进入样品测量。

b. 样品测量：把进样吸管放入空白溶液，单击 校零 键，调整吸光度为零左右；单击 测量 键，进入测量画面(屏幕右上角)，吸入样品，单击 开始 键测量，自动读数3次完成一个样品测量。一个样品测量完毕后需把进样管放入去离子水中清洗5~10s然后再测下一个样品。测量超过5个样品时请用去离子水清洗后重新在空白溶液中校零再测。注意事项与标准样品测量方法相同。

c. 测量完成：如果需要打印，单击 打印 ，根据提示选择需要打印的结果；如果需要保存结果，单击 保存 ，根据提示输入文件名称，单击 保存(S) 按钮。以后可以单击 打开 调出此文件。

⑤ 结束测量：

a. 如果需要测量其他元素，可先临时关闭火焰，单击 元素灯 ，操作同上(2. 测量操作步骤：)。

b. 如果完成测量，一定要先关闭乙炔，等到计算机提示“火焰异常熄灭，请检查乙炔流量”；确定后再关闭空压机，按下放水阀，排除空压机内水分。

(3) 关机顺序

① 退出TAS-990程序：单击右上角“关闭”按钮(X)，如果程序提示“数据未保存，是否保存”，根据需要选择，一般打印数据后可以选择 否 ，程序出现提示信息后单击 确定 退出程序。

② 关闭主机电源，罩上原子吸收仪器罩。

③ 关闭计算机电源、稳压器电源。15min后再关闭抽风设备；关闭实验室总电源，完成测量工作。

注意事项：此“操作步骤”只是简单操作顺序，具体操作步骤和详细内容请参考说明书的相关内容。由于原子吸收在分析过程中会有很多干扰因素，请查阅相关手册和资料。

附：

1. 乙炔钢瓶开关步骤

(1) 开启

① 逆时针打开乙炔钢瓶总开关，此时可看到乙炔钢瓶总压力表显示钢瓶内的气体总压

力值；

② 顺时针旋转出口压力调节阀至分压力表读数为 0.05~0.08MPa；

(2) 关闭

① 关闭前火焰应处于燃烧状态；

② 顺时针拧紧乙炔钢瓶总开关，此时可以看到钢瓶总压力表和分压力表的读数正在缓慢减少到 0；

③ 逆时针松开出口压力调节阀 3 圈左右。

(3) 乙炔钢瓶总压力表

显示小于 0.4MPa 必须立即更换乙炔。

2. 空压机开关机步骤

(1) 开机步骤

先开风机开关，再开工作开关，然后调整压力调节旋钮至 0.20~0.25MPa；

(2) 关机步骤

先关工作开关，然后按下放水按钮至压力为 0，再关闭风机。

3.6 原子荧光光谱法

原子荧光光谱法(AFS)是通过测量待测元素的原子在特定频率辐射能激发下所产生的荧光发射强度，来测定待测元素含量的方法。荧光现象早在 19 世纪末 20 年代初就已经被发现了，但原子荧光光谱法作为一种分析技术，却直到 1964 年以后才被应用。

原子荧光光谱法虽是一种发射光谱法，但它和原子吸收光谱法密切相关，兼有原子发射和原子吸收两种分析方法的优点，又克服了两种方法的不足。原子荧光光谱法具有发射谱线简单，灵敏度高于原子吸收光谱法，线性范围较宽，干扰少的特点，能够进行多元素同时测定，广泛应用于冶金、石化、环境保护和生物样品中痕量元素分析。

3.6.1 方法原理

1. 原子荧光的产生及类型

气态自由原子吸收特征波长的辐射后，原子的外层电子从基态或低能态跃迁到高能态，约经 10^{-8}s 后，又跃迁回基态或低能态，同时发射出与原激发波长相同或不同的辐射。这种现象称为原子荧光。原子荧光分为共振荧光、直跃线荧光、阶跃线荧光、反斯托克斯(anti-Stokes)荧光与敏化荧光等五种，其中共振荧光应用最多。如图 3-12 所示。

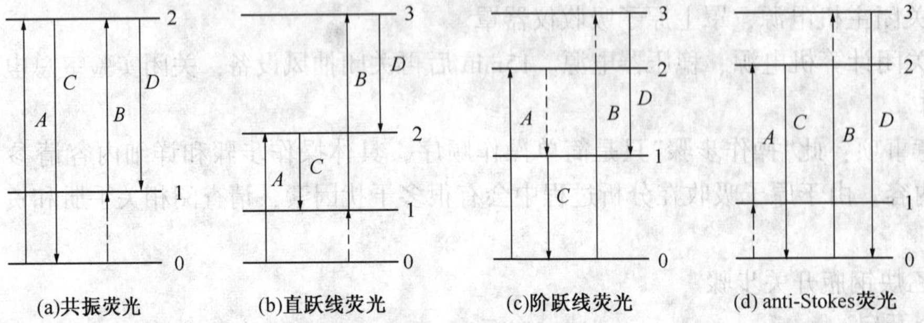

图 3-12　原子荧光类型

（1）共振荧光

气态原子外层电子吸收共振线被激发后，激发态原子再发射出与共振波长相同的荧光；见图 3-12(a) 中 A、C。

热共振荧光：若原子受热激发处于亚稳态，再吸收辐射进一步激发，然后再发射出相同波长的共振荧光；见图 3-12(a) 中 B、D。

（2）非共振荧光

当荧光与激发光的波长不相同时，产生非共振荧光。分为：直跃线荧光、阶跃线荧光、anti-Stokes 荧光三种。

① 直跃线荧光。由图 3-12(b) 可见，处于基态 E_0 的电子被激发到 E_2 能级，然后再跃迁回到非基态的亚稳态 E_1 能级时所发射的荧光，称为直跃线荧光。荧光波长 λ_F 大于激发线波长 λ_A（荧光能量间隔小于激发线能量间隔）。

② 阶跃线荧光。由图 3-12(c) A、B 可见，处于基态 E_0 的电子被激发到 E_2 能级，然后经过无辐射的去活化跃迁至 E_1 能级后，再发射荧光返回基态，这一类荧光称为阶跃线荧光。荧光波长 λ_F 小于激发线波长 λ_A（荧光能量间隔大于激发线能量间隔）。

光照激发、再热激发，返至高于基态的能级，发射荧光，见图 3-12(c) B、D。例如，Cr 原子吸收线 359.35nm，再热激发，荧光发射线 357.87nm，见图 3-12(c) B、D。

③ anti-Stokes 荧光。荧光波长 λ_F 小于激发线波长 λ_A 时称为 anti-Stokes 荧光。光子能量的不足部分通常由原子化器提供的热能补充，因而也称为热助荧光。即先热激发再光照激发（或反之），再发射荧光直接返回基态，见图 3-12(d) A、C。例如，铟原子先热激发，再吸收光跃迁 451.13nm，发射荧光 410.18nm。

（3）敏化荧光

受光激发的原子(A)与另一种原子碰撞时，把激发能传递另一个原子(M)使其激发，后者发射原子荧光，即为敏化荧光。火焰原子化中观察不到敏化荧光；非火焰原子化中可观察到。

所有类型中，共振荧光强度最大，最为有用。

2. 原子荧光的猝灭

处于激发态的原子寿命十分短暂，仅 10^{-8}s，当它从高能级返回到低能级时除发射荧光外，也可能在原子化器中与其他分子、原子或电子发生非弹性碰撞，而丧失其能量，荧光将减弱或完全不产生，这种现象称为荧光淬灭。荧光猝灭的程度与被测元素及猝灭剂的种类有关，氩气气氛中荧光猝灭程度最小。如何衡量荧光猝灭程度？提出荧光量子效率(Φ)，其定义为：

$$\Phi = \Phi_f / \Phi_a \tag{3-21}$$

Φ_f 为单位时间发射的荧光光子数；Φ_a 为单位时间吸收激发光的光子数。一般情况下荧光量子效率小 1。荧光猝灭有以下几种类型。

（1）与自由原子碰撞

$$M^* + X = M + X$$

M^* 为激发原子，M 和 X 为中性原子。

（2）与分子碰撞

$$M^* + AB = M + AB$$

这是形成荧光猝灭的主要原因，AB 可能是火焰的燃烧产物。

（3）与电子碰撞

$$M^{*}+e^{-}=\!=\!=M+e$$

（4）与自由原子碰撞后，形成不同的激发态。

$$M^{*}+A\longrightarrow M^{X}+A$$

M^{*}和M^{X}为原子M的不同激发态。

（5）与分子碰撞后

$$M^{*}+AB=\!=\!=M^{X}+A$$

（6）化学猝灭反应

$$M^{*}+AB=\!=\!=M+A+B$$

A和B为火焰中存在的分子或稳定的游离基。

上述荧光猝灭过程将导致荧光量子效率降低，荧光强度减弱，因而严重影响原子荧光分析。为了减小荧光猝灭的影响，应尽量降低原子化器中猝灭面积大的粒子浓度，即CO_2、N_2、O_2等气体的浓度。

3. 原子荧光定量分析

当光源强度稳定、辐射光平行、自吸可忽略，发射荧光的强度I_f正比于基态原子对特定频率吸收光的吸收强度I_a。

$$I_f=\Phi\cdot I_a \tag{3-22}$$

在理想情况下，由朗伯-比耳定律可得：

$$I_f=\Phi\cdot I_0\cdot A\cdot K_0\cdot l\cdot N=K\cdot c \tag{3-23}$$

式中 Φ——荧光量子效率；

I_0——原子化火焰单位面积接受到的光源强度；

A——受光照射在检测器中观察到的有效面积；

K_0——峰值吸收系数；

l——吸收光程；

N——单位体积内的基态原子数。

实验条件一定时，原子荧光强度与试液中待测元素的浓度成正比，式(3-21)为原子荧光光谱法定量分析的依据。

4. 影响荧光强度的因素

由式(3-23)可知，影响荧光强度的因素有以下几点。

① 荧光量子效率愈大，荧光强度愈大。荧光量子效率主要决定于谱线性质，也与原子化类型有关。用惰性气体(Ar)稀释的火焰其荧光量子效率最高。

② 原子化效率愈高，荧光强度愈大。这是因为火焰中待测元素的原子密度不仅与试样中元素含量有关，还与原子化效率有关。因此原子化器的类型和条件对于原子荧光测定的灵敏度和准确度影响很大。

③ 由于激发光强度与荧光强度成正比，所以采用高强度灯有利于增大荧光强度，提高测定灵敏度，降低检出限。

④ 荧光猝灭对荧光强度影响很大。荧光猝灭与火焰成分和基体有关。

⑤ 延长吸收光程，可提高灵敏度。

⑥ 式(3-23)只有在待测元素浓度较低时才成立，浓度高时，荧光强度与待测元素的浓度关系为非线性的，所以原子荧光光谱法特别适用于痕量元素分析。

⑦ 固体微粒的光散射，自吸收现象和其他干扰也影响荧光强度的准确测量，从而影响分析结果。

3.6.2 原子荧光光谱仪

1. 原子荧光光谱仪的基本组成

原子荧光光谱仪由激发光源、原子化器、分光系统、检测器、信号放大器和数据处理器等部分组成。

(1) 激发光源

激发光源是原子荧光光谱仪的主要组成部分，其作用是提供激发待测元素的原子的辐射能。对光源的基本要求是强度大、无自吸现象、稳定性好、噪声小、辐射光谱重现性好、操作简便、价格低廉、使用寿命长且各种元素均可制出此类型的灯。

激发光源可以是锐线光源，也可以是连续光源。常用光源有空心阴极灯、无极放电灯、金属蒸气放电灯、电感耦合等离子焰、氙弧灯、二极管激光和可调谐染料激光等。目前应用最多的是空心阴极灯，可调谐染料激光是一种有发展前途的光源。

(2) 原子化器

原子化器是提供待测元素自由原子蒸气的装置。原子荧光分析对原子化器的基本要求是原子化效率高、猝灭性低、背景辐射弱、稳定性好和操作简便。与原子吸收类似，在原子荧光分析中采用的原子化器也分为火焰原子化器和电热原子化器两大类。如火焰原子化器，高频耦合等离子焰石墨炉、汞及可形成氢化物元素用原子化器。

(3) 分光系统

由于原子荧光光谱比较简单，因而方法对所采用的分光系统要求有较高的集光本领，而对色散率要求不高。由于在原子荧光测量中，激光光源与检测器不在同一光路上(避免激发光源等对原子荧光信号的影响)，因而在特殊情况下也可以不用单色器，常用的分光器是光栅和棱镜。

(4) 检测系统

在原子荧光光谱仪中，目前普遍使用的检测器仍以光电倍增管为主，对于无色散系统的仪器来说，为了消除日光的影响，必须采用工作波长为160~320nm的日盲光电倍增管。此外也有用光电摄像管和光电二极阵列作检测器。

(5) 显示系统

光电转换所得的电信号经锁定放大器放大后显示出来。近年来由于计算机技术的迅速发展，绝大多数的仪器均采用计算机来处理数据，基本上具有实时图像显示、曲线拟合、打印结果等自动功能，使分析工作更为快捷方便。

2. 原子荧光光度计

(1) 仪器类型

原子荧光光度计按波道数目分为单通道和多通道，按照有无色散系统可分为色散型和非色散型两类。

单通道：每次分析一个元素；

多通道：每次可分析多个元素。

色散型：带分光系统；

非色散型：采用滤光器分离分析线和邻近线。

(2) 主要特点

光源与检测器成一定角度，为了检测荧光信号，避免发射光谱的干扰，将激发光源和原子化器置于单色器和检测器成直角的位置。见图 3-13 所示。

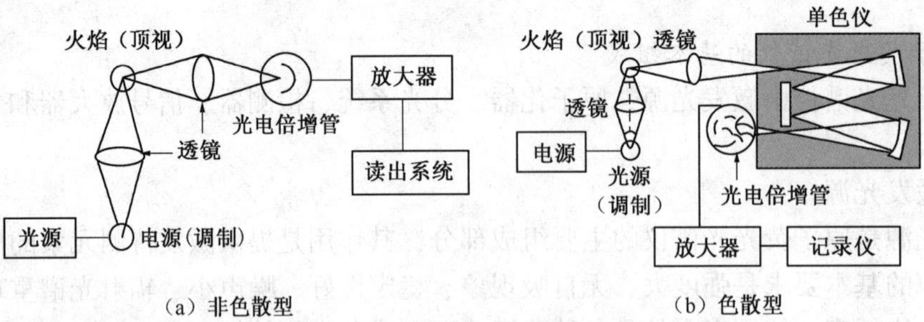

图 3-13　原子荧光光度计原理示意图

多道原子荧光仪：多个空心阴极灯同时照射，可同时分析多个元素，见图 3-14 所示。

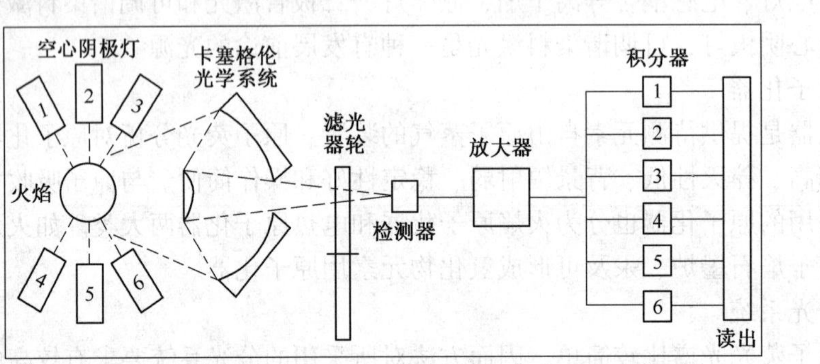

图 3-14　原子荧光光谱法同时分析多种元素仪器示意图

3.6.3　原子荧光定量方法

原子荧光定量方法最常采用标准曲线法，即配制一系列标准溶液测量其相对荧光强度，以相对荧光强度为纵坐标，浓度为横坐标绘制标准曲线。在相同的条件下测量试液的相对荧光强度，就可从工作曲线上求得试液的浓度。

3.6.4　原子荧光光谱法的应用

原子荧光光谱法具有很高灵敏度，校正曲线的线性范围宽，能进行多元素同时测定。在冶金、石油、农业、生物、医药、地球化学、材料科学、环境科学等领域有相当广泛的应用。

原子荧光光谱法具体应用很多，如 Zn、Cd、Mn、As、Hg 等元素的分析测定，酸雨中 Zn 的测定、盐矿中 Se、Fe 的测定，矿石废水中痕量 Sn 的测定等。尤其是稀土元素的原子/离子荧光光谱分析可克服光谱干扰，因而原子荧光光谱法已成为稀土元素分析的有效方法之一，得到广泛应用。近年来发展起来的电热原子化器-激光激发原子荧光光谱（ETA-LEAFS）分析法可以完成许多其他方法难以完成的分析任务，如大气中汞，南极冰雪水中的铝和锌，土壤间气流中的金，海洋沉淀物中金和钯的测定等。该法已为我国的环境监测、矿产资源勘探提供了许多有意义的数据。

阅读材料

原子吸收分光光度法测食品中微量元素的进展

目前我国农作物、畜禽肉、水产品的污染和食品在生产、加工、运输、储存、销售等环节的污染，严重损害了消费者的身体健康，其中食品中有害微量元素的污染问题尤为严重。汞、铅、镉、砷等金属元素在较低摄入的情况下对人体即可产生明显的毒性作用，且有毒微量元素具有强蓄积性、生物富集性以及对人体造成的伤害多表现为慢性中毒等特点，所以，微量元素污染对人类健康的潜在威胁已经成为一个严重的食品安全问题。因此，食品中微量元素的检验成为食品分析检验中很重要的一个方面。

近年来，国内外对食品中微量元素的检验已经有了较为成熟的分析方法(如原子吸收分光光度法)，同时在样品处理和数据处理方法等方面也有了长足进步。现就食品中微量元素检测的原子吸收分光光度法(AAS)的基本原理及应用进行综述。

原子吸收分光光度法是基于原子对特征光吸收的一种相对测量方法，其基本原理是将光源辐射出的待测元素的特征光谱通过样品的蒸气时，被待测元素的基态原子所吸收，在一定条件下，入射光被吸收而减弱的程度与样品中待测元素的含量呈正相关，由此可得样品中待测元素的含量。此方法具有灵敏度高、选择性强、分析范围广、精密度好和准确性好等特点。所用的仪器为原子吸收分光光谱仪，其中原子化系统是关键组成部件，其作用是将样品中的待测元素转化为自由态原子蒸气。原子化装置一般包括火焰原子化系统、石墨炉(无火焰)原子化系统和氢化物发生器和冷原子化四种类型。

氢化物发生进样的原理是某些元素如砷、锑、铋、锡、锗等与合适的还原剂(如硼氢化钠)发生反应，可形成气态氢化物，汞可生成气态原子态汞，镉、锌可生成气态组分，生成的氢化物被引入到特殊设计的石英炉中进行原子化。氢化物发生进样的优点是消除干扰、进样效率高、易实现 自动化和可进行价态分析等。氢化物发生原子吸收光谱法(HG-AAS)也广泛地在原子吸收光谱法中使用。

对于酒和饮料等食品多采用石墨炉原子吸收光谱法对其中锰、锡等微量元素进行测定，样品不必进行前处理即可用标准曲线法或标准加入法直接测定，无基体干扰和背景吸收，避免了样品消化、转移、定容、萃取、分离等化学处理过程，从而简化了试验程序，提高了分析效率，测定结果准确可靠；文献中还建立了直接固体进样石墨炉原子吸收光谱法，测定了铜、铅、镉、锌和铁等微量元素，结果令人满意。

应用流动注射氢化物发生原子吸收光谱法(FI-HG-AAS)和高效液相色谱氢化物发生原子吸收光谱法(HPLC-HG-AAS)，对固态样品和复杂样品中的微量元素进行测定成为目前使用较多的方法。流动注射和高效液相色谱与原子吸收光谱仪的联用，克服了传统的间断氢化物发生原子吸收光谱法分析速度慢、样品耗量大、操作繁琐、因手工进样在进样速度和进样体积上容易带来误差以及复杂组分干扰分析等缺点。

原子吸收光谱仪器的发展过程划分为 4 个阶段：1954~1959 年实验室仪器装置研发阶段；1960~1970 年商品仪器初级阶段；1971~1990 年商品仪器完善阶段；1991~现在商品仪器高水平技术发展平台阶段。从以下 4 个方面说明当前的高水平技术发展平台阶段：①原子化器系统的不断完善与发展。②仪器的分析性能不断提高和完善。③仪器自动化水平的不断提高并开始向智能化方向发展。④各大公司AAS仪器的主要技术指标已互相接近。

进入21世纪，原子吸收仪器的发展不仅仅表现为新技术、新器件、新材料的应用，各功能部件的技术改进与完善，也不仅只体现为从LS AAS向CS AAS的突破，还出现了某些发展新趋势：一是在元素形态分析新领域获得应用的色谱与原子吸收联用技术；二是仪器的小型化、专用化。

近年来仪器联用技术发展很快，比如气相色谱与原子吸收联用或液相色谱与原子吸收联用。这些联用技术可以综合色谱和原子吸收两种方法各自的优点。例如，环境中痕量金属有机物的分析，这类化合物的分离常用色谱法，但色谱所用的检测器如电子捕获检测器、氢火焰离子化检测器和紫外光度检测器对金属的选择性较差，而原子光谱由于对金属有较好的选择性，用作色谱的检测器，可以在测定过程中避免许多干扰。这种联用技术已用于环境、生物、医学、食品、地质等领域，分析元素也由原来的铅、砷、锡、硒等扩展到20多种。

原子吸收分光光度法具有操作简便、检出限低、精密度高、线性范围宽和可实现多元素同时测定等优点。但是由于该方法所需设备价格昂贵、仪器维护和使用费用较大，目前尚未得到普遍推广应用。总之，原子吸收光谱法发展40年经久不衰，充分表明了它的生命力，而仪器不断更新换代，不断寻求新突破的发展现状，也预示原子吸收分光光度法有着光明的未来之路。

思考与练习

一、选择题

1. 使原子吸收谱线变宽的因素较多，其中(　　)是主要因素。

A. 压力变宽　　B. 劳伦兹变宽　　C. 温度变宽　　D. 多普勒变宽

2. 当用峰值吸收代替积分吸收测定时，应采用的光源是(　　)。

A. 待测元素的空心阴极灯　　B. 氢灯

C. 氘灯　　D. 卤钨灯

3. 由原子无规则的热运动所产生的谱线变宽称为(　　)。

A. 自然变度　　B. 赫鲁兹马克变宽　　C. 劳伦兹变宽　　D. 多普勒变宽

4. 原子吸收分光光度法中的吸光物质的状态应为(　　)。

A. 激发态原子蒸气　　B. 基态原子蒸气　　C. 溶液中分子　　D. 溶液中离子

5. 原子吸收分析中可以用来表征吸收线轮廓的是(　　)。

A. 发射线的半宽度　　B. 中心频率　　C. 谱线轮廓　　D. 吸收线的半宽度

6. 原子吸收光谱产生的原因是(　　)。

A. 分子中电子能级跃迁　　B. 转动能级跃迁

C. 振动能级跃迁　　D. 原子最外层电子跃迁

7. 原子吸收光谱是(　　)。

A. 带状光谱　　B. 线性光谱　　C. 宽带光谱　　D. 分子光谱

8. 在原子吸收分析中，下列火焰组成的温度最高是(　　)。

A. 空气-煤气　　B. 空气-乙炔　　C. 氧气-氢气　　D. 笑气-乙炔

9. 原子吸收光谱法是基于从光源辐射出(　　)的特征谱线，通过样品蒸气时，被蒸气中待测元素的基态原子所吸收，由辐射特征谱线减弱的程度，求出样品中待测元素含量。

A. 待测元素的分子　　B. 待测元素的离子

C. 待测元素的电子　　D. 待测元素的基态原子

10. 双光束原子吸收分光光度计与单光束原于吸收分光光度计相比，前者突出的优点是(　　)。

A. 可以抵消因光源的变化而产生的误差　　B. 便于采用最大的狭缝宽度

C. 可以扩大波长的应用范围　　D. 允许采用较小的光谱通带

11. 下列不属于原子吸收分光光度计组成部分的是(　　)。

A. 光源　　B. 单色器　　C. 吸收池　　D. 检测器

12. 现代原子吸收光谱仪的分光系统的组成主要是(　　)。

A. 棱镜+凹面镜+狭缝　　B. 棱镜+透镜+狭缝

C. 光栅+凹面镜+狭缝　　D. 光栅+透镜+狭缝

13. 欲分析 165~360nm 的波谱区的原子吸收光谱，应选用的光源为(　　)。

A. 钨灯　　B. 能斯特灯　　C. 空心阴极灯　　D. 氘灯

14. 选择不同的火焰类型主要是根据(　　)。

A. 分析线波长　　B. 灯电流大小　　C. 狭缝宽度　　D. 待测元素性质

15. 可作原子吸收分光光度计光源的有(　　)。

A. 空心阴极灯　　B. 蒸气放电灯　　C. 钨灯　　D. 高频无极放电灯

16. 石墨炉原子化过程包括(　　)。

A. 灰化阶段　　B. 干燥阶段　　C. 原子化阶段　　D. 除残阶段

17. 使用乙炔钢瓶气体时，管路接头不可以用的是(　　)。

A. 铜接头　　B. 锌铜合金接头　　C. 不锈钢接头　　D. 银铜合金接头

18. 下列关于空心阴极灯使用描述正确的是(　　)。

A. 空心阴极灯发光强度与工作电流有关　　B. 增大工作电流可增加发光强度

C. 工作电流越大越好　　D. 工作电流过小，会导致稳定性下降

19. 下列关于空心阴极灯使用注意事项描述正确的是(　　)。

A. 一般预热时间 20~30min 以上　　B. 长期不用，应定期点燃处理

C. 低熔点的灯用完后，等冷却后才能移动　　D. 测量过程中可以打开灯室盖调整

20. 常用的火焰原子化器的结构包括(　　)。

A. 燃烧器　　B. 预混合室　　C. 雾化器　　D. 石墨管

二、填空题

1. A. A. S 光谱仪分为________、________、________、________四个部分。

2. 空心阴极灯是 A. A. S 光谱仪的________、其最主要部分是________，它是由________制成的。整个灯熔封后充以________成为一个特殊形式的________。

3. 作为 A. A. S 光谱仪分析中的气源，一般常用的有________和________。

4. A. A. S 光谱仪中广泛使用________作检测器，它的功能是将微弱的________信号转变为________信号，并有不同程度的________。

5. 为实现峰值吸收吧，必须使锐线光源发射线的________与________相重合，还要求锐线光源发射线的宽度必须比________的宽度________。

6. 化学原子化目前常用的方法有________、________法。

7. 在管式石墨炉中，使试样原子化的程序包括________、________、________和________。

8. A. A. S 最佳操作条件的选择有________、________、________、________和________的选择。

9. A. A. S 常用的定量方法有________、________、________和________法。

10. 在 A. A. S 中试样经原子化后获得的原子蒸气可吸收________发射的________，其吸光度与________之间遵循________定律，即 $A=$________，这是 A. A. S 定量分析的基础。

11. 火焰原子化装置分为________型和________型原子化器。

12. 无火焰原子化装置又称________原子化装置，使用较广泛的是________原子化器。使用时________中要不断通入________气体，以保护原子化的________不再被氧化，并可用以________和保护________。

13. 作为火焰原子吸收光谱的光源要求其发射的待测元素的________有足够的________，背景________，稳定性________。通常使用的光源有________或________。

14. A. A. S 中的背景干扰产生的原因是________________。

15. A. A. S 定量分析法中的标准加入法消除了________干扰。

16. A. A. S 中的化学干扰可用下述________、________、________、________等方法消除。

17. 原子吸收分析中的干扰主要有________、________和________三种类型，背景吸收属于________干扰，它是一种________吸收。

18. 已知待测元素铬的浓度为 0.5mol/mL，原子吸收分光光度计测定的吸光度值为 0.200，则该元素的 1%吸收灵敏度为________。

19. 在原子吸收光谱线变宽的因素中，多普勒变宽是由于________；洛伦兹变宽是由于________所引起的。

20. 试样在原子吸收过程中，除离解反应外，可能还伴随着其他一系列反应，在这些反应中较为重要的是________、________、________反应。

三、名词术语

1. 共振发射线与共振吸收线
2. 谱线轮廓与谱线半宽度
3. 中心频率与峰值吸收系数
4. 自然变宽　多普勒变宽　洛伦兹变宽
5. 积分吸收与峰值吸收
6. 贫燃焰　富燃焰　化学计量焰
7. 灵敏度
8. 特征浓度　特征质量
9. 检出限
10. 回收率
11. 分辨率
12. 锐线光源
13. 背景吸收
14. 基体效应
15. 色散率

四、判断题

1. 原子吸收法是根据基态原子和激发态原子对特征波长吸收而建立起来的分析方法。( )

2. 原子吸收光谱是带状光谱，而紫外-可见光谱是线状光谱。( )

3. 原子吸收光谱是由气态物质中激发态原子的外层电子跃迁产生的。( )

4. 在原子吸收分光光度法中，一定要选择共振线作分析线。( )

5. 原子吸收分光光度计的光源是连续光源。( )

6. 原子吸收分光光度计中的单色器是放在原子化系统之前的。( )

7. 原子吸收光谱仪和751型分光光度计一样，都是以氢弧灯作为光源。( )

8. 原子吸收光谱仪中常见的光源是空心阴极灯。( )

9. 原子吸收光谱产生的原因是最外层电子产生的跃迁。( )

10. 空心阴极灯发光强度与工作电流有关，增大电流可以增加发光强度，因此灯电流越大越好。( )

11. 每种元素的基态原子都有若干条吸收线，其中最灵敏线和次灵敏线在一定条件下均可作为分析线。( )

12. 空心阴极灯的主要参数是灯电流。( )

13. 原子吸收光谱法选用的吸收分析线一定是最强的共振吸收线。( )

14. 原子吸收检测中适当减小电流，可消除原子化器内的直流发射干扰。( )

15. 在原子吸收中，如测定元素的浓度很高，或为了消除邻近光谱线的干扰等，可选用次灵敏线。( )

16. 在原子吸收法中，能够导致谱线峰值产生位移和轮廓不对称的变宽是自吸变宽。( )

17. 火焰原子化法中常用气体是空气-乙炔。( )

18. 化学干扰是原子吸收光谱分析中的主要干扰因素。( )

19. 原子吸收检测中测定Ca元素时，加入$LaCl_3$可以消除PO_4^{3+}的干扰。( )

20. 原子吸收光谱分析中的背景干扰会使吸光度增加，因而导致测定结果偏低。( )

21. 石墨炉原子化法与火焰原子化法比较，其优点之一是原子化效率高。( )

22. 石墨炉原子吸收测定中，所使用的惰性气体的作用是保护石墨管不因高温灼烧而氧化、作为载气将气化的样品物质带走。( )

23. 单色器的狭缝宽度决定了光谱通带的大小，而增加光谱通带就可以增加光的强度，提高分析的灵敏度，因而狭缝宽度越大越好。( )

24. 当原子吸收仪器条件一定时，选择光谱通带就是选择狭缝宽度。( )

25. 原子吸收光谱分析中，测量的方式是峰值吸收，而以吸光度值反映其大小。( )

26. 原子吸收检测中当燃气和助燃气的流量发生变化，原来的工作曲线仍然适用。( )

27. 充氖气的空心阴极灯负辉光的正常颜色是蓝色。( )

28. 空心阴极灯亮，但高压开启后无能量显示，可能是无高压。( )

29. 空心阴极灯阳极光闪动的主要原因是阳极表面放电不均匀。( )

30. 对于高压气体钢瓶的存放，只要求存放环境阴凉、干燥即可。( )

五、简答题

1. 原子吸收光谱法的基本原理是什么？

2. 原子吸收光谱法与紫外-可见分光光度法的异同点是什么？

3. 原子吸收光谱法的特点是什么？

4. 比较火焰原子化法和石墨炉原子化法的优缺点，为什么后者有很高的灵敏度？

5. 原子吸收的测量为什么要用锐线光源？

6. 原子吸收光谱分析中的化学干扰是怎样产生的？如何消除？

7. 什么是背景干扰？如何消除？

8. 简述原子吸收光谱仪的四大系统中的主要部件名称及作用。

9. 什么是化学原子化法？有哪几种？

10. 原子吸收光谱仪为什么不能像分光光度计那样采用棱镜分光而用光栅分光？光栅是根据什么制作的？

11. 原子吸收光谱分析中主要操作条件有哪些？应如何进行优化选择？

12. 什么是试样的原子化？试样原子化的方法有哪几种？

13. 原子吸收分光光度计有哪几种类型？各有什么特点？

14. 原子荧光是怎样产生的？有哪几种类型？

15. 简述原子荧光光谱仪的基本组成部分。

六、计算题

1. 已知某原子吸收光谱仪的倒线色散率为 1.5nm/mm，测定 Mg 时采用了 285.2nm 的特征谱线。为避免 285.5nm 的谱线干扰，宜选用的狭缝宽度为多少？

2. A、B 两个分析仪器厂生产原子吸收分光光度计，对浓度为 0.2μg/g 的镁标准溶液进行测定，吸光度分别为 0.042、0.056。试问哪一个厂生产的原子吸收分光光度计对镁灵敏度高。

3. 0.050μg/mL 的 Co 标准溶液，在石墨炉原子化器的原子吸收分光光度计上，每次以 5μL 与去离子水交替连续测定 10 次。测得的吸光度如下表所示。求该原子吸收分光光度计对 Co 的检出限。

测定次数	1	2	3	4	5	6	7	8	9	10
吸光度	0.165	0.170	0.166	0.165	0.168	0.167	0.168	0.166	0.170	0.167

4. 用 A.A.S 分析法测得某元素的灵敏度 $S=0.01\mu g/(mL\cdot 1\%)$，为使得测量误差最小，需得到 0.434 的吸光度值。求在此情况下待测溶液的浓度是多少？

5. 用标准加入法测定一无机试样中 Pb 的浓度。各试液在加入 10μg/mL Pb 标准溶液后，用水稀释至 50mL，测定的吸光度如下表，求 Pb 的浓度。

试液/mL	Pb 标液/mL	相当 Pb 量/μg	吸光度	稀释后浓度/(μg/mL)
20	0	0	0.042	0.0
20	1	10	0.080	0.2
20	2	20	0.116	0.4
20	4	40	0.190	0.8

6. 一种金属的环烷酸盐试样经灰化后，用原子吸收分光光度计测得读数为 29，溶液 B 和 C 含有同样量的未知钡量，并分别加入了 25μg/mL 和 50μg/mL 的标准溶液，测得读数分别为 53 和 78，计算原未知液中钡的含量。

7. 称取含镉试样 2.5115g，经溶解后移入 25mL 容量瓶中稀释至标线。依次分别移取此样品 5.00mL 置于 4 个 25mL 容量瓶中，再向此四个容量瓶中依次加入浓度为 0.5μg/mL 的镉标准溶液0.00、5.00mL、10.00mL、15.00mL，并稀释至标线，在火焰原子吸收光谱仪上测得吸光度分别为0.06、0.18、0.30、0.41，求样品中镉的含量。

8. 用火焰原子化法测定血清中钾的含量(人正常血清中含K量为3.5~8.5mmol/L)。将4份0.20mL血清试样分别加入25mL容量瓶中，再分别加入质量浓度为40μg/mL的K标准溶液的体积为0.00、1.00mL、2.00mL、4.00mL，用去离子水稀释至标线，测得吸光度分别为0.105、0.216、0.328、0.550。计算血清中K的含量，并说明是否在正常范围内(钾的摩尔质量 M=39.10g/mol)。

9. 用原子吸收法测定未知液中的锂。用钾作内标，吸取10mL未知液，加入1.0mL 10μg/mL的钾标准溶液于50mL容量瓶中稀释至标线，测得 $A_{Li}/A_K=0.568$。取相等浓度的锂和钾标准溶液，锂的吸光度为钾的1.5倍，计算未知液中锂的浓度。

10. 测定硅酸盐试样中的钛，称取1.000g试样经溶解处理后，转移至100mL容量瓶中稀释至刻度，吸取10mL该试液于50mL容量瓶中，用去离子水稀释至标线，测量各溶液的吸光度如下，计算硅酸盐试样中钛的含量。

V/mL	1.00	2.00	3.00	1.00	5.00
A	0.112	0.224	0.338	0.450	0.56

参考文献

1 武汉大学. 分析化学(第五版)下册. 北京：高等教育出版社，2007.
2 黄一石等编. 仪器分析(第二版). 北京：化学工业出版社，2008.
3 朱明华主编. 仪器分析(第三版). 北京：高等教育出版社，2000.
4 魏培海，曹国庆编. 仪器分析. 北京：高等教育出版社，2007.
5 刘珍编. 化验员读本——仪器分析. 北京：化学工业出版社，2004
6 刘瑞雪编. 化验员习题集. 北京：化学工业出版社，2006
7 朱良漪编. 分析仪器手册. 北京：化学工业出版社，1999.
8 柯以侃，董慧茹编. 化学分析手册(第三版)第三分册——光谱分析技术. 北京：化学工业出版社，1998.
9 孙凤霞编. 仪器分析. 北京：化学工业出版社，2004.
10 周光明编. 分析化学习题精解. 北京：科学出版社，2001.

第4章　原子发射光谱法

☞ 知识目标：

- 了解原子发射光谱分析的基本原理；
- 掌握谱线强度的表达式、意义、影响因素及应用上的局限性；
- 掌握各种激发光源的特点及光源的选择；
- 理解光谱仪的基本组成和作用；
- 基本掌握 ICP-AES 的原理特点和应用。

☞ 能力目标：

- 能够用原子发射光谱法解决分析问题，具备原子发射光谱法分析的基本能力
- 掌握光谱定性分析方法及操作过程；
- 掌握光谱内标法定量分析的基本原理和方法。

4.1 概　述

原子发射光谱法(Atomic Emission Spectrometry，AES)是根据待测物质的气态原子被激发时所发射的特征线状光谱的波长及其强度，来测定物质的元素组成和含量的一种分析技术，又称为发射光谱分析法。

4.1.1 原子发射光谱的发现

原子发射光谱是1860年德国学者基尔霍夫(Kirchhoff G. R.)和本生(Bunsen R. W.)首先发现的，他们利用分光镜研究盐和盐溶液在火焰中加热时所产生的特征光辐射，从而发现了Rb和Cs两元素，奠定了光谱定性分析的基础。从此以后，原子发射光谱就为人们所关注，在发现原子发射光谱以后的许多年中，其发展很缓慢，主要是因为当时对有关物质痕量分析技术的要求并不迫切。20世纪20年代，Gerlach为了解决光源不稳定性问题，提出了内标法，为光谱定量分析提供了可行性。到了20世纪30年代，人们已经注意到了某些浓度很低的物质，对改变金属、半导体的性质，对生物生理作用，对诸如催化剂及其毒化剂的作用是极为显著的，而且地质、矿产业的发展，对痕量分析有了迫切的需求，促使AES迅速的发展，成为仪器分析中一种很重要的、应用很广的方法。到了70年代以后，由于新的激发光源如ICP、激光等的应用及新的进样方式的出现，先进的电子技术的应用，使古老的AES分析技术得到复苏，注入新的活力，使它仍然是仪器分析中的重要分析方法之一。近年来，随着电荷耦合器件(Charge Coupled Device，CCD)等检测器件的使用，使多元素同时分析能力大大提高。

4.1.2 原子发射光谱的分析过程

原子发射光谱分析过程包括以下4个步骤。

1. 试样蒸发、激发产生辐射

首先将试样引入激发光源(excitation light source)中，给以足够的能量，使试样中待测成分蒸发、离解成气态原子，并使气态原子的外层电子激发至高能态，处于高能态的原子自发地跃迁回低能态时，以辐射的形式释放出多余的能量。蒸发和激发过程是在激发光源中完成的，所需的能量由光源发生器供给。

2. 色散分光形成光谱

从光源发出的光包含各种波长的复合光，还需要进行分光才能获得便于观察和测量的光谱。这个过程是通过分光系统完成的，分光系统的主要部件是光栅(或棱镜)，其作用就是分光。

3. 检测记录光谱

检测光谱的方法有目视法、照相法和光电法。目前常用的照相法是将光谱记录在感光板上，经过显影定影后得到光谱谱片。拍摄光谱是在摄谱仪上完成的，感光板的处理是在暗室里进行的。

4. 根据光谱进行定性或定量分析

辨认光谱中一些元素特征谱线的存在是进行光谱定性分析的依据，测量特征谱线的强度可确定物质的含量。在摄谱法中，辨认特征谱线的工作在映谱仪上进行，而谱线的强度是通过测量谱片上谱线的黑度求得的，测量谱线黑度需要测微光度计。

4.1.3 原子发射光谱的分类

根据所使用的仪器设备和检测手段的不同，原子发射光谱法可分为以下几种方法：

(1)摄谱分析法

采用感光板照相记录，将所拍摄的谱片在映谱仪和测微光度计上进行定性、定量分析，具有多元素同时测定的能力，而且较为灵敏、准确度高，测定光谱的范围较宽。

(2)光电直读法

将元素特征的分析线强度通过光电转换元件转换为电信号，直接测定待测元素的含量。该方法分析速度快，可同时测定多种元素含量。

(3)火焰光度法

是以火焰为激发光源的原子发射光谱法，由于火焰的温度较低，只能激发碱金属、碱土金属等激发能较低、谱线简单的元素，通常较多的用于钾、钠、钙等元素的测定。

(4)原子荧光分析法

是以光能为激发光源的原子发射光谱法。

4.1.4 原子发射光谱的特点

① 多元素同时检出能力：可同时测定一个样品的多种元素。每一个样品一经激发后，不同元素都发射特征光谱，这样可同时测定多种元素。

② 分析速度快：试样多数不需经过化学处理就可分析，且固体、液体试样均可直接分析。若用光电直读光谱仪，则可在几分钟内同时作几十个元素的定量测定。

③ 选择性好：由于光谱的特征性强，所以对于一些化学性质极相似的元素的分析具有特别重要的意义。所以原子发射光谱分析至今仍是元素定性分析的最好方法，可分析元素达70种。

④ 检出限低 准确度高：一般可达 0.1~1μg/g、10^{-8}~10^{-9} g。用电感耦合等离子体(ICP)新光源，检出限可低至 ng/mL 数量级。

⑤ 样品消耗少：利用几毫克至几十毫克的试样便可完成光谱全分析，适于整批样品的多组分测定，尤其是定性分析更显示出独特的优势。

原子发射光谱的局限性：

① 原子发射光谱法一般只用于元素总量的分析，而无法确定物质的空间结构和官能团；

② 原子发射光谱法无法进行元素的价态和形态分析；

③ 一些常见的非金属元素如 O、S、N 等的谱线在远紫外区，目前一般的光谱仪尚无法检测；

④ 基体效应较大，必须采用组成与分析样品相匹配的参比试样。

4.2 原子发射光谱分析的基本原理

4.2.1 原子发射光谱的产生

各种元素原子的核外电子，都按一定的规律分布在电子轨道上，即分布在具有一定能量的电子能级上。在一般情况下，大多数原子处在最低的能级状态，电子在能量最低的轨道能级上运动，这种状态称之为基态。基态原子在激发光源(即外界能量)的作用下，获得足够的能量，外层电子跃迁到较高能级状态的激发态，这个过程叫激发。处在激发态的原子是很不稳定的，在极短的时间内(10^{-8}s)外层电子便跃迁回基态或其他较低的能态而释放出多余的能量。释放能量的方式可以是通过与其他粒子的碰撞，进行能量的传递，即无辐射跃迁；也可以以一定波长的电磁波形式辐射出去，即原子发射。

1. 原子发射产生的条件

① 原子处于气态(首要条件)。常温常压下，大部分物质处于分子状态，多数呈固态或液态，有的即使处于气态，也因温度不高，或运动速度不高不会被激发。要能被激发，最根本的就是要使组成物质的分子离解为原子。因为只有在气态时，原子之间的相互作用才可忽略，受激原子才可能发射出特征的原子线状光谱。

② 必须使原子被激发。

2. 原子发射光谱的波长取决于跃迁前后两能级的能量差

由于核外电子的能级是量子化的(如图 4-1 和图 4-2 所示)，当核外电子由激发态 E^* 返回到基态 E 时，所发射的光子的能力即为跃迁前后两个能级差，它决定了光子的频率 ν 或波长 λ，即：

$$\Delta E = E_2 - E_1 = h \cdot \nu = h \cdot \frac{c}{\lambda} \qquad (4-1)$$

式中，E_2 及 E_1 分别是高能态与低能态的能量；ν 和 λ 分别为辐射的频率和波长；c 为光速(2.997×10^{10} cm/s)；h 为普朗克常数(6.6256×10^{-37} J·s)。

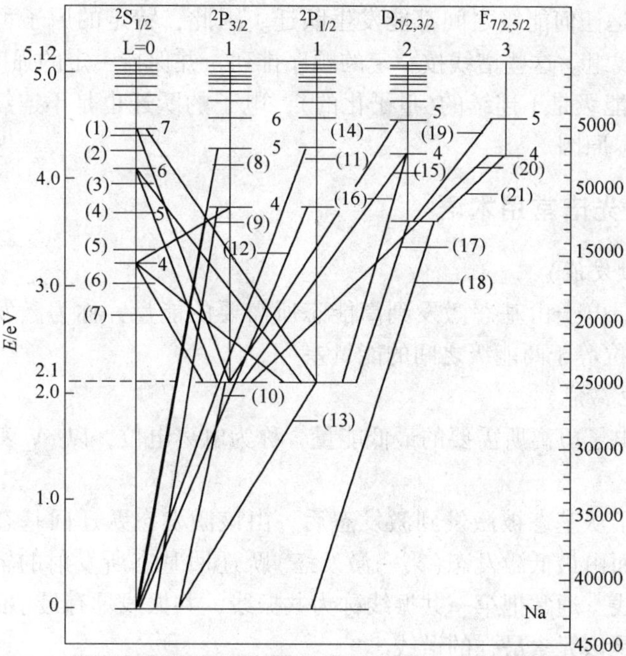

(1)514.91 (2)515.36 (3)615.42 (4)616.07 (5)220.57 (6)1138.24 (7)1140.42
(8)285.28 (9)330.23 (10)$D_2$588.99 (11)258.30 (12)330.29 (13)$D_1$589.59
(14)498.29 (15)568.82 (16)568.27 (17)818.33 (18)342.11 (19)1267.76
(20)819.48 (21)1845.95

图 4-1　钠原子的能级图

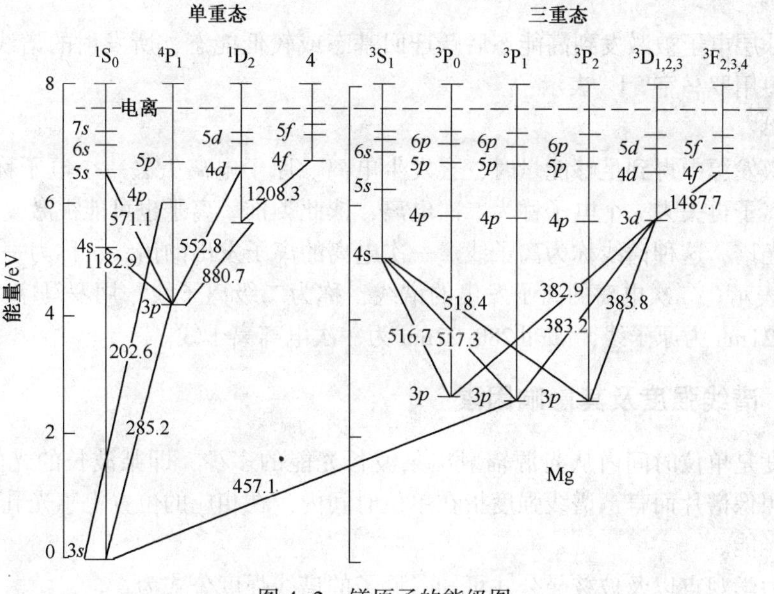

图 4-2　镁原子的能级图

从式(4-1)可以看出：

① 每一条所发射的谱线都是原子在不同能级间跃迁的结果，都可以用两个能级之差来表示。

a. 不同元素的原子，由于结构不同，发射谱线的波长也不相同，故谱线波长是定性分析的基础；

b. 物质含量愈多，原子数愈多，则谱线强度愈强，故谱线强度是定量分析的基础。

② 由于原子的能级很多，原子在被激发后，其外层电子可有不同的跃迁，但跃迁要遵

循“光谱选律”，不是任何能级之间都能发生跃迁。因此，特定的原子可产生一系列不同波长的特征光谱或谱线组。这些谱线按一定的顺序排列，并保持一定的强度比例。

③ 原子的各个能级是不连续的(量子化的)，电子的跃迁也是不连续的，这就是原子光谱是线状光谱的根本原因。

4.2.2 发射光谱常用术语

1. 激发电位(激发能)

原子中某一外层电子由基态激发到高能态所需要的能量，称为激发电位。以电子伏特(eV)表示；激发电位等于两能级之间的能量差。

2. 电离电位(电离能)

把原子中外层电子电离所需要的最低能量，称为电离电位，以 eV 表示。

3. 共振线

原子中外层电子从基态被激发到激发态后，由该激发态跃迁回基态所发射出来的辐射线，称为共振线。而由最低激发态(第一激发态)跃迁回基态所发射的辐射线，称为第一共振线，也叫主共振线。通常把第一共振线称为共振线，共振线具有最小的激发电位，因此最容易被激发，一般是该元素最强的谱线。

4. 最后线

当元素在被测物质里降到一定含量时，出现的最后一条谱线称为最后线。最后线和第一共振线都是最灵敏先线。

5. 原子线

由原子外层电子被激发到高能态后跃迁回基态或较低能态，所发射的谱线称为原子线，在谱线表图中用罗马字“Ⅰ”表示；

6. 离子线

原子在激发源中得到足够能量时，会发生电离。原了电离失去一个电子称为一次电离，一次电离的离子再失去一个电子称为二次电离，依此类推。离子也可能被激发，其外层电子跃迁也发射光谱，这种谱线称为离子线。一次电离的离子发出的谱线，称为一级离子线，用罗马字“Ⅱ”表示。二次电离的离子发出的谱线，称为二级离子线，用罗马字“Ⅲ”表示。例如 MgⅠ285.21nm 为原子线，MgⅡ280.27nm 为一次电离离子线。

4.2.3 谱线强度及其影响因素

谱线强度是单位时间内从光源辐射出某波长光能的多少，即某波长的光辐射功率的大小。如果以照像谱片而言，谱线强度指在单位时间内，在相应的位置上感光乳剂共吸收了多少某波长的光能。

根据热力学观点以及玻兹曼公式可知，原子的谱线强度公式为：

$$I_{ji} = A_{ji} h v_{ji} N_0 \frac{g_j}{g_0} e^{-\frac{E_j}{kT}} \tag{4-2}$$

式中，I_{ji}表示在单位时间内由 j 能级向 i 能级跃迁时发射的谱线强度；A_{ji}为自发发射系数，表示单位时间内产生自发发射跃迁的原子数，$\frac{dN_{ji}}{dt}$ 与处于能级 j 的原子数 N_j之比，故又称为自发发射跃迁几率；v_{ji}为 j 能级和 i 能级之间跃迁时所发射电磁波的频率；N_0为单位体积内基态原子数目；N_j为单位体积内激发到j能级的原子数目；g_j和g_0分别为激发态和基态能级的统计权重，它表示能级的简并度(相同能级的数目)，即表示在外磁场作用下每一能级可能分裂出的不同状态数目；E_j为激发电位；k为波兹曼常数；T为弧焰的热力学温度，K。

由式(4-2)可见，谱线的强度与激发电位、温度、处于基态的粒子数、跃迁概率、统计权重有关。

1. 激发电位与电离电位

谱线强度与原子(或离子)的激发电位是负指数关系，当N_0、T一定时，激发电位越低，越易激发，N_i越多，谱线强度越大。实验证明，绝大多数激发电位和电离电位较低的谱线都是比较强的，共振线激发电位最低，所以其强度往往最大。每一元素的主共振线的激发电位最小，强度最强；每条谱线都对应一个激发电位，反映谱线出现所需的能量。

2. 跃迁几率

跃迁几率是指两能级间的跃迁在所有可能发生的跃迁中的概率，可通过实验数据计算得到，一般A_{ji}的数值为$10^6 \sim 10^9\ s^{-1}$。自发发射跃迁几率与激发态原子平均寿命成反比，与谱线强度成正比。

3. 统计权重

统计权重又称简并度，指能级在外加磁场的作用下，可分裂为$2J+1$个能级，谱线强度与统计权重成正比。当由两个不同J值的高能级向低能级跃迁时，产生的谱线强度也是不同的。

4. 激发温度

温度升高，谱线强度(I)增大。但温度升高，体系中被电离的原子数数目也增多，而中性原子数则相应减少，致使原子线强度减弱。所以温度不仅影响原子的激发过程，还影响原子的电离过程。在较低温度时，随着温度的升高，谱线强度增加。但超过某一温度后，随着电离的增加，原子线的强度逐渐降低，离子线的强度不继续增强。温度再升高，一级离子线的强度也下降，如图4-3所示。在实验中，应选择适当的激发温度。

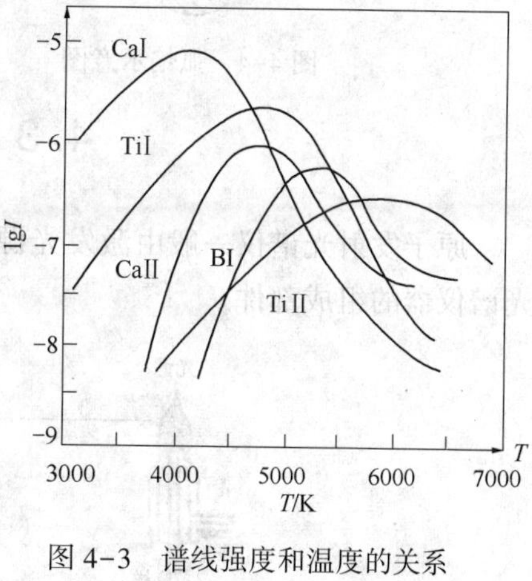

图4-3　谱线强度和温度的关系

5. 基态原子数

谱线强度与基态原子密度N_0成正比，而在一定条件下N_0与试样中元素含量c成正比。在激发能和激发温度一定时，式(4-2)中的其他各项均为常数，合并简化后，可得谱线强度I与试样中元素的浓度c的关系为：

$$I = a \cdot c \tag{4-3}$$

式中，a为与谱线性质、实验条件有关的常数。式(4-3)表明，在一定的分析条件下，谱线强度与被测定元素在试样中的浓度成正比。

4.2.4　谱线的自吸和自蚀

在发射光谱中，谱线是从弧焰中心辐射出来的，它将穿过整个弧层，然后向四周空间发射。弧焰具有一定的厚度，其中心a处的温度最高，边缘b处的温度较低(见图4-4)。边缘部分的蒸气原子，一般比中心原子处于较低的能级，因而当辐射通过这段路程时，将为其自身的原子所吸收，而使谱线中心减弱，这种现象称为自吸收。

当发生自吸现象时，式(4-3)应修订为：

$$I = a \cdot c^{b} \tag{4-4}$$

或 $$\lg I = b\lg c + \lg a \tag{4-5}$$

式中，b 是由自吸现象决定的常数。在浓度较低时，自吸现象可以忽略，b 接近于 1；$b<1$，有自吸，b 愈小，自吸愈大。式(4-5)是原子发射光谱法定量分析的基本公式。

自吸现象对谱线形状的影响较大(图 4-5)。当原子浓度低时，谱线不呈现自吸现象；当原子浓度增大时，谱线产生自吸现象，使谱线强度减弱；严重的自吸会使谱线从中央一分为二，称为谱线的自蚀。产生自蚀的原因是由于发射谱线的宽度比吸收线的宽度大，谱线中心的吸收程度比边缘部分大。在谱线表上，一般用 r 表示自吸谱线，用 R 表示自蚀谱线。

在定量分析中，自吸现象的出现，将严重影响谱线的强度，限制可分析的含量范围。

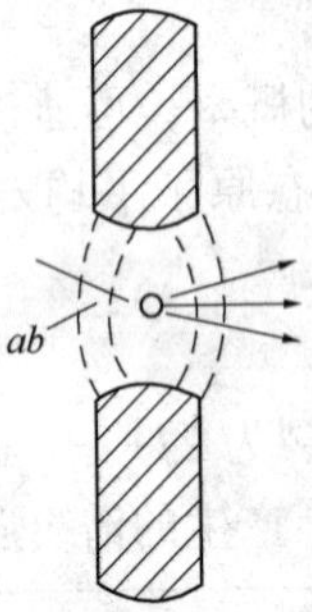

图 4-4　弧焰示意图

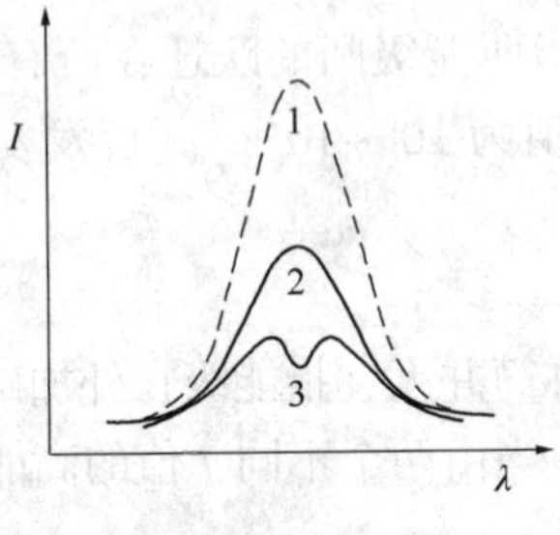

图 4-5　谱线的自蚀

1—无自吸；2—自吸；3—自蚀

4.3　原子发射光谱仪

原子发射光谱仪一般由激发光源、分光系统和检测器三部分组成。图 4-6 比较了各类光谱仪器的组成部件。

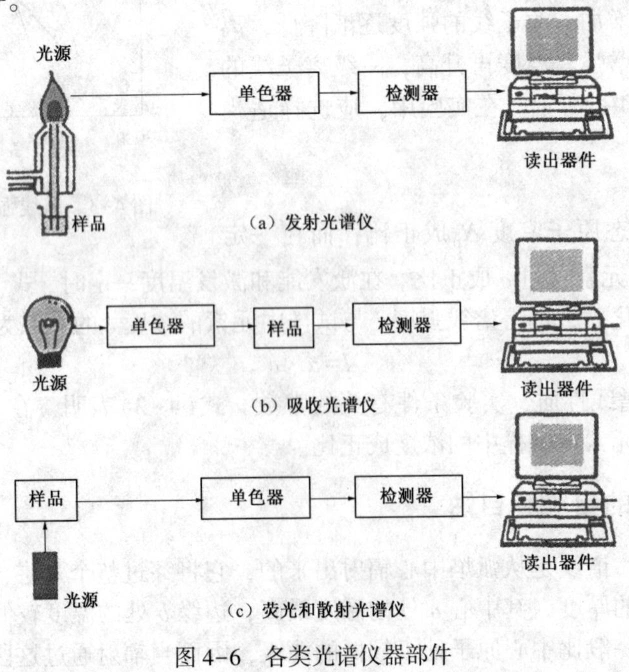

图 4-6　各类光谱仪器部件

4.3.1 激发光源

激发光源的主要作用：提供使试样中被测元素蒸发解离、原子化和激发所需的能量。

对激发光源的要求：

① 必须具有足够的蒸发、原子化和激发能力；

② 灵敏度高、稳定性好、光谱背景小；

③ 结构简单、操作方便、使用安全。

常用的激发光源有火焰光源、电弧光源、电火花光源、等离子体(包括电感耦合等离子体、直流等离子体和微波等离子体)光源等。其中，电感耦合等离子体光源(即ICP光源)是目前应用最多的激发光源，也是本文重点介绍的光源。

1. 火焰光源

火焰光源是发射光谱分析中采用最早的激发光源，它是原子发射光谱测定的最简形式，与其他发射光谱法比较，根本的不同在于火焰。

在火焰光度法中，燃气与助燃气分别是低级炔烃(如乙炔)或液化气和空气，火焰燃烧能提供的温度比较低，一般在1800 ℃左右，只有激发能较低的碱金属可产生有用的光谱，才能满足碱土金属原子激发所需要的能量，因此这一类型的仪器主要用于钾、钠的测定。

由于元素激发所需要的能量来自火焰，所以火焰的稳定性将直接影响定量测定的准确度。另外，在低温火焰中，某些元素的氧化物和碳氮化合物甚至试液中的酸分子都不易离解，会导致分子光谱对原子光谱的测定干扰。

2. 直流电弧

直流电弧发生器由一个电压为220~380V、电流为5~30A的直流电源，一个铁芯自感线圈和一个镇流电阻所组成，如图4-7所示。铁芯自感线圈L用于防止电流的波动，镇流电阻R用于调节和稳定电流。

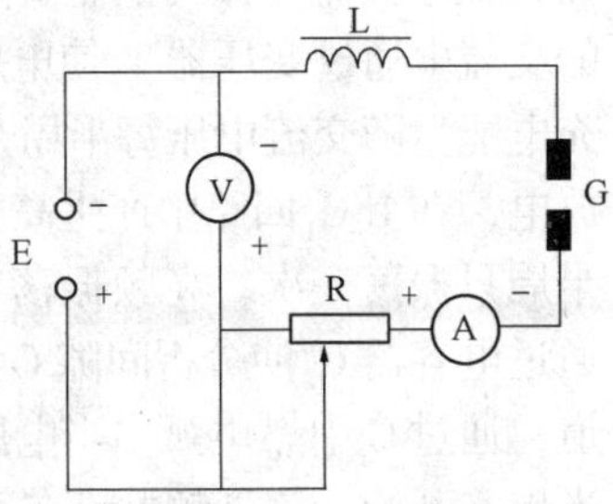

图4-7 直流电弧发生器

(1)工作原理

它利用直流电源作为激发能源，使上下电极接触短路引燃电弧，也可用高频引燃电弧。当装有试样的下电极置于分析间隙G处，并使上下电极接触通电，此时电极尖端烧热，引燃电弧后使两电极相距4~6mm，就形成了电弧光源。燃弧后，从灼热的阴极端发射出的热电子流，高速穿过分析间隙而飞向阳极，冲击阳极时形成灼热的阳极斑，使阳极温度达3800K，阴极温度3000K。试样在电极表面蒸发和原子化，产生的原子与电子碰撞，再次产生的电子向阳极奔去，正离子则冲击阴极又使阴极发射电子，该过程连续不断地进行，使电弧不灭。

(2)分析性能

这种弧焰温度(激发温度)约为4000~7000K。直流电弧光源的电极温度高，蒸发能力强，分析的绝对灵敏度高。常用于定性分析及矿石难熔物中低含量组分的定量测定。缺点是弧焰不稳定，谱线容易发生自吸现象。

(3)实验技术

光谱分析的电极主要用于试样的放置。电极通常用耐熔性好、导电性也好、光谱简单的石墨或炭加工而成，其形状如图4-8所示。

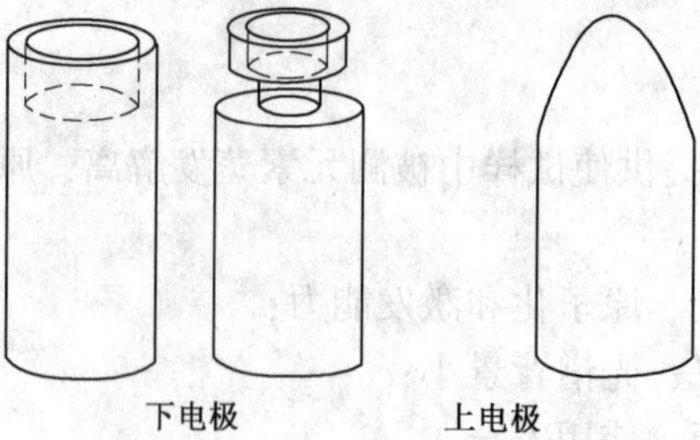

图 4-8　石墨电极的形状

试样引入电极的方式决定于试样的性质：

① 固体试样。金属或合金本身能导电的，可以直接制成电极，这种电极称为固体自电极。粉末试样（导电性差的与石墨粉或碳粉混合）可放入小孔或细颈杯形电极中作为下电极。下电极的深度根据试样的挥发性而定，易挥发的用较深的孔，难挥发的用较浅的孔。难熔粉末试样用杯形电极。也可将粉末直接撒入（撒样法）或吹入（吹样法）光源。

② 溶液试样。将试液滴在平面或凹月面的电极上，低温烘干后，用电弧或火花光源激发。为了避免试液渗入电极，可滴加 1 滴疏水的液体石蜡或聚苯乙烯的苯溶液，将电极进行预处理，然后滴入试液。试液也可用石墨粉吸收后放入电极孔中，用电弧或火花光源激发。若用电感耦合高频等离子体光源，直接用雾化器将试液引入等离子炬。

3. 低压交流电弧

(1) 工作原理

低压交流电弧发生器由高频引弧电路(Ⅰ)和低压电弧电路(Ⅱ)组成，如图 4-9 所示。220V 的交流电通过变压器 T_1 使电压升至 3000V 左右向电容器 C_1 充电，充电速度由 R_2 调节。当 C_1 的充电能量随交流电压每半周升至放电盘 G′击穿电压时，放电盘击穿，此时 C_1 通过电感 L_1 向 G′放电，在 L_1C_1 回路中产生高频振荡电流，振荡的速度由放电盘的距离和充电速度来控制，每半周只振荡一次。高频振荡电流经高频变压器 T_2 耦合到低压电弧回路(Ⅱ)，并升压至 10kV，通过电容器 C_2 使分析间隙 G 的空气电离，形成导电通道。低压电流沿着已造成电离的空气通道，通过 G 引燃电弧。当电压降至低于维持电弧放电所需的电压时，弧焰熄灭。此时，第二个半周又开始，该高频电流在每半周使电弧重新点燃一次，维持弧焰不熄。

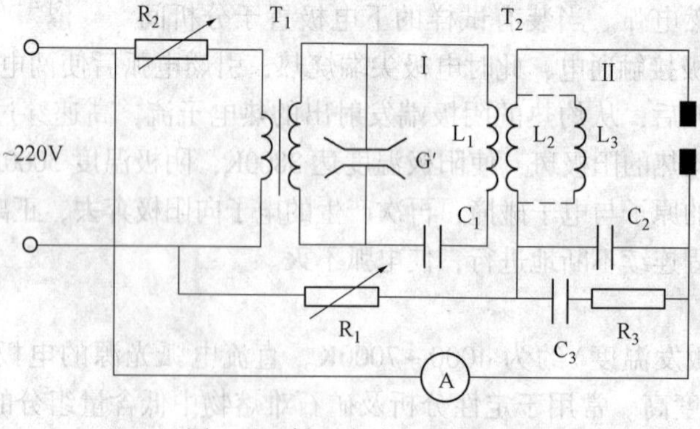

图 4-9　低压交流电弧发生器

为了保证在小电流下弧焰稳定，可用电容器 C_3、电阻 R_3 与 C_2 并联。电感 L_3 与 L_2 并联，可防止因过热而烧坏 L_2。低压交流电弧光源的电极温度较低，这是由交流电弧的间隙性引起的。

(2) 分析性能

交流电弧的弧焰温度较高，因为其电弧的电流有脉冲性，电流密度比直流电弧大，且稳定性好，在光谱定性、定量分析中获得广泛的应用，但灵敏度低些。常用于金属、合金中低含量元素的定量分析。

4. 高压电火花

(1)工作原理

高压火花发生器的电路如图4-10所示。220V交流电压经变压器T升压至1×10^4V以上，通过扼流线圈D向电容器C充电。当电容器C两端的充电电压达到分析间隙的击穿电压时，通过电感L向分析间隙G放电而产生电火花。在交流电下半周时，电容器C又重新充电、放电，如此反复进行。

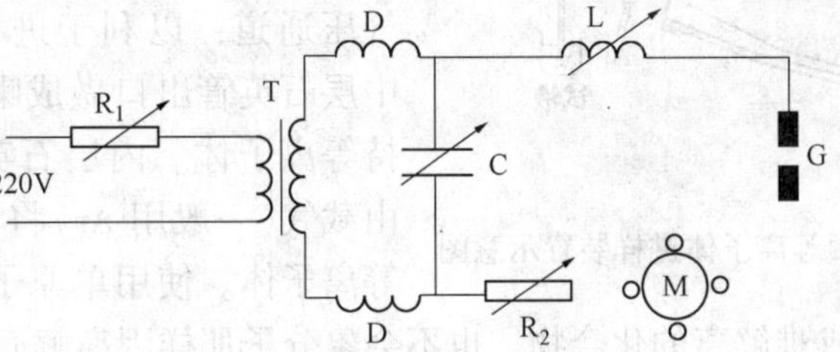

图4-10 高压火花发生器

M—转动电极，在圆盘上装上钨电极，原盘由同步电机带动，50r/s

(2)分析性能

高压火花放电的稳定性好，这是由于在放电电路中串联一个由同步电机带动的转动电极M(或用串联一个距离可精密调节的控制间隙，也可并联一个自感线圈来控制火花间隙)，使电火花每半周放电一次或数次，确保在每半周电压最大值的瞬间放电，以获得最大的放电能量。这种放电方式的电极温度较低，这是由于电火花以间隙的方式进行放电，且火花作用在电极上的面积小、时间短而引起的。但是它的激发温度高，这是由于高压火花的放电时间极短，瞬间通过分析间隙的电流密度很高，因此弧焰的瞬间温度高达10000K，激发能量大。高压火花光源主要用于低熔点难激发元素、合金试样的分析及高含量元素的定量分析。

5. 电感耦合高频等离子体

电感耦合高频等离子体(Inductively Coupled Plasma，ICP)是20世纪60年代提出，70年代获得迅速发展的一种新型的激发光源。等离子体一般是指电离度大于0.1%，其正负电荷相等的电离气体。因为当电离度为0.1%时，其导电能力即达到最大导电能力的二分之一；而电离度达1%时，其导电能力已接近充分电离的气体。电弧放电、火花放电、甚至火焰，广义上亦属于等离子体。但在光谱分析中，所谓等离子体，习惯上仅指在总体上是一种呈中性的气体，由离子、电子、中性原子和分子所组成，其正负电荷密度几乎相等。电感耦合高频等离子体装置的原理示意图见图4-11、图4-12所示。

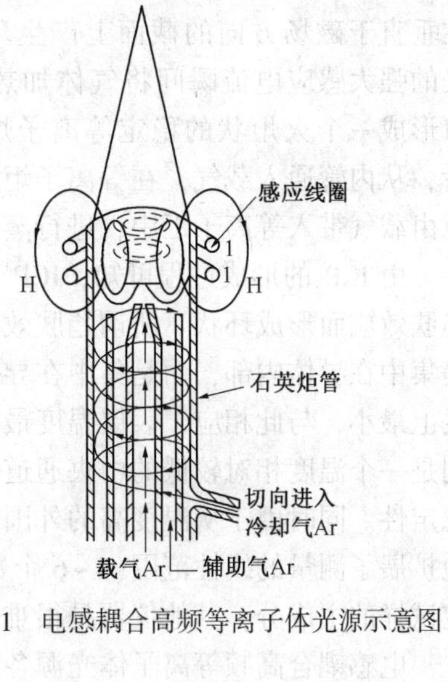

图4-11 电感耦合高频等离子体光源示意图

(1)结构组成

通常电感耦合高频等离子体是由高频发生器、等离子炬管和雾化器等三部分组成。

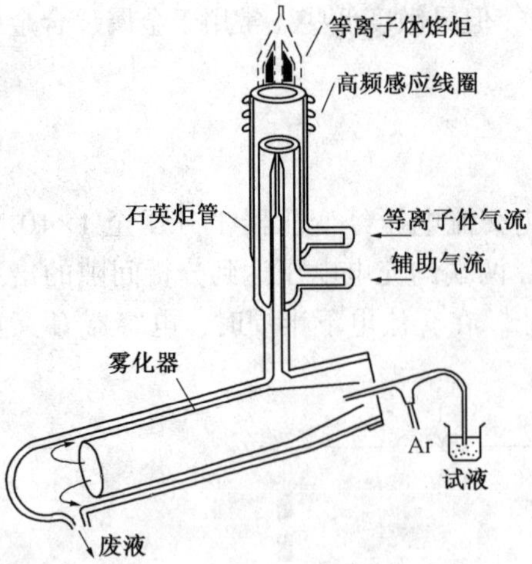

图 4-12　电感耦合高频等离子体进样装置示意图

高频发生器的作用是产生高频磁场，供给等离子体能量。它的频率一般为 30～40MHz，最大输出功率 2～4kW。

等离子炬管是由一个三层同心石英玻璃管组成。外层石英管气流 Ar 气从切线方向引入，并螺旋上升，其作用有三：① 将等离子体吹离外层石英管的内壁，以避免它烧毁石英管；② 利用离心作用，在炬管中心产生低气压通道，以利于进样；③ 参与放电过程。中层石英管出口做成喇叭形状，通入 Ar 以维持等离子体。内层石英管的内径为 1～2mm，由载气(一般用 Ar)将试样气溶胶从内管引入等离子体。使用单原子惰性气体 Ar 在于它性质稳定、不与试样形成难解离的化合物，也不会象分子那样因离解而消耗能量，而且它本身的光谱简单。

试液进样使用雾化器，图 4-13 是气动雾化器，也有使用超声雾化器的。

(2)工作原理

当高频电源与围绕在等离子炬管外的负载感应线圈(用圆铜管或方铜管绕成 2～5 匝的水冷却线圈)接通时，高频感应电流流过线圈，产生轴向高频磁场。此时向炬管的外管内切线方向通入冷却气 Ar，中层管内轴向(或切向)通入辅助气体 Ar，并用高频点火装置引燃，使气体触发产生载流子(离子和电子)。当载流子多至足以使气体有足够的导电率时，在垂直于磁场方向的截面上产生环形涡电流。几百安的强大感应电流瞬间将气体加热至 10000K，在管口形成一个火炬状的稳定等离子炬。等离子炬形成后，从内管通入载气，在等离子炬的轴向形成一通道。由雾化器供给的试样气溶胶经过该通道由载气带入等离子炬中，进行蒸发、原子化和激发。

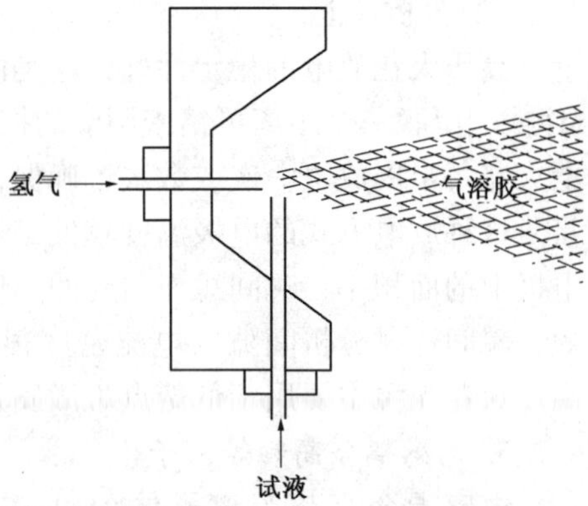

图 4-13　气动雾化器示意图

由 ICP 的形成过程可知，ICP 是涡流态的，且在高频发生器频率足够高时，等离子体因趋肤效应而形成环状。所谓趋肤效应是指高频电流密度在导体截面呈不均匀的分布，电流不是集中在导体内部，而是集中在导体表层的现象。此时等离子体外层电流密度最大，中心轴线上最小，与此相应，表层温度最高，中心轴线处温度最低，形成一个环形加热区，而内部则是一个温度相对较低的中央通道，使气溶胶能顺利地进入等离子体内而不影响等离子体的稳定性。同时由于从温度高的外围向中央加热，避免了形成能产生自吸的冷原子蒸气，极大地扩展了测量的线性范围(4～6 个数量级)，这样既可测定试样中的痕量组分，又可直接测定试样的主成分，其他仪器是很难做到这一点的。

电感耦合高频等离子体光源各不同部位的温度如图 4-14 所示。典型的电感耦合高频等离子体是一个非常强而明亮的白炽不透明的“核”，核心延伸至管口数毫米处，顶部有一个火焰似的尾巴。电感耦合高频等离子体分为焰心区、内焰区和尾焰区三个部分。

焰心区呈白炽不透明，是高频电流形成的涡电流区，温度高达10000K。由于黑体辐射，氩或其他离子同电子的复合产生很强的连续背景光谱。试液气溶胶通过该区时被预热和蒸发，又称预热区。气溶胶在该区停留时间较长，约2ms。

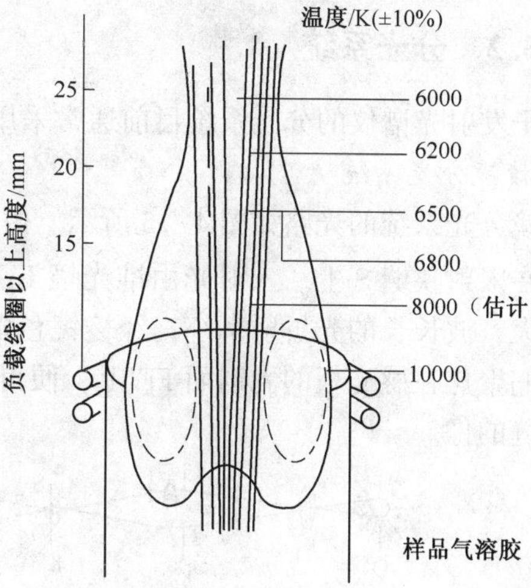

图 4-14　电感耦合高频等离子体光源的温度

内焰区在焰心区上方，在感应线圈以上约10~20mm，呈淡蓝色半透明，温度约6000~8000K，试液中原子主要在该区被激发、电离，并产生辐射，故又称测光区。试样在内焰区停留约1ms，比在电弧光源和高压火花光源中的停留时间(10^{-2}~10^{-3} ms)长。这样，在焰心和内焰区使试样得到充分的原子化和激发，对测定有利。

尾焰区在内焰区的上方，呈无色透明，温度约6000K，仅激发低能态的试样。

(3)分析性能

电感耦合高频等离子体光源有以下优点：

① 蒸发和激发温度高，检出限低(10^{-9}~10^{-11} g/L)；

② 稳定性好，精密度、准确度高(0.5%~2%)；

③ 自吸效应小，光谱背景小，线性范围宽；

④ 应用范围广，能测定数十种元素。

电感耦合高频等离子光源也有其局限性，如：它的雾化效率较低、设备贵、氩气用量大、分析成本高、粉末进样技术不够完善等。

等离子体光源除电感耦合高频等离子体外，还有直流等离子体(DCP)和微波诱导等离子体(MIP)等。

在分析过程中，应根据试样的性质(如挥发性、电离电位等)、试样的形状(如块状、粉末等)、含量大小以及不同类型光源的蒸发温度、激发温度和放电的稳定性等选择适当的光源。几种常见光源的性质和应用见表4-1。

表4-1　几种常见光源的性质和应用

光源	蒸发温度/K	激发温度/K	放电稳定性	用途
火焰	低	2000~3000	好	溶液、碱金属、碱土金属的定量分析
直流电弧	800~3800	4000~7000	较差	>70种，灵敏度高，适用于光谱定性分析及低含量杂质的定量分析
交流电弧	1000~2000	6000~8000	较好	矿物、低含量金属定性、定量分析
电火花	<1000	10000	好	高含量金属，难激发元素的定量分析
ICP	很高	6000~8000	很好	溶液定量分析

4.3.2 分光系统

原子发射光谱仪的分光系统目前通常采用棱镜和光栅分光系统两种。

1. 棱镜分光系统

棱镜分光系统的光路如图4-15所示。由光源Q进来的光经三透镜K_{I}、K_{II}、K_{III}照明系统聚焦在入射狭缝S上。入射光由准光镜L_1变成平行光束，投射到棱镜P上。波长短的光折射率大，波长长的光折射率小，经棱镜色散之后按波长顺序被分开，再由照明物镜L_2分别将它们聚焦在感光板的乳剂面FF′上，便得到按波长顺序展开的光谱。获得的每一条谱线都是狭缝的像。

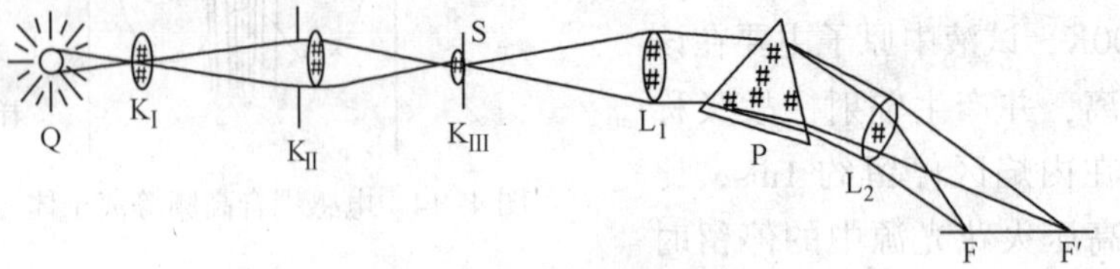

图4-15　棱镜分光系统的光路图

棱镜分光系统的光学特性可用色散率、分辨率和集光本领3个指标来表征。

(1)色散率

色散率是指是把不同波长的光分散开的能力，有角色散率和线色散率之分。角色散率的物理意义是指入射线与折射线的夹角，即偏向角θ对波长的变化率。角色散率越大，波长相差越小的两条谱线就分得越开。在光谱仪中，棱镜一般安置在最小偏向角的位置(即入射线进入棱镜内的折射线与棱镜底边平行)，如图4-16所示。

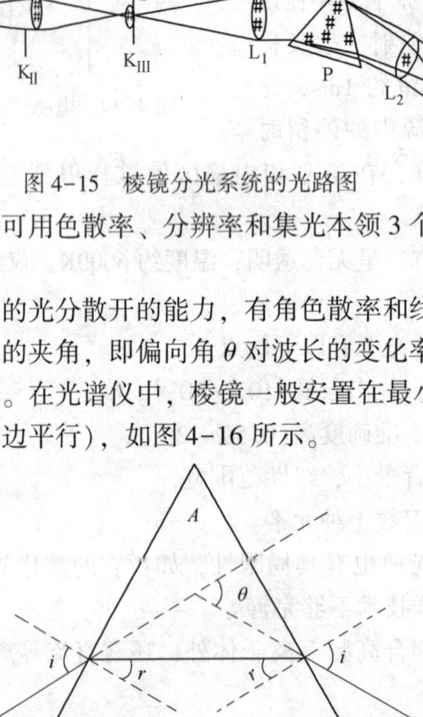

图4-16　棱镜的最小偏向角位置

线色散率的物理意义是指波长相差dλ的两条谱线在焦面上的距离dl。由于谱线最终是被聚焦在焦面上而进行检测、记录的，所以用线色散率表示更有实用意义。在实际工作中，色散效果常用倒色散率$d\lambda/dl$表示，其物理意义是色散后单位长度焦面上所包含的波长范围，单位为nm/mm，其数值越小，说明色散效果越好。

(2)分辨率

棱镜的分辨率R是指将两条靠得很近的谱线分开的能力。R可表示为：

$$R=\frac{\bar{\lambda}}{\Delta\lambda} \tag{4-6}$$

式中，$\bar{\lambda}$为两条谱线的平均波长；$\Delta\lambda$为刚好能分开的两条谱线的波长差。R越大，分辨能力越强，一般光谱仪的分辨率为5000~60000之间。通常把$R\geqslant10^4$作为摄谱仪分辨率的要求。

(3)集光本领

表示光谱仪光学系统传递辐射的能力，用在感光板上得到的照度 E 与投射到狭缝光源的亮度 B 之比表示。E/B 越大，表示辐射的能量损失越小，集光本领越强。

2. 光栅分光系统

光栅分为透射光栅和反射光栅，用得较多的是反射光栅。反射光栅又可分为平面反射光栅(或称闪耀光栅)及凹面反射光栅。光栅是一种多狭缝元件，光栅光谱的产生是单狭缝衍射和多狭缝干涉两者联合作用的结果。单狭缝衍射决定谱线的强度分布，多狭缝干涉决定谱线出现的位置。图 4-17 是平面反射光栅的一段垂直于刻线截面的色散示意图。

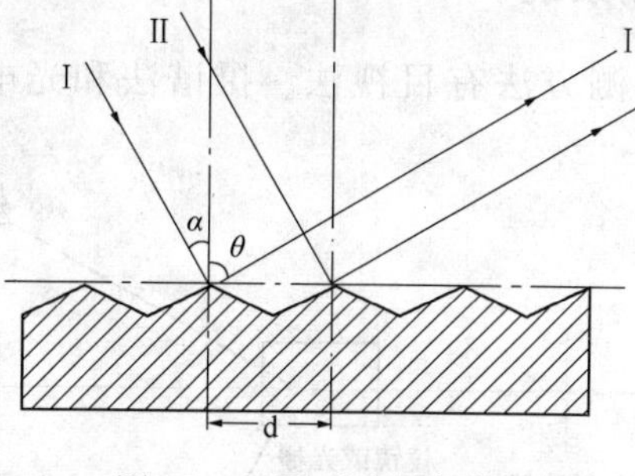

图 4-17　平面光栅色散原理

光栅分光系统的光学特性可用色散率、分辨率和闪耀特性三个指标来表征。

(1)色散率

光栅的角色散率只决定于光栅常数及光谱级数，可以认为是常数，不随波长而变，这样的光谱在长波及短波的各波段时波长间隔是一样的，称为“均排光谱”。这是光栅优于棱镜的一个方面。

(2)分辨率

光栅的分辨率 R 为光谱级次与光栅刻痕总数 N(光栅的宽度与单位长度的刻痕数的乘积)的乘积，即：

$$R=\frac{\overline{\lambda}}{\Delta\lambda}=nN$$

例如，对于一块宽度为 50mm、单位长度刻痕数为 1200 条/mm 的光栅，在第一级光谱中($n=1$)，它的分辨率为：

$$R=nN=1\times50\times1200=6\times10^4$$

可见光栅的分辨率比棱镜高得多，这是光栅优于棱镜的又一方面。光栅的宽度越大，单位长度的刻痕数越多，分辨率就越大。

(3)闪耀特性

在平面光栅中，不同级次光谱的能量分布是不均匀的。未经色散的零级($n=0$)光谱的能量最大，按正负一级、二级光谱等逐级减弱。若将光栅的刻痕刻成具有三角形的槽线，使每一刻痕的小反射面与光栅平面保持一定的夹角，以控制每一个小反射面对光的反射方向，使光能集中在所需要的一级光谱上，获得特别明亮的光谱，这个现象称为闪耀，这种光栅称为闪耀光栅，刻痕的小反射面与光栅平面夹角称为闪耀角，如图 4-18 所示。

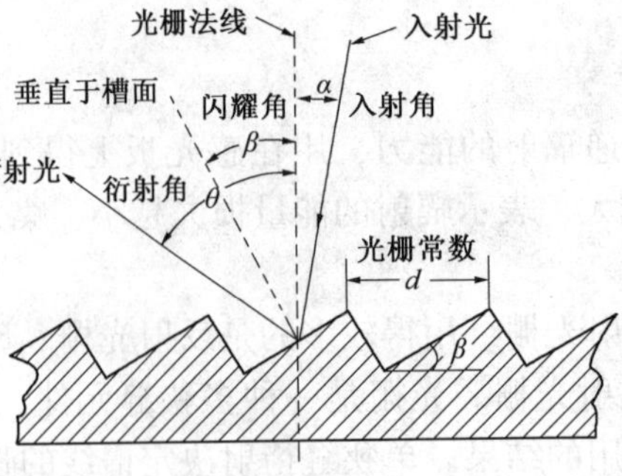

图 4-18　平面闪耀光栅

4.3.3　光谱记录和检测系统

原子发射光谱法常用的检测方法有目视法、摄谱法和光电检测法三种，如图 4-19 所示。

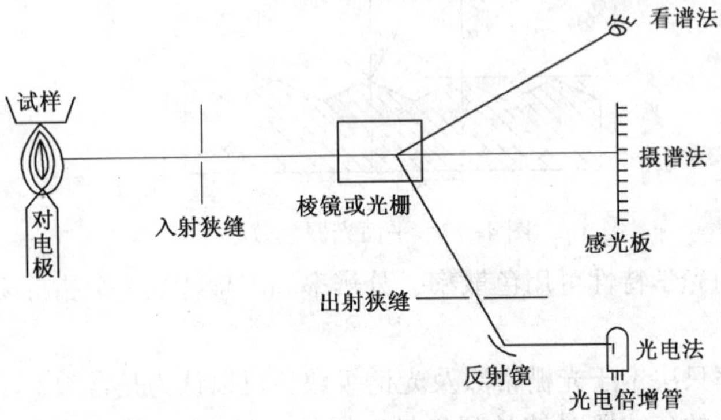

图 4-19　发射光谱的看谱法、摄谱法、光电法

1. 看谱法

又称目视法，它是用肉眼观看谱线强度的方法，主要用于可见光波段，目前应用较少。常用的仪器是看谱镜，其是一种小型的光谱仪，专门用于钢铁及有色金属的半定量分析。

2. 摄谱法

摄谱法是将感光板置于分光系统的焦面处，接受被分析试样的光谱作用而感光(摄谱)，再经过显影、定影等操作制得光谱底片，谱片上有许多距离不等、黑度不同的光谱线。然后，在映谱仪上观察谱线的位置及大致强度，进行定性分析及半定量分析；在测微光度计上测量谱线的黑度，进行光谱定量分析。

(1)感光板的结构及感光作用

感光板是由感光层和支持体两部分组成。感光层也称感光乳剂，它由卤化银(常用 AgBr)的微小晶粒均匀地分散在精制的明胶中组成。AgBr 是感光物质，它的作用是记录影像。支持体是玻璃或醋酸纤维软片。感光乳剂在光的作用下，卤化银分子将有小部分分解为金属银及卤素。金属银形成不可见潜影中心，该过程称为曝光。含有潜影中心的卤化银晶粒，在由还原物质组成的显影液作用下，很快地被还原成金属银，形成清晰的“像”，该过程称为显影。显影后，使未被还原的卤化银溶解在适当的溶液中从乳剂中除去，该过程称为定影，其溶液称为定影液。感光板曝光强的地方显影中心多，还原后形成的金属银量大，颜色黑些；曝光弱的显影中心少，还原形成的银量小，颜色淡些。未曝光的部分无潜影中心的卤化银晶粒还原作用慢，但还可产生微弱的变黑，即灰雾或称雾翳。雾翳的程度与乳剂的类型、感光板存放的条件和时间有关。感光板越灵敏，雾翳就越大；存放越久，雾翳越大。

(2)乳剂特性曲线

谱线的黑度与试样含量、辐射的强度、曝光时间和感光板的乳剂性质等因素有关。黑度用测微光度计测量。测量光源的光投射在经过摄谱、曝光、显影及定影形成谱线的感光板上，见图4-20所示。未曝光部分透过光的强度为I_0，曝光变黑部分透过光的强度为I，则黑度(谱线变黑的程度)：

$$S = \lg \frac{1}{T} = \lg \frac{I_0}{I} \tag{4-7}$$

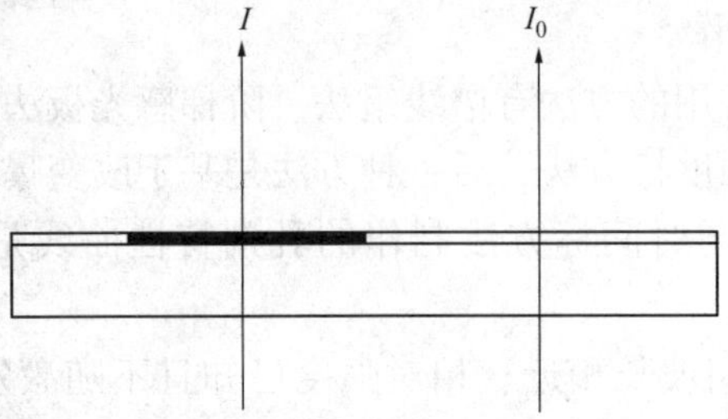

图4-20　黑度的测量

可见在光谱分析中的所谓黑度，实际上相当于分光光度法中的吸光度A。但在测量时，测微光度计所测量的面积远较分光光度法小，一般只有0.02~0.05 mm^2，故被测量的物体(谱线)需经光学放大；其次，只是测量谱线对白光的吸收，因此不必使用单色光源。

感光板上谱线的黑度与曝光量有关，曝光量越大，谱线越黑。曝光量用H表示，它等于照度E(表示投射到接收器上单位面积内的辐射功或辐射能量)与曝光时间的乘积，而照度E又与辐射强度I成正比，所以：

$$H=E \cdot t=KIt \tag{4-8}$$

式中，K为比例常数。

黑度S和曝光量的关系很复杂，不能用简单的数学式表示，而常用图解法表示。以黑度值S为纵坐标，曝光量H的对数$\lg H$为横坐标作图，所得曲线称为乳剂特性曲线，见图4-21所示。该曲线分为三部分，AB部分称为曝光不足部分，斜率逐渐增大，即黑度随曝光量增大而缓慢增大。CD部分称为曝光过度部分，斜率逐渐减小。BC部分称为曝光正常部分，斜率恒定，黑度随曝光量的变化按比例增加。

此时，S和$\lg H$的关系为：

$$S = \gamma(\lg H - \lg H_i) = \gamma \lg H - i \tag{4-9}$$

$\lg H_i$是直线BC的延长线在横坐标上的截距，是外推至$S=0$时的曝光量。H_i称为感光板乳剂的惰延量。H_i的倒数是感光板乳剂的灵敏度。H_i越大，感光板乳剂越不灵敏。BC在横坐标上的投影bc称为感光板乳剂的展度，在一定程度上，它决定了感光板适用的定量分析含量范围的大小。

γ是乳剂特性曲线直线部分的斜率，称为感光板乳剂的反衬度。反衬度γ表示曝光量改变时，黑度变化的快慢。γ大，易感光，对微量成分的检测有利；γ小，感光慢，黑度均匀对定量分析有利。通常用于定量分析的感光板，γ值应取在1左右。

乳剂特性曲线下部与纵坐标相交的相应黑度S_0称为雾翳黑度。

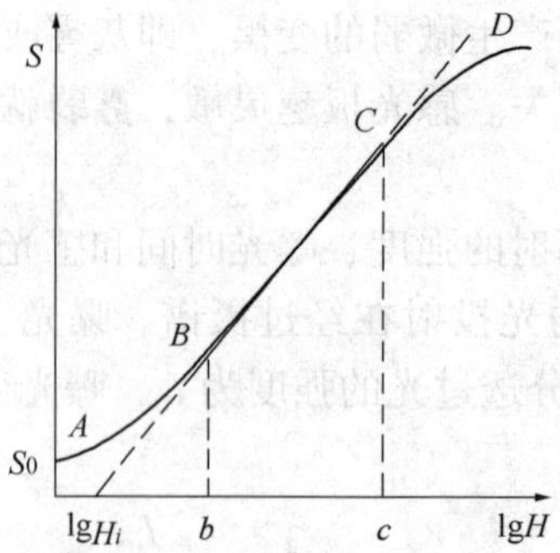

图 4-21　乳剂特性曲线

(3)乳剂特性曲线的制作

制作乳剂特性曲线的常用的方法有谱线组法、阶梯感光板法与旋转扇形板法等。前两种方法是基于改变光强度的强度标方法，后一种方法是基于改变曝光时间的时间标方法。在曝光量 H 相同时，用强度标与时间标方法制作的乳剂特性曲线是不一样的，具有不同的反衬度。

① 谱线组法：选用一组波长相近、相对强度已知且不随激发条件而改变的光谱，以各谱线的相对强度为横坐标，以测得的黑度为纵坐标，绘制乳剂特性曲线。

② 阶梯减光板法：以阶梯减光板各阶的透光率的对数 $\lg I$ 为横坐标，以各阶得到的黑度为纵坐标，绘制乳剂特性曲线。通常使用九阶梯减光板。

③ 旋转扇形板法：利用扇形板不同切口通过相同强度光的时间不同而改变曝光量，测量相应于不同切口高度的谱线黑度 S 作为纵坐标，以扇形板不同切口相应的相对曝光时间 t 为横坐标，绘制乳剂特性曲线。

只测量一条谱线通常不能绘制一条完整的乳剂特性曲线，常常需要测量邻近波长几条黑度不同的谱线，分别绘制各自的乳剂特性曲线，然后，用平移的方法将各乳剂特性曲线连接成一条完整的乳剂特性曲线，见图 4-22 所示。

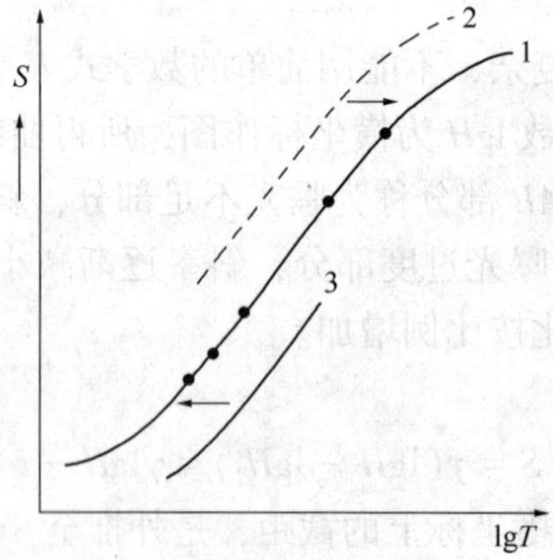

图 4-22　制作完整的乳剂特性曲线

3. 光电法

光电法利用光电倍增管(Photoelectric multiplier)或电荷耦合器件(CCD)作光电转换元件，把代表谱线强度的光信号转换成电信号，然后由电表显示出来，或进一步把电信号转换为数字显示出来。

光电倍增管工作原理见图 4-23 所示，其外壳由玻璃或石英制成，内部抽真空，阴极涂有能发射电子的光敏物质，如 Sb-Cs 或 Ag-Cs 等，在阴极 C 和阳极 A 间装有一系列次级电

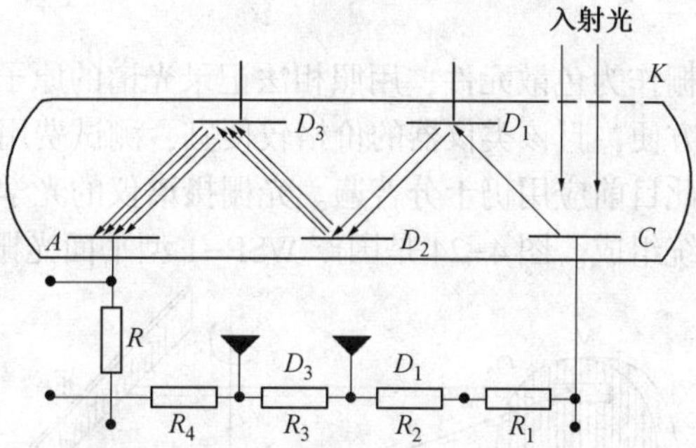

图 4-23　光电倍增管工作原理图

K—窗口；C—光阴极；D_1、D_2、D_3—次电子发射极；

A—阳极；R_1、R_2、R_3、R_4—电阻

子发射极，即电子倍增极 D_1、D_2等。阴极 C 和阳极 A 之间加有约 1000V 的直流电压，当辐射光子撞击光阴极 C 时发射光电子，该光电子被电场加速落在第一倍增极 D_1上，撞击出更多的二次电子，以此类推，像“雪崩”一样，阳极最后收集到的电子数将是阴极发出的电子数的 10^5 ~ 10^8倍。

电荷耦合器件 CCD 是一种新型固体多道光学检测器件，它是在大规模硅集成电路工艺基础上研制而成的模拟集成电路芯片。由于其输入面空域上逐点紧密排布着对光信号敏感的像元，因此它对光信号的积分与感光板的情形颇相似。但是，它可以借助必要的光学和电路系统，将光谱信息进行光电转换、储存和传输，在其输出端产生波长-强度二维信号，信号经放大和计算机处理后在末端显示器上同步显示出人眼可见的图谱，无须感光板那样的冲洗和测量黑度的过程。目前这类检测器已经在光谱分析的许多领域获得了应用。

在原子发射光谱中采用 CCD 的主要优点：具有同时多谱线检测能力和借助计算机系统快速处理光谱信息的能力，可极大地提高发射光谱分析的速度。采用这一检测器设计的全谱直读等离子体发射光谱仪，可在 1 min 内完成样品中 70 多种元素的测定；动态响应范围和灵敏度均达到或甚至超过光电倍增管，性能稳定，体积小，结实耐用。

CCD 一般由三部分组成：① 输入部分，包括一个输入二极管和一个输入栅，其作用是将信号电荷引入到 CCD 的第一个转移栅下的势阱中；② 主体部分，即信号电荷转移部分，实际上是一串紧密排布的 MOS 电容器，其作用是储存和转移信号电荷；③ 输出部分，包括一个输出二极管和一个输出栅，其作用是将 CCD 最后一个转移栅下势阱中的信号电荷引出，并检出电荷所运输的信息。CCD 的工作过程可参照相关专业资料。CCD 的性能通常用像元灵敏度或量子效率、光谱响应范围以及读出信噪比等参数衡量。像元灵敏度或量子效率指收集到的电荷数和照射的光子数的比值。在一定光强下，收集到的电荷数越多，灵敏度越高。

CCD 多为面阵形，集成度一般有 320×320、512×320、1024×1024 像元等多种，减小像元尺寸并增大器件面积可有效提高光谱分辨率。由于信号电荷在 CCD 内的存储和转移与外界隔离，因此从原理上讲，CCD 是一个低噪声的器件，适于微弱光信号的检测，且具有很宽的线性相应范围。

4.3.4　仪器类型

原子发射光谱仪目前分为摄谱仪和光电直读光谱仪两类，后者又分为多道光谱仪、单道扫描光谱仪和全谱直读光谱仪等。

1. 摄谱仪

摄谱仪是用棱镜或光栅作为色散元件，用照相法记录光谱的原子发射光谱仪器。利用光栅摄谱仪进行定性分析十分方便，且该类仪器的价格较便宜，测试费用也较低，而且感光板所记录的光谱可长期保存，因此目前应用仍十分普遍。光栅摄谱仪的光学系统是由照明系统、准光系统、色散系统及投影系统组成。图 4-24 是国产 WSP-1 型平面光栅摄谱仪的光路图。

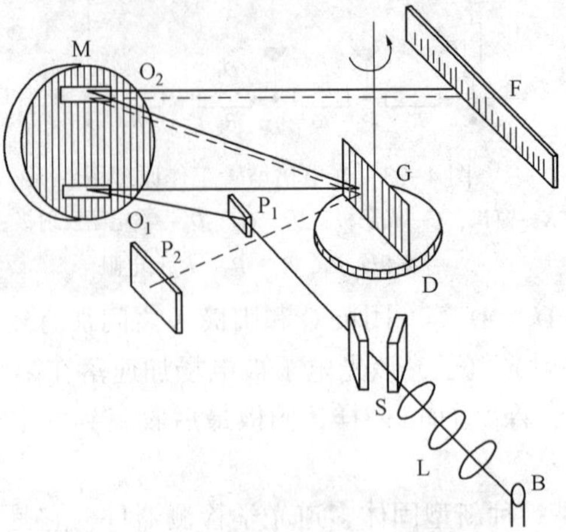

图 4-24　国产 WSP-1 型平面光栅摄谱仪

B—光源；L—三透镜 S—狭缝；P_1—反射镜；P_2—二级衍射反射镜；O_1—准光镜 O_2—成像物镜；M—凹面反射镜；G—平面光栅打；D—光栅转台；F—感光板

2. 光电直读光谱仪

光电直读光谱仪分为多道直读光谱仪、单道扫描光谱仪和全谱直读光谱仪三种。前两种仪器采用光电倍增管，后一种采用 CCD 检测器作检测器。

(1) 多道直读光谱仪

图 4-25 所示为多道直读光谱仪示意图。从光源发出的光经透镜聚焦后，在入射狭缝上成像并投射到狭缝后的凹面光栅上。凹面光栅将光色散后聚焦在焦面上，焦面上安置一组出射狭缝以允许不同波长的光通过，在光电倍增管上检测各波长的光强后用计算机进行数据处理。

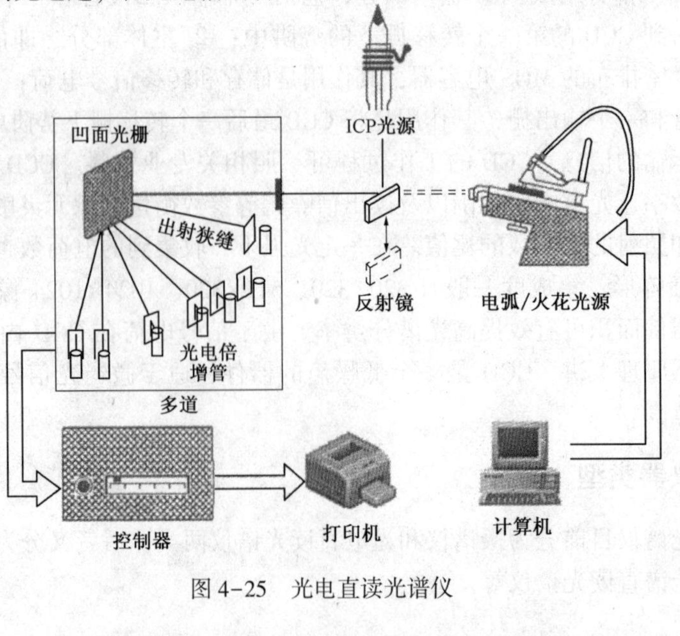

图 4-25　光电直读光谱仪

多道直读光谱仪的优点是分析速度快，光电倍增管对信号放大能力强，准确度优于摄谱仪，可同时分析含量差别较大的不同元素，适应的波长范围也较宽。适合于固定元素的快速定性、半定量和定量分析。但由于仪器结构限制，出射狭缝间必然存在一定的物理距离，因此利用波长相近的谱线进行分析时有困难。

多道直读光谱仪适合于固定元素的快速定性、半定量和定量分析。这类仪器目前在钢铁冶炼中常用于炉前快速监控 C、S、P 等元素。

(2)单道扫描光谱仪

图 4-26 所示为单道扫描光谱仪的光路示意图。光源发出的辐射经入射狭缝投射到可转动的光栅上色散，当光栅转动至某一固定位置时只有某一特定波长的谱线能通过出射狭缝进入检测器。通过光栅的转动完成一次全谱扫描。

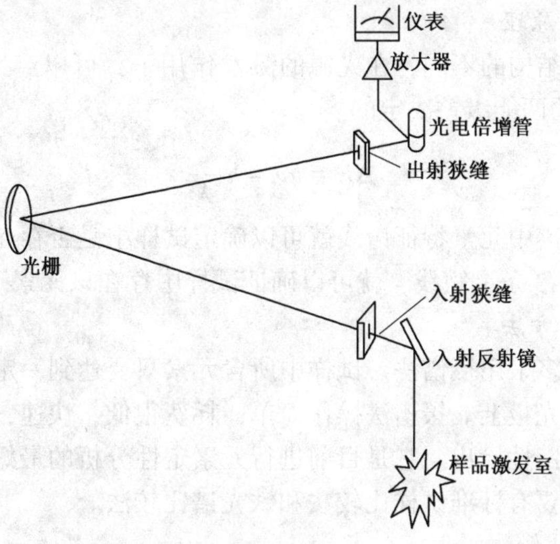

图 4-26　单道扫描光谱仪

(3)全谱直读光谱仪

图 4-27 所示为全谱直读等离子体发射光谱仪示意图。光源发出的辐射经两个曲面反光镜聚焦于入射狭缝，入射光经抛物面准直镜反射成平行光，照射到中阶梯光栅上使光在 x 方

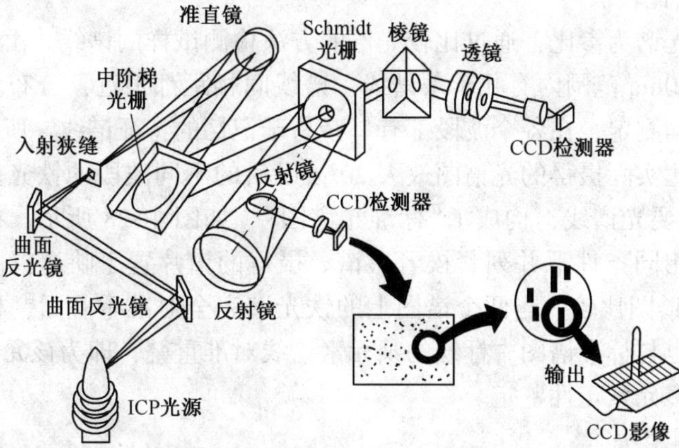

图 4-27　全谱直读等离子体发射光谱仪示意图

向上色散，再经另一个光栅(Schmidt 光栅)在 y 方向上进行二次色散，使光谱分析线全部色散在一个平面上，并经反射镜反射进入紫外型 CCD 检测器检测。在 Schmidt 光栅的中央有一

个孔洞，部分光线穿过孔洞后经棱镜进行 y 方向二次色散，然后经反射镜反射进入可见型 CCD 检测器检测。

这种全谱直读光谱仪不仅克服了多道直读光谱仪谱线少和单道扫描光谱仪速度慢的缺点，而且所有的元件都固定安装在机座上，成为一个整体，没有任何活动光学器件，因此故障率低、稳定性好。

4.4 原子发射光谱的分析方法

4.4.1 光谱定性分析

1. 光谱定性分析的原理

由于各种元素原子结构的不同，在光源的激发作用下，可以产生一系列特征的光谱线，其波长λ是由产生跃迁的两能级差决定的。

$$\Delta E = h\nu = h\frac{c}{\lambda} \tag{4-10}$$

因此，根据原子光谱中元素特征谱线就可以确定试样中是否存在被检元素。只要试样光谱中检出了某元素的 2~3 条灵敏线，就可以确证试样中存在该元素。

2. 光谱定性分析的方法

光谱定性分析一般多采用摄谱法。试样中所含元素只要达到一定的含量，都可以有其特征谱线被摄谱记录在感光板上。摄谱法操作简单，耗费很低，快速，在几小时内可以将含有数十种元素的多个样品定性检出。它是目前进行元素定性分析的最好方法。

定性分析的方法主要有标准试样比较法和铁光谱比较法。

(1)标准试样光谱比较法

将欲检出元素的物质或纯化合物与未知试样在相同条件下并列摄谱于同一块感光板上。显影、定影后在映谱仪上对照检查两列光谱，以确定未知样中某元素是否存在。此法多应用于不经常遇到的元素分析。

(2)元素光谱图比较法

此法是以铁的光谱为参比，通过比较光谱的方法检测试样的谱线。由于铁元素的光谱非常丰富，在 210~660nm 范围内有几千条谱线，谱线间相距都很近，分布均匀，并且铁元素的谱线波长均已准确测定，在各个波段都有一些易于记忆的特征谱线，所以是很好的标准波长标尺。在一张张比实际摄得的光谱图放大 20 倍以后的不同波段的铁光谱图上方，准确标绘上 68 种元素的主要光谱线，构成了“标准光谱图”，如图 4-28 所示。在实际分析时，将试样与纯铁在完全相同条件下并列紧挨着摄谱。摄得的谱片置于映谱仪上，谱片也放大了 20 倍，再与标准光谱图比较。当两个谱图上的铁光谱完全对准重叠后，检查元素谱线，如果试样中的某谱线也与标准谱图中标绘的某元素谱线对准重叠，即为该元素的谱线。铁光谱比较法可同时进行多元素定性鉴定。

(3)谱线波长测定法

当试样的光谱中有些谱线在元素标准普图上并没有标出时，无法利用铁谱比较法来进行定性分析，此时可采取波长测定法。该法是在比长仪中进行，分别测量未知波长谱线到两条已知波长谱线(一般用铁谱线)之间的距离，然后按线性比例内插法求出未知谱线的波长，

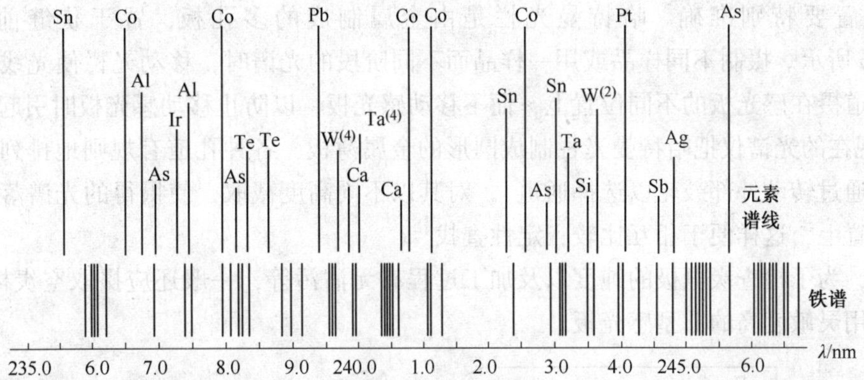

图 4-28 元素标准光谱图

从波长表中查得该波长属于何元素的谱线，如图 4-29 所示。元素谱线波长表已有多种版本，其中最详细和应用最广的是《MIT 波长表》，Harrison G R 编辑，1939 年版。我国 1971 年出版的《光谱波长表》应用也很广泛。

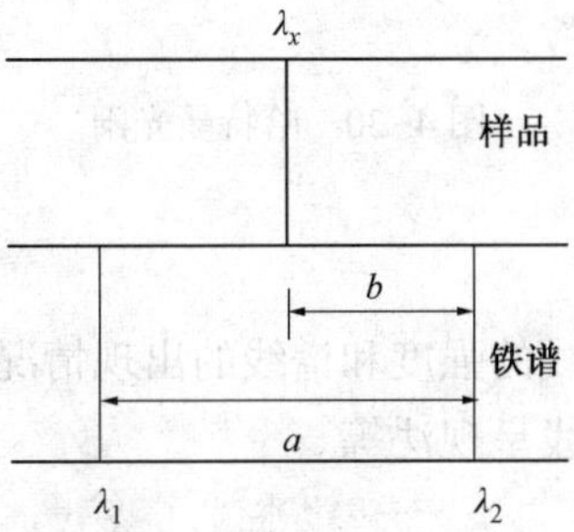

图 4-29 波长测定法示意图

λ_1 和 λ_2 已知，a 和 b 可测，$\lambda_2 > \lambda_1$：

$$\because \lambda_2 - \lambda_x = b \qquad \lambda_2 - \lambda_1 = a$$

$$\therefore \lambda_2 - \lambda_x = \frac{\lambda_2 - \lambda_1}{a} \cdot b$$

$$\therefore \lambda_x = \lambda_2 - \frac{\lambda_2 - \lambda_1}{a} \cdot b$$

3. 光谱定性分析工作条件的选择

① 光谱仪：一般选用中型摄谱仪，因其色散率较为适中，可将欲测元素一次摄谱，便于检出。若试样属多谱线、光谱复杂、谱线干扰严重，如稀土元素等，可采用大型摄谱仪。

② 激发光源：常用直流电弧作激发光源。因其电极头温度高，有利于试样蒸发，绝对灵敏度高。

③ 电流控制：为了使易挥发和难挥发的元素都能很好地被检出，一般先使用较小的电流(5~6A)，然后用较大的电流(6~20A)，直至试样蒸发完毕。试样挥发完后，电弧发出噪声，并呈现紫色。

④ 狭缝：为了减少谱线的重叠干扰和提高分辨率，摄谱时狭缝应小一些，以 5~7 μm 为宜。

⑤ 运用哈特曼(Hartman)光栏：光谱定性分析时，要求谱片上的铁谱线和试样谱线两者

的相对位置要特别准确。哈特曼光栏是由金属制成的多孔板，置于狭缝前导槽内。如图 4-30 所示。摄制不同样品或用一样品而不同阶段的光谱时，移动光栏使光线通过光栏的不同孔道摄在感光板的不同位置上，而不移动感光板，以防止移动感光板时引起波长位置的变动(现在的光谱仪把哈特曼光栏制成圆形的金属薄板，各种孔道有规则地排列，密封在狭缝前，通过转动外部鼓轮以选择通道)。对其以不同高度截取，使摄得的光谱落在感光板的不同位置上，这样便于相互比较，定性查找。

此外，为了检查炭电极的纯度以及加工过程有无沾污等，一般还应摄取空炭棒的光谱。摄谱时选用灵敏度高的Ⅱ型感光板。

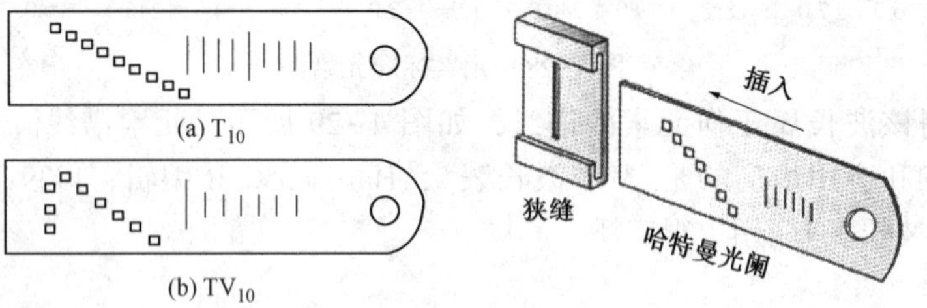

图 4-30 哈特曼光阑

4.4.2 光谱半定量分析

光谱半定量分析的依据：谱线的强度和谱线的出现情况与元素含量密切相关。常用的半定量方法是谱线黑度比较法和谱线呈现法等。

1. 谱线黑度比较法

将试样与已知不同含量的标准样品在相同的实验条件下，在同一块感光板上并列摄谱，然后在映谱仪上用目视法直接比较被测试样与标准样品光谱中分析线的黑度，若黑度相等，则表明被测样品中欲测元素的含量近似等于该标准样品中欲测元素的含量。

此法简便易行，其准确度取决于被测样品与标准样品基体组成的相似程度以及标准样品中欲测元素含量间隔的大小。

2. 谱线呈现法

当样品中某元素的浓度逐渐增加时，该元素的谱线强度增加，而且谱线数目亦增多，灵敏线、次灵敏线、弱线依次出现。于是可预先配制一系列浓度不同的标准样品，在一定条件下摄谱，然后根据不同浓度下所出现的分析元素的谱线及强度情况，绘制成一张谱线出现与含量的关系表(即谱线呈现表)，以后就根据某一谱线是否出现来估计试样中该元素的大致含量。表 4-2 为铅的谱线呈现表。

表 4-2 铅的谱线呈现表

Pb/%	谱线及其特征
0.001	283.31 nm 清晰可见，261.72 和 280.20 nm 谱线很弱
0.003	283.31 nm，261.72 nm 谱线增强、280.20 nm 谱线清晰
0.01	上述各线增强；266.32 nm，287.33 nm 谱线不太明显

续表

Pb/%	谱线及其特征
0.03	266.32 nm、287.33 nm 谱线逐渐增强至清晰
0.1	上述各线均增强，不出现新谱线
0.3	显出 239.38 nm 淡灰色宽线，在谱线背景上 257.73 nm 不太清晰
1	上述各线增强，270.2 nm、277.7 nm 和 277.6 nm 出现，271.2 nm 模糊可见

该法简便快速，但分析结果粗略，其准确度受试样组成及分析条件的影响较大。

4.4.3 光谱定量分析

1. 光谱定量分析的基本关系式

进行光谱定量分析时，是根据被测试样光谱中欲测元素的谱线强度来确定元素的浓度。元素的谱线强度 I 与该元素在试样中浓度 c 的关系为：

$$I=ac^b \tag{4-11}$$

$$\lg I=b\lg c+\lg a \tag{4-12}$$

式中常数 a 是与试样的蒸发、激发过程和试样组成等因素有关的一个常数；常数 b 称为自吸系数，当谱线强度不大、没有自吸时，$b=1$；反之，有自吸时，$b<1$，而且自吸越大，b 值愈小。这个公式由赛伯(Schiebe G)和罗马金(Lomakin)先后独立提出的，故称赛伯-罗马金公式。直接利用赛伯-罗马金公式进行光谱定量分析叫做绝对强度法。所以，只有在严格控制实验条件一定的情况下，在一定的待测元素含量的范围内，a 和 b 才是常数，$\lg I$ 与 $\lg c$ 之间才具有线性关系。而这种条件通常是很难控制的，所以一般采用盖拉赫(Gelach)的"内标法"。

2. 内标法光谱定量分析的原理

(1)内标法原理

内标法是以测量谱线的相对强度来进行光谱定量分析的方法。在待测元素的光谱中选一条谱线作为分析线(或称杂质线)，另在基体元素(或定量加入的其他元素)的光谱中选一条谱线作为内标线(或称比较线)，这两条谱线组成分析线对。分析线与内标线的绝对强度的比值称为相对强度(R)。内标法就是根据分析线对的相对强度与被分析元素含量的关系来进行定量分析，这样可使谱线相对强度由于实验条件波动而引起的变化得以抵消。因为只要内标元素及分析线对选择合适，各种条件因素的变化对分析线对的影响基本上是一样的，其相对强度也基本不会变化，使分析的准确度得到改善，这是内标法的优点。

设待测元素和内标元素含量分别为 c 和 c_0，分析线和内标线强度分别为 I 和 I_0，b 和 b_0 分别为分析线和内标线的自吸收系数，根据式(4-9)，对分析线和内标线分别有：

$$I=a_1c^b \tag{4-13}$$

$$I_0=a_0c_0^b \tag{4-14}$$

则其相对强度 R 为：

$$R=\frac{1}{I_0}=\frac{a_1c^b}{a_0c_0^b}=ac^b \tag{4-15}$$

式中 $a=\dfrac{a_1}{a_0c_0^b}$，在内标元素含量 c_0 和实验条件一定时，a 为定值，对式(4-14)取对数可得：

$$\lg R = \lg \frac{I}{I_0} = b\lg c + \lg a \qquad (4-16)$$

式(4-16)即内标法定量分析的基本关系式。

(2)内标元素与内标线的选择原则

① 内标元素含量必须固定。内标元素在试样和标样中的含量必须相同，内标化合物中不得含有被测元素。

② 内标元素和分析元素要有尽可能类似的蒸发特性，以避免“分馏”现象发生。这样相对强度受电极温度变化的影响很小。

③ 用原子线组成分析线对时，要求两线的激发电位相近；若选用离子线组成分析线对，则不仅要求两线的激发电位相近，还要求电离电位也相近。这样的分析线对称为均称线对。分析线对应该都是原子线或都是离子线，一条是原子线而另一条为离子线是不合适的。

④ 所选线对的强度不应相差过大。

⑤ 若用照相法测量谱线强度，要求组成分析线对的两条谱线的波长尽可能靠近，以防止感光板反衬度的变化和背景不同引起的分析误差。

⑥ 分析线与内标线没有自吸或自吸很小，且不受其他谱线的干扰。

3. 摄谱法光谱定量分析

用摄谱法进行光谱定量分析时，最后测得的是谱线的黑度而不是强度。故此时应考虑谱线黑度与被测元素含量的关系。

谱线的黑度 S 与照射在感光板上的曝光量 H 有关。它们的关系是很复杂的，不能用一个单一的数学式表达，常常只能用图解的方法来表示，这种图解曲线称为乳剂特性曲线。通常以黑度值 S 为纵坐标，曝光量的对数 $\lg H$ 为横坐标作图(图 4-11)。AB 部分为曝光不足部分，它的斜率是逐渐增大的；CD 部分为曝光过度部分，它的斜率则逐渐减小；BC 部分为曝光正常部分，这一部分的斜率是恒定的，光谱定量分析一般就在这部分内工作。黑度与曝光量的对数之间可以用简单数学式表达。令此直线段的斜率为 γ，则：

$$\gamma = \tan\alpha \qquad (4-17)$$

γ 称为感光板的反衬度，它是感光板的重要特性之一。

对于正常曝光部分(亦即光谱分析常用的部分)，S 与 $\lg H$ 之间的关系最简单，可用下述直线方程式表示：

$$S = \tan\alpha(\lg H - \lg H_i) = \gamma(\lg H - \lg H_i) \qquad (4-18)$$

对一定的乳剂，$\gamma\lg H_i$ 为一定值并以 i 表示，则

$$S = \gamma\lg H - i \qquad (4-19)$$

曝光量等于照度 E 乘以曝光时间 t，而 $E \propto I$，故：

$$S = \gamma\lg It - i \qquad (4-20)$$

在光谱定量分析中，感兴趣的是分析线对的相对强度的测量。设 S_1、S_2 分别为分析线及内标线的黑度，则：

$$S_1 = \gamma_1\lg I_1 t_1 - i_1 \qquad (4-21)$$

$$S_2 = \gamma_2\lg I_2 t_2 - i_2 \qquad (4-22)$$

因为在同一感光板上，曝光时间相等，即 $t_1 = t_2$；当分析线对的波长、强度、宽度相近，且其黑度值均落在乳剂特性曲线的直线部分时，$\gamma_1 = \gamma_2 = \gamma$，$i_1 = i_2 = i$，则分析线对的

黑度差 ΔS 为：

$$\Delta S = S_1 - S_2 = \gamma \lg \frac{I_1}{I_2} = \gamma \lg R \tag{4-23}$$

将式(4-18)代入式(4-23)：

$$\Delta S = \gamma \lg \frac{I_1}{I_2} = \gamma b \lg c + \gamma \lg a \tag{4-24}$$

式(4-24)即为用内标法进行定量分析的基本关系式。由此式可知，在一定条件下分析线对的黑度差与试样中该组分的含量 c 的对数成线性关系。

常用的摄谱法定量分析方法有标准曲线法和标准加入法。

(1)标准曲线法

它又称三标准试样法。标准曲线法是指在分析时，配制一系列被测元素的标准样品(不少于三个)，将标准样品和试样在相同的实验条件下，在同一感光板上摄谱，感光板经处理后，测量标准样品的分析线对的黑度值差 ΔS，将 ΔS 与其含量的对数值 $\lg c$ 绘制标准曲线，见图4-31所示。再由试样的分析线对的黑度值差，从标准曲线上查出试样中被测元素的含量。

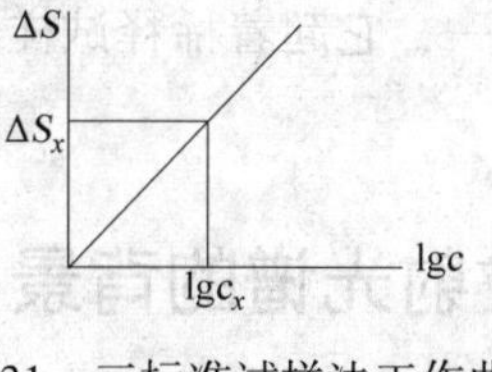

图 4-31　三标准试样法工作曲线

(2)标准加入法

标准加入法又称增量法。在测定微量元素时，若不易找到不含被分析元素的物质作为配制标准样品的基体时，可以在试样中加入不同已知量的被分析元素来测定试样中的未知元素的含量，这种方法称为标准加入法。

设试样中被分析元素的含量为 c_x，在试样中加入不同已知浓度 c_1、c_2、c_3、$\cdots c_i$ 的该元素，然后在同一实验条件下摄谱。再测量分析线对的相对强度 R，以 R 对不同浓度 c_i 作图得到一直线，见图 4-32 所示。将直线外推，与横坐标相交的截距绝对值为试样中分析元素的含量 c_x。根据内标法的基本公式：

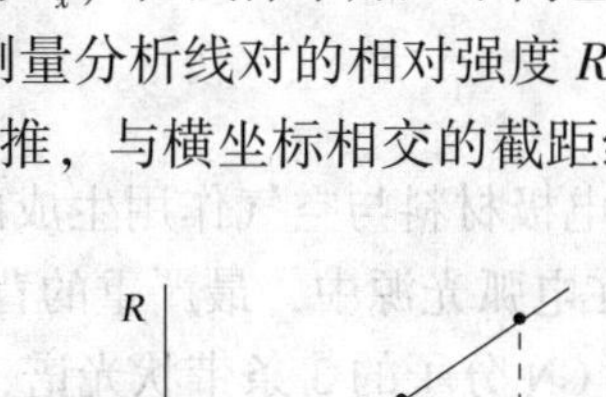

图 4-32　标准加入法

$$R = \frac{I}{I_1} = A^b c \tag{4-25}$$

在 $b=1$ 时

$$R = A(c_x + c_i) \tag{4-26}$$

当 $R=0$ 时

$$c_x = -c_i \tag{4-27}$$

4. 光谱定量分析工作条件的选择

① 光谱仪：一般多用中型光谱仪，但对谱线复杂的元素(如稀土元素等)，则需选用色散率大的大型光谱仪。

② 光源：可根据被测元素的含量、元素的特性及分析要求等来选择合适的光源。

③ 狭缝：在定量分析中，为了减小由乳剂不均匀所引入的误差，宜使用较宽的狭缝，一般可达 20 μm 左右。

④ 内标元素和内标线：金属光谱分析中，一般选基体元素作内标元素。在矿石分析中，由于组分变化很大，同时基体元素的蒸发行为与待测元素也多不相同，所以一般不用基体元素作内标，而是加入定量的其他元素。内标元素的选择原则同前。

⑤ 光谱缓冲剂：为了抵偿试样组成变化对谱线强度的影响，常于粉末试样和参比样品中加进经过选择的一种或多种辅助物质，这种物质称为光谱缓冲剂。它应具有能增进有规律的挥发、稳定燃烧以及稳定电弧温度等作用。常用的缓冲剂：

① 碱金属盐类(用作易挥发元素的缓冲剂)；

② 碱土金属盐类(用作中等挥发元素的缓冲剂)；

炭粉也是缓冲剂的常见组分之一，它起着稀释试样、减小试样与标样在组成及性质上的差别等作用。

4.5 原子发射光谱的背景产生及其扣除

光谱背景是指在线状光谱上，叠加着由于某些原因产生的连续光谱。某些分子带状光谱，或感光板的雾翳黑度(在感光板的乳剂特性曲线一节有叙述)等所造成的谱线强度(摄谱法表现为黑度)变大的现象，分析时光谱背景必须扣除，否则势必会影响分析结果的准确性，降低灵敏度。在实验过程中，应尽量设法降低光谱背景。

4.5.1 光谱背景的来源

1. 分子的辐射

在激发光源作用下，试样或电极材料与空气作用生成的分子氧化物、氮化物等分子(也有自由基)发射的带状光谱。如在电弧光源中，最严重的背景干扰是空气中的 N_2 与碳电极挥发出来的 C 所产生的稳定化合物 CN 分子的 3 条带状光谱，其波长范围分别是 353~359 nm，377~388 nm 和 405~422 nm，干扰许多元素的灵敏线。

2. 连续辐射

连续辐射是指在经典光源中炽热的电极头，或蒸发过程中被带到弧焰中去的固体质点等炽热的固体发射的连续光谱。

3. 谱线的扩散

分析线附近有其他元素的强扩散性谱线(即谱线宽度较大)，如 Zn、Pb、Sb、Bi、Mg、Al 等元素含量高时会有很强的扩散线。

电子与离子复合过程也产生连续背景。韧致辐射是由电子通过荷电粒子(主要是重粒子)库仑场时受到加速或减速引起的连续辐射。这两种连续背景都随电子密度的增大而增加，是造成 ICP 光源连续背景辐射的重要原因，火花光源中这种背景也较强。

光谱仪器内的杂散光也造成不同程度的背景。杂散光是指由于光谱仪光学系统对辐射的散射，使其通过非预定途径，而直接达到检测器的任何所不希望的辐射。

4.5.2 背景的扣除

1. 摄谱法

测出背景的黑度 S_b，这时测出的被测元素谱线黑度为分析线与背景相加的黑度 $S_{(l+b)}$。由乳剂特性曲线查出 $\lg I_{(l+b)}$ 与 $\lg I_b$，二者相减，即可得出 I_l。

$$\left.\begin{array}{l} S_{(l+b)} \xrightarrow{\text{乳}} \lg I_{(l+b)} \xrightarrow{\text{计算}} I_{(l+b)} \\ S_b \xrightarrow{\text{乳}} \lg I_b \xrightarrow{\text{计算}} I_b \end{array}\right\} \xrightarrow{\text{相减}} I_l$$

再以类似的测量与计算，可得到内标线谱线强度 I_{IS}。这样的操作是非常麻烦的，现在测微光度计多与计算机相连接，就简便快速多了。

注意：背景的扣除不能用黑度直接相减，必须用谱线强度相减。

2. 光电直读光谱法

由于光电直读光谱仪检测器将谱线强度积分的同时也将背景积分，因此要扣除背景。在 ICP 光电直读光谱仪中都带有自动校正背景的装置。

4.5.3 基体效应及光谱添加剂

1. 基体效应

在原子发射光谱定量分析中，试样的基体效应是产生非光谱干扰的主要方面。在 IUPAC 的命名法中，基体(Matrix)是指试样中具有各自性质的所有成分的集合。基体各成分对分析元素测量的联合效应，亦就是除了光谱添加剂外所有附随物质所引起的联合干扰，称为基体效应(Matrix effect)。基体效应会影响激发光源的蒸发温度和激发温度，一般是蒸发温度随基体组分沸点的升高而升高，随易电离组分浓度的增大而降低。基体组分还会影响分析元素在激发源中的化学反应性能，即影响分析组分的蒸发和电离等。总之，基体效应会改变分析元素谱线的强度，引起分析结果的误差。

2. 光谱添加剂

为了消除或减少基体效应，在光谱分析中，常常根据试样的组成、性质及分析的要求，选择性地加入具有某种性质的添加剂。光谱添加剂分为光谱载体和光谱缓冲剂。

(1)光谱载体

进行光谱定量分析时，往往在样品中加入一些有利于分析的物质，这些物质称为载体。它们多是一些化合物、盐类、碳粉等，当然，它们都不能含被测元素而且纯度较高。载体的研究主要是经典光源电弧法，尤其是粉末进样时研究得多。载体加入的量是比较多的，甚至可占到样品的百分之十几。

载体的作用也是比较复杂的，总地来说是增加谱线强度，提高分析的灵敏度，并且提高准确度和消除干扰。

①控制试样中元素的蒸发行为。通过化学反应，使试样中被分析元素从难挥发性化合物(主要是氧化物)转变为沸点低、易挥发的化合物，如卤化物、硫化物，使其提前蒸发，显然可以提高分析的灵敏度。如，用一些氯化物作载体，可使熔点很高的 ZrO_2、TiO_2、稀土氧化物等由氧化物转变为易挥发的氯化物。

载体量大可控制电极温度，从而控制试样中元素的蒸发行为并可改变基体效应。基体效应是试样组成和结构对谱线强度的影响，或元素间的影响。一个非常成功的例子是有人在测定 U_3O_8中的杂质元素时加入 Ga_2O_3作载体，它是中等沸点的物质，不影响试样中杂质元素 B、Cd、Fe、Mn 等的挥发，但大大抑制了沸点颇高的氧化铀的蒸发，因此铀的谱线变得很弱而且相当少，很大程度上避免了铀的干扰。

②稳定与控制电弧温度。电弧温度由电弧中电离电位低的元素控制，可选择适当的载体，以稳定与控制电弧温度，从而得到对被测元素有利的激发条件。

③电弧等离子区中大量载体原子蒸气的存在，阻碍了被测元素在等离子区中自由运动范围，增加它们在电弧中的停留时间，提高了谱线强度。

④电弧比较稳定，大大减少直流电弧的漂移，从而提高了分析的准确度。

以上大概介绍了载体的作用。具体到每一种载体，其作用可能是一种，也可能是几种兼而有之，不能一概而论。

(2)光谱缓冲剂

试样中加入一种或几种辅助物质，用来抵偿试样组成的影响，这种物质称为光谱缓冲剂。它也是电弧法经常使用的，要使试样或标样组成完全一致，在实际工作中往往是难以办到的。

光谱缓冲剂的作用主要包括两个方面：一是稳定光源的蒸发、激发温度，通常使用低电离电位和低沸点的物质，如氯化钠、碳酸钠等；二是稀释试样，减小试样组成的影响，常采用一些谱线较为简单的炭粉或二氧化硅等纯净物质。

当然，它们也能起到控制电极温度与电弧温度的种种作用。因此，载体与缓冲剂很难截然分开，此两名称也因而常常被混用。

4.6 原子发射光谱仪的应用及发展趋势

4.6.1 原子发射光谱仪的应用

原子发射光谱法具有不经过分离就可以同时进行多种元素快速定性定量分析的特点，在科学领域及电子、机械、食品工业、钢铁冶金、矿产资源开发、环境监测、生化临床分析、材料分析等方面得到了广泛的应用。

1. *岩矿及土壤中元素分析*

矿物及土壤中各种元素的分析是原子发射光谱法应用的一个主要领域之一。地球化学探矿方法，是利用现代化的痕量分析手段，系统研究地表各种物质中多种元素含量的异常变化，广泛搜索这些地表物质出现的微观矿化征兆，以实现其经济价值。原子发射光谱法可以快速同时分析测定样品中的 15 种稀土元素，成为一种快速、经济、有效的方法，利用这种方法可以找出矿石中稀土元素的分布情况，为寻找矿物资源提供了重要的手段。同样，在土壤分析中，目前比较先进的方法是 ICP 发射光谱分析方法，用它可以同时分析土壤中的常量元素和微量元素。相信在不久的将来，原子发射光谱法在岩矿及土壤中对各种元素的分析将达到炉火纯青的程度，那时，此方法所带来的经济效益将不可估量，此外，原子发射光谱法还为新能源的发现提供基础与可能。

2. *植物与食品分析*

将植物样品用适当的方法处理以后，就可以进行原子发射光谱法进行分析，这种方法可操作性强，方便快捷，在未来的发展中将发挥重要的作用。发射光谱分析是对食品中包括有害金属元素在内的各种金属元素及个别金属元素进行全面分析的重要方法。通过对食品的中间品溶液进行严格分析，便可以了解各种材质设备在一定的介质条件下，向食品中引入微量元素的情况，这不仅可以用来检测食品中的元素是否满足人体必需，还可以检测到一些有害金属的存在，为人类的健康做出巨大贡献。21 世纪，人们最关注的健康问题，因为原子发射光谱法的存在与发展，可能就会变得更加明晰，原子发射光谱法在食品中的应用还会继续得到完善与发展，将会继续为人类的健康服务。

3. 钢铁冶炼过程中的检测

在钢铁冶炼，特别是特种钢的冶炼过程中，实时监测炼炉中镉、镁、钼等添加元素的含量，是控制钢材质量的一个重要方法，用火花原子发射光谱法可以很好地完成任务。制备一系列含有不同浓度的待测元素的铁基合金，用这些合金作为电极，进行摄谱或光电直读分析，确定工作参数及响应系数。从炼炉中取出少许正在冶炼的钢液，注入棒形模具中，冷却成型后作为电极进行原子发射光谱分析，就可以知道合金中各种元素的含量。这种检测钢铁中元素含量的方法具有取样少、方便、易操作的特点，越来越受到检测人员的青睐，这种方法节省了时间以及劳动力，为企业和国家的钢铁事业提供了新时代的高科技方法。

4. 生态和环境保护分析

生态和环境保护中的研究对象主要是土壤、水、空气和动植物。工业流程中如冶金、皮革制作、造纸、化工和各种电镀厂中常常大量使用水作为原料、冷却剂、清洁剂等，将会产生大量的废水，如果不进行适当的处理，很有可能会转化成水污染的重要来源，在这些工业废水中，有许多有害元素，例如砷、镉、铬、铜、汞、硫、磷、锌等均是十分重要的指标，这些元素便可应用不同的原子发射光谱法进行测定。废水样品采集后，在一定的条件下用 ICP-AES 仪器进行分析，可以快速得到污染的情况。此外 ICP-AES 也可用于土壤、大气颗粒物、海洋沉积物等环境样品中多种元素的测定，对于地球化学、海洋化学及环境化学的研究及环境污染的监测等有重要作用。从以上分析中可以知道原子发射光谱法已成为监测环境污染的新宠，它可以替代传统的分析方法，代表了科技时代的进步，这种分析方法未来在环境领域还将继续发挥重要作用。

5. 生化临床分析

近年来，生命科学迅速发展，对分析化学提出了更高的要求，而原子发射光谱法在此领域中的应用越来越受到重视。利用 ICP-AES 测定尿毒症病人的血清、糖尿病病人血液中的微量元素，可以为研究疾病与微量元素的关系提供科学的依据，进而为医生等研究人员攻克严重疾病提供理论支持；利用 ICP-AES 测定人发中微量元素分布，可进行癌症的初级诊断，为对癌症后续的治疗奠定基础；利用 ICP-AES 测定人体组织（例如骨骼、人体汗液等）中的微量元素，可以获得许多与生命活动相关的信息，或许将来这种方法会解决人体衰老的问题；ICP-AES 还在中草药等植物样品以及膳食中微量元素的测定中得到了广泛应用。原子发射光谱法在医学上的广泛应用，势必将会对人类健康水平的提高提供保障，未来原子发射光谱法可能会成为保障人类身体健康的重要分析技术。

6. 材料分析

21 世纪是材料科学迅速发展的世纪，近几年来，对材料科学的研究正在世界各地如火如荼地进行。而随着科学技术与经济的高速发展，对材料分析的要求也越来越高，由于原子发射光谱法能够进行多种元素的同时测定，而且具有很高的灵敏度，因此被广泛地应用于各种材料中多种杂质成分的测定，包括激光材料、半导体材料、高纯稀土、化学试剂、各种合金材料与矿物原材料。特别是高纯稀土材料的分析已有许多成熟的方法，目前以 ICP-AES 为主的方法可分析 99.9%到 99.99%纯度的稀土，精度可达到 1%以内。原子发射光谱法在材料领域的发展趋势可以说是前景很光明，而中国对航天材料等的研究已经达到很高的地步，这种方法一定会继续为我国的材料发展发挥作用，这是一颗新星，一颗指引着中国向前走的指明灯。

4.6.2 原子发射光谱法的发展趋势

近几十年来，激光、等离子体、辉光等新型光源以及中阶梯光栅光谱仪、干涉光谱仪等仪器的发展，加上电子计算机的应用，使发射光谱分析进入了光电化、自动化的阶段。

从仪器方面来看，随着新的可以直接进行固体样品分析的光源如辉光放电的出现，一代既可以作为固体样品成分分析，又可以作为表面或分层分析的新光源已经开始崭露头脚。此外一些其他实用光源，如电容耦合微波等离子体、电容耦合高频等离子体等也具有很好的发展潜力，其检测手段也渐渐发展成以光电倍增管作为检测器的光电直读法。光电二极管阵列、固态光学多道检测系统等检测器也开始应用在原子发射光谱法中。ICP-AES 的进样技术也在不断的发展，固体进样技术取得了一定的成功。各种联用技术，如高效液相色谱、流动注射、电化学等与原子发射光谱法的联用使得样品的分离、富集、检测可连续进行，实现实时、流动、瞬时追踪和在线分析。随着计算机技术的发展以及化学计量学的应用，使得分析数据处理、消除光谱干扰等工作更加容易实现。

总之，随着科学技术的发展，原子发射光谱法将会继续在化学化工、材料科学、环境科学、生命科学等领域发挥不可估量的作用，原子发射光谱法的发展趋势日益良好，而其自身也将不断完善发展，以便于更好地为人类服务。

阅读材料

原子发射光谱仪的进展及应用

一、进样系统

近年来，电热蒸发技术(ETV)与流动注射技术的应用，使电感锅台等离子体光谱(ICP)与微波等离子体(MIP)的进样系统有较大改进。提高了分析的灵敏度，简化了分析过程。

(1)电热蒸发技术

电热蒸发技术目前已成为 ICP 的一种较通用的进样系统，适合于固体粉末样品的直接分析和微量液体样品的分析。电热蒸发系统代替气动雾化器作为 ICP 的进样系统，使样品的传输效率提高，检出限降低 1~2 个数量级。

(2)流动注射进样系统

流动注射技术作为一种高效率的液体样品的分离和富集技术，近年来用于作 ICP 和 MIP 的进样系统，显示了它的优越性：样品传输效率高，所需的溶液样品量少，一般仅为 30~300μL；此外，可以分析高盐分样品溶液，即使注入含盐量为 40%的样品溶液，也不会堵塞雾化器。但是，流动注射作为ICP的进样系统有两个问题需要注意。第一，流动注射离子交换柱所用的淋洗液不能是有机溶液，国为有机溶液容易引起ICP的等离子体焰熄弧。第二，FI-ICP所产生的测量信号为短信号，而大多数商售的ICP测量系统在设计时末考虑测量短信号的问题。

(3)其他固体样品的进样方法

目前，用火花光源作为ICP的固体样品进样系统已商品化，美国Thermo JarretlAsh公司推出的ICAP 61E多通道等离子体发射光谱仪就装备有火花固体样品进样器，可以直接测量液体样品或固体样品。

二、光源

电感耦合等离子体光谱仪由于具有灵敏度高、线性范围宽、基体效应小以及分析速度快等特点，在国内外被广泛应用。但是，ICP的工作气体是氩气，氩气消耗量大，而氩气的生产并不普遍；此外，在大多数情况下，分析样品需经过化学处理变成溶液才能进行分析。微波等离子体(MU)具有功率小，线性范围宽，对非金属元素的分析灵敏度高等特点，应用也很广范。但是，光谱学家寻求灵敏度高、基体效应小、样品预处理少的光源的研究一直在进行。

此外，裸线微波光源(Strip-line microwave source)和石墨炉高频等离子体光源具有功率低、成本低、可以测卤元素等特点。

三、分光器和检测器

近年，电荷注射固体检测器(CID)和分段电荷耦合检测器(SCD)的出现，与中阶梯光栅光谱仪的配套，使ICP、MIP无论在灵敏度还是在分辨率的提高方面都前进了一大步。CID检测仪器的配套，使ICP、MIP无论在灵敏度还是在分辨率的提高方面都前进了一大步。CID检测器可以有512×512个点阵，或称感光点，每个点阵就是一个硅型金属-氧化物电容(MOS)。当光线照射在某一个点阵上，便产生电荷储存在该MOS电容中。每个点阵相当于一个光电倍增管，一片CID就相当于26万多个光电倍增管，可以同时储存2万条光谱线的信息供随时调用。CID能覆盖170~900nm的整个波长范围，与中阶梯光栅交叉色散系统连用，可以同时测量二维光谱，使新型的ICP光谱仪兼具多通道和单道扫描式ICP的特点。

目前商售的用于ICP的分段电荷耦合检测器SCD，由于采用干燥过的氮气将检测器冷却至-40℃，噪声低，而在紫外光谱区(UV)的量子效率很高，动态范围宽。因此，SCD是目前较理想的ICP检测器。SCD检测器共分224个可直接寻址的分段，或称子阵列，每个分段有20~80个感光点。因此，SCI与中阶梯光栅配套的ICP光谱仪可以同时测定5000条以上的光谱线，它既具有多通道ICP可以多元素同时测定的优点，又具有扫描式ICP光谱仪可以任意选择分析线的优点。

思考与练习

一、选择题

1. 原子发射光谱用感光板的乳剂特性曲线的反衬度是指曲线中的(　　)。

A. 极大值　　B. 极小值　　C. 下部拐点值　　D. 直线部分的斜率

2. 原子发射光谱用的摄谱仪中的检测器是(　　)。

A. 暗箱　B. 感光板　C. 硒光电池　D. 光电倍增管

3. 原子发射光谱的产生是由于(　　)。

A. 原子的次外层电子在不同能态间跃迁 B. 原子的外层电子在不同能态间跃迁

C. 原子外层电子的振动和转动　D. 原子核的振动。

4. 分析线和内标线符合“均称线对”的应该是(　　)。

A. 波长接近　B. 都没有自吸现象

C. 激发电位和电离电位相等　D. 激发温度相同

5. 测量光谱线的黑度可以用(　　)。

A. 比色计　B. 摄谱仪　C. 映谱仪　D. 测微光度计

6. 光栅摄谱仪的色散率，在一定范围内(　　)。

A. 随波长的增加而增加　B. 随波长的增加而下降

C. 不随波长而改变　D. 随分辨率的增加而增加。

7. 原子发射光谱中，常用的光源有(　　)。

A. 空心阴极灯　B. 电弧、电火花、电感耦合等离子炬等

C. 棱镜和光栅　D. 钨灯、氢灯和氘灯

8. 谱线强度与下列哪些因素有关：①激发电位与电离电位；②跃迁几率与统计权重；③激发温度；④试样中元素浓度；⑤电离度；⑥自发发射谱线的频率(　　)。

A. ①，②，③，④　B. ①，②，③，④，⑤

C. ①，②，③，④，⑥　D. ①，②，③，④，⑤，⑥

9. 下列色散元件中，色散均匀，波长范围广且色散率大的是(　　)。

A. 滤光片　B. 玻璃棱镜　C. 光栅　D. 石英棱镜

10. 电子能级差愈小，跃迁时发射光子的(　　)。

A. 能量越大　B. 波长越长　C. 波数越大　D. 频率越高

11. 光量子的能量正比于辐射的(　　)。

A. 频率　B. 波长　C. 传播速度　D. 周期

12. 下面几种常用激发光源中，分析灵敏度最高的是(　　)。

A. 直流电弧　B. 交流电弧　C. 电火花　D. 电感耦合等离子体

13. AES 中，具有低干扰、高精度、高灵敏度和宽线性范围的激发光源是(　　)。

A. 直流电弧　B. 交流电弧　C 电火花　D. 电感耦合等离子体

14. 光栅摄谱仪的色散率在一定波长范围内(　　)。

A. 随波长增加，色散率下降　B. 随波长增，加色散率增大

C. 不随波长而变　D. 随分辨率增大而增大

15. 用发射光谱进行定性分析时，作为谱线波长比较标尺的元素是(　　)。

A. 钠　B. 碳　C. 铁　D. 硅

16. 分析线和内标线符合均称线对的元素应该是(　　)。

A. 波长接近　B. 挥发率相近

C. 激发温度相同　D. 激发电位和电离电位相近

17. 发射光谱定量分析选用的“分析线对”应是这样的一对线：(　　)。

A. 波长不一定接近，但激发电位要相近　B. 波长要接近，激发电位可以不接近

C. 波长和激发电位都应接近　D. 波长和激发电位都不一定接近

18. 在进行发射光谱定性和半定量分析时，(　　)。

A. 固定暗盒而移动哈特曼光栏　B. 固定哈特曼光栏而移动暗盒

C. 暗盒和光栏均要移动　D. 暗盒和光栏均不移动

19. 在进行发射光谱定性分析时，要说明有某元素存在，必须(　　)。

A. 它的所有谱线均要出现　B. 只要找到 2~3 条谱线

C. 只要找到 2~3 条灵敏线　D. 只要找到 1 条灵敏线

二、填空题

1. 使电子从激发态跃迁到基态所产生的谱线，称为________。

2. 在光谱定性分析时，只能使用原子线，不应使用离子线，这种说法是________。

3. 原子在高温下被激发而发射某一波长的辐射，但周围温度较低的同种原子(包括低能级原子或基态原子)会吸收这一波长的辐射，这种现象称为________。

4. 在直流电弧光源中，使自吸现象增加的主要原因是________和________。

5. 影响谱线强度的内因是________，外因是________。

6. 光谱分析中有自吸现象的谱线，在样品中元素的含量增多时，自吸程度将________。

7. 最常用的光谱缓冲剂有________及________。

8. 在发射光谱中，内标法、摄谱法和光电直读法定量分析的基本公式分别是________。

9. 发射光谱定性分析，常以________光源激发，因为该光源的电极温度________，从而使样品________。

10. 第一共振线是发射光谱的最灵敏线，它是由________跃迁至________时产生的辐射。

11. 光谱缓冲剂的作用有________，________和________。

12. 摄谱仪所具有的能正确分辨出相邻两条谱线的能力称为________。把不同波长的辐射能分散开的能力，称为________。

13. 原子发射光谱激发源的作用是提供足够的能量使样品________和________。

14. 元素光谱图中的铁谱线的作用是________。

15. 发射光谱定性分析中，识别谱线的方法有(1)________，(2)________。

三、简答题

1. 谱线的自吸是什么原因引起的？

2. 什么是感光板的乳剂特性曲线？其直线部分的关系式如何表示？何谓反衬度、惰延量、雾翳黑度？在分析上有何意义？

3. 光谱定量分析为何经常采用内标法？其基本公式及各项的物理意义是什么？

4. 请简要写出高频电感耦合等离子炬(ICP)光源的优点。

5. 发射光谱分析中常用的光源有哪几种？它们的特性及应用范围是什么？

四、计算题

1. 用光谱法测定合金中铅的含量，用镁线作内标线，得到如下数据。

溶　液	测微光度计读数		铅的浓度/(mg/mL)
	Mg	Pb	
1	7.3	17.5	0.151
2	8.7	18.5	0.201
3	7.3	11.0	0.301
4	10.3	12.0	0.402
5	11.6	10.4	0.502
A	8.8	15.5	
B	9.2	12.5	
C	10.7	12.2	

根据以上数据，(1)在 lg~lg 坐标图上作一校正曲线；(2)由校正曲线估计溶液 A、B 和 C 的铅浓度。

2. 某一含铅的锡合金试样用电弧光源激发时，摄谱仪的狭缝前放置一旋转阶梯扇板，扇板的每一阶梯所张的角度之比为 1∶2∶4∶8∶16∶32。光谱底片经显影定影干燥后，用测微光度计测量一适当锡谱线的每一阶梯的黑度，由各阶梯所得 i_0/i 值为：1.05、1.66、4.68、13.18、37.15 和 52.5。绘制感光板的乳剂特性曲线，求出反衬度值。

参考文献

1 武汉大学．分析化学(第五版)下册．北京：高等教育出版社，2007.

2 黄一石等编．仪器分析(第二版)．北京：化学工业出版社，2008.

3 朱明华编．仪器分析(第三版)．北京：高等教育出版社，2000.

4 魏培海，曹国庆编．仪器分析．北京：高等教育出版社，2007.

5 严衍禄编．现代仪器分析．北京：北京农业大学出版社，1995.

6 冯玉红编．现代仪器分析实用教程．北京：北京大学出版社，2008.

7 刘约权编．现代仪器分析．北京：高等教育出版社，2006.

8 柯以侃，董慧茹编．化学分析手册(第三版)第三分册——光谱分析技术．北京：化学工业出版社，1998.

9 董慧茹编．仪器分析．北京：化学工业出版社，2000.

10 方惠群，于俊生，史坚编．仪器分析．北京：科学出版社，2002.